江西省生态经济学会学术著作

# 振兴中的乡村生态经济

黄国勤　主编

中国环境出版集团·北京

**图书在版编目（CIP）数据**

振兴中的乡村生态经济/黄国勤主编. —北京：中国
环境出版集团，2024.1

ISBN 978-7-5111-4338-9

Ⅰ. ①振… Ⅱ. ①黄… Ⅲ. ①生态经济—农村
经济建设—研究—中国 Ⅳ. ①F323

中国版本图书馆 CIP 数据核字（2020）第 075628 号

| 出 版 人 | 武德凯 |
| 责任编辑 | 孔　锦 |
| 封面设计 | 岳　帅 |

| 出版发行 | 中国环境出版集团 |
| | （100062　北京市东城区广渠门内大街 16 号） |
| | 网　　址：http://www.cesp.com.cn |
| | 电子邮箱：bjgl@cesp.com.cn |
| | 联系电话：010-67112765（总编室） |
| | 发行热线：010-67125803，010-67113405（传真） |
| 印　　刷 | 北京鑫益晖印刷有限公司 |
| 经　　销 | 各地新华书店 |
| 版　　次 | 2024 年 1 月第 1 版 |
| 印　　次 | 2024 年 1 月第 1 次印刷 |
| 开　　本 | 787×960　1/16 |
| 印　　张 | 18.5 |
| 字　　数 | 330 千字 |
| 定　　价 | 79.00 元 |

# 编 委 会

# 前　言

自 2017 年 10 月党的十九大提出"实施乡村振兴战略"以来，全国各地积极响应，迅速掀起了乡村振兴研究与实践的热潮。

为了以实际行动投身到乡村振兴的伟大事业中，推动乡村振兴的高质量发展，江西省生态经济学会于 2018 年 12 月 29 日组织召开了"江西省生态经济学会 2018 年学术年会暨乡村振兴理论与实践学术研讨会"，来自江西省各地从事生态经济研究和实际工作的领导、专家、学者共 40 余人出席会议，江西农业大学副校长黄英金到会指导并致欢迎词，江西省科学技术协会副主席孙卫民出席并讲话。会议由江西省生态经济学会理事长、江西农业大学首席教授黄国勤主持。会上，江西农业大学黄国勤教授、江西省农业气象中心副主任蔡哲、江西财经大学余达锦教授、江西省农业科学院戴天放研究员等专家就乡村振兴理论与实践领域最新研究成果作大会报告。会议共收到交流论文 20 余篇。

为总结、梳理会议取得的研究成果，以及为今后进一步的研究提供资料、积累素材，现将该次会议的交流论文及其他相关成果进行筛选，择优结集出版。

全书共分五部分，收集相关论文共 29 篇。第一部分，乡村振兴总论，内含相关论文 9 篇，内容涉及乡村振兴的经验总结，农业现代化与乡村振兴、农业绿色发展，乡村振兴背景下的农地流转、商业银行的流动性创造，以及区域乡村振兴的实践与调查研究等；第二部分，乡村产业振兴，内含相关论文 10 篇，主要涉及乡村产业振兴面临的问题及对策，乡村振兴背景下生态农业、有机农业、稻渔综合种养产业等的发展战略及区域发展模式与路径等；第三部分，乡村人才振兴，内含相关论文 4 篇，主要分析了乡村振兴背景下高校对乡村人才的培育、新时代大学毕业生对乡村振兴的推动作用，以及区域乡村人才振兴对策与建议等；第四部分，乡村文化振兴，内含相关论文 1 篇，主要对乡风文明培育在乡村振兴中的作用进行了探究；第五部分，乡村生态振兴，内含相关论文 5 篇，主要论述了乡村生态振兴的相关政策和技术路线，乡村生态振兴的具体对策和途径（如农田土壤重金属污染治理、乡村森林公园建设等），以及区域生态系统服务价值与生态补偿策略。

该书以新时代乡村振兴为主题，紧扣国家"实施乡村振兴战略"的路线、方针和政策，研究具有很强的针对性和时效性，对当前及今后江西省乃至全国相关地区推进乡村振兴战略的实施均具有一定的实践参考价值。

该书由赵其国院士、刘宜柏教授、王晓鸿研究员任顾问，江西省生态经济学会理事长黄国勤教授主编，江西省生态经济学会秘书长王淑彬讲师任副主编，学会常务理事、论文主要完成人（第一作者、执笔者和指导教师）担任编委。该书的出版，得到了江西省科学技术协会、江西省生态经济学会科技服务站、中国环境出版集团、江西省生态经济学会挂靠单位江西农业大学的大力支持。在此，一并致以由衷的感谢！

因时间仓促，加上能力和水平所限，书中可能存在不少缺点甚至错误，敬请广大读者批评指正！

江西省生态经济学会　理事长

江西农业大学　二级教授、博士生导师

黄国勤

2019 年 8 月 14 日

# 目　录

## 第三部分 乡村人才振兴

## 第四部分 乡村文化振兴

## 第五部分 乡村生态振兴

# 第一部分

## 乡村振兴总论

# 乡村振兴的经验与建议

李新梅 黄国勤[*]

（江西农业大学生态科学研究中心，南昌 330045）

**摘 要：** 党的十九大明确提出要实施乡村振兴战略，这是在总结中外农业农村发展经验基础上，着眼于当前城乡经济社会发展实际和未来新型城乡关系发展趋势作出的重大战略部署，是中国特色社会主义进入新时代做好"三农"工作的总抓手。随着城镇化率接近峰值，人口、资源、资本的城乡双向流动将越来越频繁，乡村的价值将日益凸显。世界主要发达国家在从传统社会向现代社会转型过程中，乡村振兴是其必经阶段。本文通过梳理国外（日本、加拿大）和中国部分地区对乡村振兴的做法，全面总结经验，对推进乡村振兴战略实施提供有益的借鉴。

**关键词：** 乡村振兴 经验总结 发展建议

## 一、引言

党的十九大明确提出要实施乡村振兴战略，这是在总结中外农业农村发展经验基础上，着眼于当前城乡经济社会发展实际和未来新型城乡关系发展趋势作出的重大战略部署，是中国特色社会主义进入新时代做好"三农"工作的总抓手。党的十九大报告五中"贯彻新发展理念，建设现代化经济体系"提出六点任务，除乡村振兴战略以外，其余五点都是总体性、全局性、宏观性的工作，乡村振兴战略是唯一的局部性工作，这恰恰说明了乡村振兴在我国现代化经济体系建设中

---

[*] 通信作者：黄国勤，教授、博导，E-mail: hgqjxes@sina.com。

的总体性、全局性和宏观性地位。

我国城乡居民收入和公共服务差距仍然很大，研究显示，我国未来的城镇化率将维持在70%～80%，将仍有3亿～4.5亿人口居住在农村地区。随着城镇化率接近峰值，人口、资源、资本的城乡双向流动将越来越频繁，乡村的价值将日益凸显。没有现代化的农村，不可能实现人口和资源的双向流动。发达国家的城乡一体化都是双向的，目前，我国正推进的城乡一体化则是单向的。随着城镇化速度的放缓和农村产业条件、基础设施、公共服务状况的改进，城乡双向一体化和城乡融合发展将成为趋势，农村现代化也是解决中国未来农业出路的途径。

发达国家在从传统社会向现代社会转型的过程中，乡村振兴是必经阶段。发达国家通常在经历了工业化和城镇化快速发展阶段后，工业反哺农业、城市支持农村，最终实现经济社会均衡协调发展。一些国家正是因为没有解决好农业农村发展问题而没能跨越中等收入陷阱。本文通过梳理日本、加拿大等典型国家和中国部分地区在乡村振兴方面的做法，全面总结经验，为推进乡村振兴战略实施提供支持。

## 二、国内外乡村振兴案例

国外关于乡村建设方面的研究主要始于1962年，美国生物学家蕾切尔·卡逊针对西方国家普遍使用农药"滴滴涕""六六六"等对生态环境产生的危害出版了重要著作《寂静的春天》，虽然该著作的目的是警示人们认识到乡村环境污染的重要性，但却由此引起了各国（地区）学者对乡村建设相关问题的持续深入研究（表1～表3）。

**表1　日本合掌村乡村旅游发展实践**

| 关注层面 | 操作实施 |
|---|---|
| 原生态建筑 | 茅草屋坚持就地取材，全部不用一颗铁钉，进行着一场保护家园建筑的运动 |
| 制定开发规则 | 村民自发成立自然保护协会，制定《住民宪法》《景观保护基准》等，针对旅游景观开发中的改造建筑等作出具体规定。坚持传统水田耕作、生态道路等山村自然形态原状保护，不可盲目开发等 |
| 建立博物馆 | 善于利用空置宅基地，对空屋进行规划设计，坚持室内展示等都遵循历史生活原状，成为展现当地古老农业生产生活用具的民俗博物馆 |

| 关注层面 | 操作实施 |
| --- | --- |
| 旅游景观与农业发展相结合 | 积极制订农业发展方向的 5 年计划。大多农业项目也是观赏点,提高经济收入的同时促进农业现代化。坚持将当地农副产品及加工的健康食品与休闲旅游一条龙对接,因地制宜地消化农副产品 |
| 开发传统文化资源 | 充分挖掘传统文化,民俗节日——浊酒节、民谣表演等;将传统农业劳作手工插秧作为体验活动之一 |
| 配套建设商业街 | 规划建设具有本地特色的乡土商店;店面装饰坚持就地取材,做到一店一品,手工商品极富趣味性 |
| 民宿与旅游相结合 | 民宿依然保留具有历史意义的民具、乡土玩具,在住宿上享受悠闲农村生活,是远离都市繁杂、快节奏生活的不二选择 |
| 企业联合建立保护基地 | 白川乡与丰田公司联合建立以自然环境教育为主题的教育研究基地,人们在观赏世界遗产的同时还可以体验生物多样性的美妙 |

### 表 2　加拿大休闲农业发展实践

| 项目 | 发展实践 |
| --- | --- |
| 多功能农场 | 小规模有机农场+休闲观光,观光农园、牧场+村庄住所,森林观光、河滨游览 |
| 采摘农园 | 园内供采摘的农产品以水果为主,主要有苹果、葡萄、蓝莓、樱桃和梨等,是多伦多人秋季喜欢采摘的大型农园 |
| 葡萄农庄 | 农场主和旅客在葡萄架下,休闲观赏,跳舞欢唱,还有小型葡萄制酒厂,并为游客专门开设了品酒室 |
| 农家旅馆 | 农场有商店牌照,开有一间为旅游服务的小商品店,甚至还有酿酒牌照,可以酿酒、售酒 |
| 森林旅游 | 加拿大森林在促进乡村振兴中发挥了积极作用,各地居民都将森林用于娱乐(如周末野营、教育型野外度假等) |
| 乡村度假屋 | 加拿大的度假村一般不会在热门旅游区,度假村内有 40～50 个度假屋,由 1 人管理,这样的度假村既是生意,又是自己的物业,非旅游季节屋主还可以做其他工作。加拿大的度假村是季节性的,每年只有一段时间营业 |
| 快乐农民 | 乡下没有紧张的节奏,也没有经济效益的核算,他们逍遥自在地过着农夫的清静生活。这部分"业余农民"都是接近退休的老年人,或者是事业有成的中年人,他们把乡村劳作作为自己喜欢的生活方式,做城乡生活的快乐农民 |

表3　我国台湾地区拉索埃涌泉生态园区发展实践

| 园区特色 | 特色项目活动 |
|---|---|
| 自然景观与产业 | 农业生产特色、乡村生活体验活动、传统产业与创新、生态环境保护 |
| 历史文化特色 | 古迹与文物、特色地标与建筑、历史文化知识、节庆活动 |
| 特色美食与农家乐风味 | 当地特色石材运用、风味餐饮提供、特色农产礼品 |
| 乡村管理与建设 | 基础设施建设、当地商家服务、旅游资讯提供与推广、政府、企业等的帮扶 |

### 1. 乡村旅游——日本合掌村

合掌村位于日本岐阜县白川乡山麓,因其坚持采取一系列乡土文化保护措施,被称为日本传统风味十足的美丽乡村。合掌村最初凭借生态建筑发展观光旅游业,其配套设施民宿、餐厅与艺术品店也逐渐完善。合掌村的成功发展与当地农民为保护家乡的地域文化、保护山村的生态环境所做的努力是分不开的,他们的成功经验对我国乡村振兴具有积极的参考作用。

### 2. 加拿大休闲农业地产

加拿大具有优异的自然条件,休闲农业发展模式首先依托于其地理环境、气候条件、海洋潮汐等自然因素,坚持亲近自然生态的绿色发展理念,开发乡土民俗体验型休闲项目。在休闲农业规划方面,充分利用资源与产品的异质性,让休闲农业经营地与客源地保持一定的距离,可以增加旅客的逗留时间。在休闲农业建设过程中,利用当地要素成为加拿大休闲农业的突破点。农场里的时令蔬果采摘是主打活动,在采摘过程中有引导和服务,田园环境清新宜人,农田周边森林环绕,给人悠闲松弛的享受。此外,加拿大将农庄与室外儿童乐园完美融合,派生出家庭农场,并具备完善的综合服务条件。

### 3. 我国台湾地区拉索埃涌泉生态园区

拉索埃涌泉生态园区位于我国台湾地区花莲县光复乡,在现代化开发过程中,居民都希望维持涌泉与野溪无人工化、非水泥化的自然景观和环境。拉索埃涌泉本是为灌溉所用,但加入了阿美族人古老的神话传说"神鸟的六滴眼泪",让涌泉更具有吸引力。之所以称为生态园区,除了无人工化、非水泥化的自然景观,还复育了小花石龙尾,让拉索埃涌泉生态园区成为花莲县的天然生态园区;加之"日据时期"的机场遗址及糖厂遗址,形成较为完善的休闲观光产业。由于游客不断增加,水土保持局花莲分局在当地施工辟建了自行车道,让游客可在赏景后,骑车畅游大全村。

### 4. 乡村振兴战略下"旅居养老"

旅游行业的发展经历了从"旅行""旅游"再到"旅居"的阶段。乡村"旅居养老"则是"乡村旅游"和"养老"二者的结合。很多中老年人是出于对身心健康的考虑，选择在自然风光秀美，环境、气候宜人的乡村旅游目的地异地养老，同时体验乡村的自然风光和风俗人情。旅居养老有助于改善农村基础设施与生活环境，进而逐步完善乡村旅游度假养老产业体系，完善休闲、购物、健身、文化娱乐等方面的配套设施；可有效地提高农民就业，增加收入；有助于促进建立乡村旅游度假地医疗体系。通过养老类项目的落地，实现医疗资源下沉发展分级医疗，在一定程度上改善农村医疗体系。旅居养老可结合各地不同资源的特征，探索自身的发展模式。

## 三、我国乡村振兴的机遇

相比较城市而言，农村生活步调较为缓慢，贴近自然。农业生产活动在"大旅游"的包装下成为新兴的体验活动，我国在城市周边地区推广休闲农业之后，将原有的农村田园景观、自然生态、农事体验、农家生活等第一产业转型为以服务业为主的第三产业。农业转型成为休闲旅游，同时可促进乡村旅游的发展。乡村整合地方资源、民俗活动与历史古迹景点，传统的农村正逐渐发展为特色的乡村旅游景点。在大城市老龄化严重的社会背景下，周边地区迅速发展出"旅居养老"乡村振兴模式；在"空心村"充分利用闲置土地，发展特色小镇、田园综合体极具优势。另外，发展休闲养老产业，在保持建筑风格原汁原味、地方特色延续的基础上，实现人口回流，为乡村重振提供人才资源。

## 四、乡村振兴与发展的建议

国内外乡村振兴发展的经验对我国乡村振兴具有积极的指导作用。保护传统老村落、维护生态资源、保持农村原有的生产安全格局、传承地域文化与自然和谐才是农村可持续发展之道。乡村振兴发展休闲农业、观光体验等，不仅可以有效地解决农民的就业问题，也是实现就地城镇化的有效途径。另外，城市现有能耗模式已难以为继，回归农村式的田园生活方式更节能环保。在今后的乡村建设中要加强生态保护、巩固基础农业、优化资源配置、积极探索创新休闲农业产业以及完善监管制度，以现有资源优势为基本依托，实现乡村振兴。

## 1. 顶层设计方面

用先进的理念引导乡村振兴进程。纵观国外乡村振兴的发展历程，都有先进的理念引导不同主体积极参与乡村振兴，最终推动国家乡村振兴战略取得预期效果。乡村发展成功的国家，在乡村振兴战略中设置战略目标、确定战略要求和指导方针、制定战略步骤和战略举措。乡村振兴战略需要良好的战术支持，需要在乡村工作队伍建设、乡村振兴工程建设、乡村振兴格局等方面做好统筹，根据不同时期的乡村发展需求来调整乡村振兴的政策，从而提高乡村振兴战略的实施成效。

为加强政府顶层设计，补齐制度短板，充分发挥好政府在立法规划、宏观调控、监督监管等方面的引导作用，制定出台全国性或地方性乡村振兴相关法律法规，强化乡村振兴立法保障，夯实乡村建设发展的法律基础，明晰乡村振兴"有所为、有所不为"的法律边界，明确乡村振兴需要支持保护的正面清单和限制禁止的负面清单。搭建起法治先行、规划引领、政策支撑的制度体系框架，在市场城乡资源配置中起决定性作用并营造法治环境，为龙头企业、专业合作社等新型经营主体参与农业产业化经营创造法治条件，为保护农民根本利益、促进农民增收提供法治保障，使乡村振兴有法可依、有章可循。

## 2. 产业发展方面

培育和壮大优势产业是乡村振兴的加速器。各国以行政区域和地方特色产品为基础所形成的区域农村经济发展模式，实现了把资源优势转化成产业优势和经济优势。典型国家以农村现存的有形资源和无形资源为基础，将农产品生产与制作、加工以及流通、销售、文化、体验、观光等要素与业态有效结合，增加产品附加值，让农民更好地获得增值收益。农业社会化分工的不断深化，生产者对社会化服务需求迫切，发达国家构筑了由政府、社会合作组织与农业企业构成的服务体系，有效地推进了农业的集约化、规模化生产和市场化运作。

发展农业新模式、新业态，实现产业兴旺，促进农村第一产业、第二产业和第三产业的融合发展，实现"三链重构"，需要大力推广功能拓展型、新技术渗透型、多业态复合型等新模式、新路径；大力培育终端型、体验型、循环型等新产业、新业态；着力打造农民专业合作社、家庭农场、供销合作社等新载体、新平台，需要健全完善股份合作、订单农业等利益联结新纽带、新机制；在传统农业中融入加工元素、服务元素、科技元素，形成体现现代农业特色的"微笑曲线"。这样农村发展才有活力、农民增收才有支撑，最终提高的是农业附加值、农村饱和度、农民获得感。

转变农业生产经营方式，实现提质增效和农业高质量发展，加快农业农村现代化发展，要瞄准制约农业生产经营的关键环节、重点领域精准发力；要聚焦深化农业供给侧结构性改革，推动农业发展方式转变；要围绕小农户和现代农业有机衔接、精准施策，尤其要依靠科技创新完善农业生产体系，进一步拓展生产边界；要依靠资源整合促进规模化发展，增加规模效益；要依靠比较优势促进专业化分工，提高经营效率。这也是解决我国当前农业综合竞争力不强、农民抗风险能力弱等问题的突破口。

绿色生态立法是推进乡村振兴的理念。各国完善法规督促落实，通过强有力、科学的法律体系约束农村的环境污染行为，增强国民的环保意识，为保护环境、减少污染、实现乡村生态宜居作出贡献。通过补贴减轻农民的环保压力和负担，鼓励农民采取环境友好型生产方式，提高农民从事生态农业、循环农业的积极性。先进有效的生态环境保护技术是实现乡村可持续发展的重要支撑，通过废弃物的资源化利用、投入品的减量化使用、生产过程的有机化生产，实现农业的循环利用和绿色发展。

### 3. 乡风文明方面

保护发扬优秀的乡村传统文化，将传统精神内涵与当下乡村经济、社会发展有效结合，倡导树立自觉的敬业态度与勤劳节俭的生活风尚对乡村振兴起到了积极作用。对农民进行针对性的培训，以提高农民的科学技术水平和思想道德素质，推动农村经济发展。引导和教育农民健康生活，树立新的生活方式和态度，展现乡村新风貌。

法治自治是乡村治理的有效手段，应重视立法对乡村振兴的推动作用。国家为乡村振兴制定了一系列法律，来保障乡村社会的有效治理，激发各参与主体的积极性，维护农民的权益。立法覆盖了乡村组织管理制度、行政体制安排、土地管理、城乡规划、农业发展和资源保护等方面。在乡村振兴过程中，把农民发展起来、动员起来、组织起来，提高农民自身素质和组织化程度，让农民切实以主体形式参与乡村公共事务的治理，真正让农民成为乡村振兴的参与主体和受益者，实现乡村治理和村民自治。

## 参考文献

[1] 孔祥智. 生态宜居是实现乡村振兴的关键[J]. 中国国情国力，2018（11）：6-9.

[2] 王争亚. 乡村振兴离不开生态振兴[N]. 中国环境报，2018-11-14.

[3] 刘泉，陈宇. 我国农村人居环境建设的标准体系研究[J]. 城市发展研究，2018（11）：30-36.

[4] 杨铁军. 基于乡村振兴的新型农业经营主体金融服务研究——以黑龙江省为例[J]. 商业经济，2018（6）：113-116.

[5] 盛毅. 建设现代化强国背景下的乡村振兴标准探究[J]. 创新，2018（1）：13-21.

[6] 郭剑英. 世界名山可持续发展及乡村振兴发展——第四届世界名山国际学术研讨会暨乡村振兴发展论坛会议综述[J]. 乐山师范学院学报，2018（11）：136-140.

[7] 千一. 日本最美小村：旅游规划借鉴[J]. 宁波经济（财经视点），2015（11）：46-47.

[8] 李思经，牛坤玉，钟钰. 日本乡村振兴政策体系演变与借鉴[J]. 世界农业，2018（11）：83-87.

[9] 陆献峰. 德国乡村振兴与森林康养的启示[J]. 浙江林业，2018（9）：40-41.

[10] 任志芬. 生态文明视域下乡村生态振兴的路径探析[J]. 绍兴文理学院学报（人文社会科学），2018（6）：45-49.

[11] 何仁伟. 城乡融合与乡村振兴：理论探讨、机理阐释与实现路径[J]. 地理研究，2018（11）：2127-2140.

[12] 王文林. 对宁夏西吉县实施乡村振兴战略的思考和建议[J]. 农业科技通讯，2018（11）：11-14.

[13] 余维祥. 国内外乡村建设实践对我国新农村建设的启示[J]. 安徽农业科学，2010（33）：19157-19158.

[14] 董向东. 国内外乡村振兴战略研究述评及今后研究方向[J]. 甘肃农业，2018（14）：17-20.

# 农业现代化与乡村振兴

李淑娟　　周　泉　　黄国勤[*]

（江西农业大学生态科学研究中心，南昌330045）

**摘　要：**乡村振兴战略是习近平总书记在党的十九大报告中提出的。"三农"问题是关系国计民生的根本性问题，始终把解决好"三农"问题作为全党工作的重中之重，实施乡村振兴战略，要坚持农业农村优先发展；确保国家粮食安全，把中国人的饭碗牢牢端在自己手中；加强农村基层基础工作，培养造就一支懂农业、爱农村、爱农民的"三农"工作队伍。实现生产发展、生活富裕、乡风文明、村容整洁、管理民主才是真正实现乡村振兴。产业兴旺是实现乡村振兴的基础，乡村振兴的最终目标归根结底是实现农民富裕，实现乡村振兴的重要途径就是实现农业现代化。让人们真正认识到农业是一个有奔头的产业，农民是一个有吸引力的职业，农村是一个安居乐业的美好家园。

**关键词：**乡村振兴　农业现代化　新型农民

2017年年底，中央针对2018年"三农"工作连续作出重要部署。2017年12月28—29日，中央农村工作会议在北京举行。会议全面分析了"三农"工作面临的形势和任务，研究了实施乡村振兴战略的重要政策，部署2018年和今后一个时期的农业农村工作；12月29—30日，全国农业工作会议在北京召开。会议总结了2017年及过去五年的工作，研究实施乡村振兴战略措施，部署了2018年的重点工作。专家表示，2018年我国出台了多个相关配套规划，包括土地承包期再延长30年的政策等，在乡村振兴战略实施的大背景下，农业农村经济发展迎来了重大战略机遇。农业现代化是指由传统农业转变为现代农业，把农业建立在现代科

---

[*] 通信作者：黄国勤，教授、博导，E-mail：hgqjxes@sina.com。

学的基础上，用现代科学技术和现代工业来装备农业，用现代经济科学来管理农业，创造一个高产、优质、低耗的农业生产体系和一个合理利用资源又保护环境的、有较高转化效率的农业生态系统，是一个涉及面很广、综合性很强的技术改造和经济发展的历史过程。农业现代化既是一个历史性概念，也是一个世界性概念。农业现代化的目标是建立发达的农业、建设富庶的农村和创造良好的环境。实现农业现代化是实现乡村振兴的重要途径。

## 一、农业现代化对乡村振兴的重要意义

乡村振兴的二十字方针，从"产业兴旺"切入，以"生活富裕"结束，构成了一个完整的政策体系。产业兴旺是乡村振兴的根本出路。农业兴、百业旺，乡村才会有活力。产业兴旺是解决农村一切问题的前提。没有产业支撑，乡村振兴就是一句空话，而只有建设现代化农业才能推动产业兴旺。适应农业主要矛盾的变化，必须加快农业转型升级，不断延伸农业产业链、价值链，促进第一产业、第二产业、第三产业融合发展，培育农业农村发展新动能，提高农业综合效益和竞争力。一是坚持高质量发展。推进农业供给侧结构性改革，主攻方向是推动农业由增产导向转向提质导向。宜建立健全质量兴农评价体系、政策体系、工作体系和考核体系。深入推进农业绿色化、优质化、特色化、品牌化，调整优化农业生产力布局，推进特色农产品优势区创建，建设现代农业产业园、农业科技园。二是坚持融合发展。瞄准城乡居民消费需求的新变化，以休闲农业、乡村旅游、农村电商、现代食品产业等新产业、新业态为引领，着力构建现代农业产业体系、生产体系、经营体系，使农村产业体系全面振兴。三是坚持效率优先。目前，农业处于一个高度开放的环境，要抵御外国农产品对我国的冲击，关键要看我国农业的效率和竞争力。解决农业效率问题，需要两条腿走路：一条是加快农业科技进步，提高农业全要素生产率；另一条是发展农业适度规模经营。

## 二、实现农业现代化的阻力

### 1. 农业生产规模化程度低

经营土地的人员主要有两类：一类是自种农民；另一类是流转的种粮大户和新型经营主体。自种农民一般是留守老人和妇女，种地普遍存在规模小、效益差、

产量低的情况，由于经营规模过小，仅为兼业。新型经营主体则面临着工商资本农业化的强力竞争，大资本有雄厚资金作保障，虽然不擅长种地，但易受政策资金青睐而适应市场经济规律，规模适度又富有经验的种粮大户因资金等限制，经营状况一般。目前，土地流转的价格基本等于农民自种的收益，所以种粮大户的利润只能从低买高卖、降低作业成本等规模优势中一点点抠出来，利润有限。同时，转出方期望的收益是按照国家的保护价计算的，并具有相对的稳定性。如果粮食价格稍有风吹草动，种粮大户就可能亏本甚至破产。2015 年玉米价格的大幅下降就是一个惨痛的例子。这种情况也绑架了我们的粮食保价政策。这些不良的环境因素直接导致农业生产的规模化不能得到充分的发展。虽然国家始终强调不能忽视小农生产，要把小农生产引入现代农业发展轨道，用现代化的信息、技术、装备来武装小农生产，用现代化的管理手段和组织方式来改造小农生产。但现代农业要求的规模化生产和小农经济之间的矛盾并没有得到根本性解决，在客观上影响了我国农业现代化的快速发展。

**2. 农业生产的区域化和专业化程度低**

农业生产专业化包括农业企业专业化、农艺过程专业化和农业地区专业化 3 个方面。农业企业专业化是指农业企业之间实行明显的社会分工，各企业逐步摆脱"小而全"的生产结构，生产项目由多到少、由分散到集中、由自给自足转变到专门为市场生产某种农产品，其他生产项目或者降为次要的地位，或者成为从属的、辅助的生产部门，甚至完全消失。农艺过程专业化又称为农业作业过程专业化，即把生产某一种农产品的全部作业过程分解为若干阶段，分别由不同的专业化企业来完成，如美国畜牧业生产，育雏、饲养、蛋奶生产等工作都由专门的企业来完成。农业地区专业化又称为农业生产区域化，是指农业生产在较大的地区之间实行日益明显的分工，各地区逐步由"千篇一律""自给自足"的生产结构转变为比较集中的为市场生产某些农产品的专业化地区，如美国因地制宜地进行某种作物的生产，通过长期演进，已形成玉米带、棉花带、畜牧带等 10 个各具特色的农业带。我国农业生产的专业化与区域化程度较低，尤其是农业生产的区域化，例如，粮食主产区包括东北 3 省（黑、吉、辽）、黄淮海 3 省（冀、鲁、豫）和长江中下游 5 省（赣、苏、皖、湘、鄂），其他省份为主要消费地区，整体呈现北粮南调的趋势，这与近年来南方地区农业从事者减少及农村劳动力转移有关。但部分省份因自然资源匮乏等原因已不再适合生产某些粮食作物。所以，因地制宜，在某一地区主产某一种粮食作物供应其他地区，实现"粮食调拨制"是实现农业现代化进程中不可忽视的一步。

### 3. 农民素质有待提高

农民是农业经营的主体，传统的农民勤劳能干，但大多数人的思想还停留在传统的农耕上。在新时代乡村振兴的背景下，很多农民的思想和素质跟不上我国生产力的发展，普遍存在着专业知识匮乏、基本依靠经验进行生产的问题，而且他们一般都不具备经营管理的能力和理念，无法融入现代化农业。这就要求我们培养一支懂农业、爱农村、爱农民的"三农"工作队伍。以"产业兴旺、生态宜居、乡风文明、治理有效、生活富裕"的战略方针为要求，把各行业中热爱"三农"的优秀人才吸纳进来，充实农村工作队伍，形成政府、企业、社会团体等乡村振兴合力，通过培养新农民队伍和解放思想，为乡村振兴打下坚实的人才和思想基础。

## 三、实现农业现代化的策略

### 1. 与现代科技结合，以科技支撑现代化农业建设

在科技高速发展的当代，人工智能与生物科技的应用已经渗透到生活的方方面面，人们通过引入科学技术，为建设现代化农业提供强有力的力量。将生物科技（如基因编辑、育种、农药等）引入农业中大有可为。例如，可以为植物人工创造合适的生存环境，或者通过育种技术解决一些作物在胁迫环境（如高温、低温、盐碱、旱涝等）下难以生存的问题。

### 2. 加大对农业的保护和投入力度，完善建设现代农业的政策

财政投入要向农村倾斜，加大对农业的支持和保护力度。加强对农业的支持和保护，关键是要增加投入。要进一步调整国民收入分配结构和财政支出结构，增加对农业的投入，逐步形成国家支农资金稳定增长的机制。要加大农业基础设施建设力度；增加对农业科技推广、农业职业教育和农民技术培训的投入；扩大退耕还林规模，加强草原生态保护和建设，实现可持续发展；加大扶贫开发力度，缩小城乡贫富差距；加强农村教育、科技、文化和卫生事业建设，促进农村社会发展；探索对农业和农民实行补贴的有效办法，逐步建立对种粮农民生产直接补贴的机制。总之，要通过政策鼓励农民进行农业生产，使农民真正认同现代化农业是有前景的产业，提高自身职业的认同感。

### 3. 提高农业从事者的综合素质，充分利用人力资源

提高农民参与新型城镇化和乡村振兴的能力，促进农民更好地融入城市或乡村发展。要以提高农民参与发展能力为导向，完善农民和农业转移人口技能培训支撑体系，为乡村振兴提供更多的新型职业农民和高素质人口，为新型城镇化提供更多的新型市民和新型产业工人。要结合完善利益联结机制，发挥新型农业服务主体带头人的示范带动作用，促进新型职业农民成长，带动普通农户更好地参与现代农业发展和乡村振兴。要按照需求导向、产业引领、能力本位、实用为重的方向，加强统筹城乡的职业教育和培训体系建设，通过政府采购公共服务等方式，加强对新型职业农民和新型市民培训能力建设的支持。要创新政府支持方式，支持政府主导的普惠式培训与市场主导的特惠式培训分工协作、优势互补。鼓励平台型企业和市场化培训机构在加强新型职业农民和新型市民培训中发挥中坚作用。支持创新创业，加强人才实训基地建设，健全以城带乡的农村人力资源保障体系。新农民是社会与国家对新条件下农村主要活动者——农民的一种良好期盼。通过各种舆论的引导和技术培训，提高农民的业务知识水平。只有新农民才能创造新农村，只有新农村与新农民的形成，国家整体实力才会提高。

## 四、结语

我国是农业大国，经历了从原始农业到传统农业再到现代农业的发展，但我国的农业现代化建设还不够成熟，存在的问题主要有四点：一是农业生产规模化程度低；二是农业生产的区域化和专业化程度低；三是农村合作经济尚处于初级阶段；四是新时代农民的综合素质跟不上新时代农业的发展步伐。所以，在新时代环境下，要正确认识这些问题，在发展现代农业的进程中要注意以下几点：一是要构建新型农业经营体系，通过土地流转和建立农业生产经营合作社实现农业生产规模化；二是要因地制宜，增加科技投入与政策支撑，探索农业区域化和专业化生产；三是要正确认识在工业化农业快速发展下的农业萎缩问题，为富余的农村劳动力创造就业机会；四是要培养职业农民，健全农业教育体系，培养高素质并适应农业现代化发展需求的农民。早日实现农业现代化，大力推动农村产业兴旺，为实现乡村振兴添砖加瓦。

## 参考文献

[1]  肖艳丽. 推动多元化农业适度规模经营路径研究[J]. 当代经济管理，2017（1）：41-44.

[2]  李虎，吴荣书，戈振扬. 中国农业发展研究Ⅲ——趋势与对策[J]. 安徽农业科学，2008（24）：10721-10724.

[3]  黄国勤. 改革开放 30 年我国农业发展的回顾与展望[J]. 科技和产业，2009（9）：19-26，79.

[4]  王淑萍. 国外农业产业化的启示[J]. 广西大学学报（哲学社会科学版），2001（3）：63-66.

[5]  蔡立安，柳夏. 新农村建设中人力资源有效供给研究[J]. 农业经济问题，2006（6）：15-17.

[6]  姚於康. 江苏农业现代化过程中出现的新趋势、新问题及对策[J]. 江苏农业科学，2012（2）：322-324.

[7]  曾庆学. 略谈工业反哺农业[J]. 农业经济与科技，2007（1）：87-88.

[8]  夏咏，张庆红. 新疆农业综合生产能力现状分析[J]. 经济论坛，2009（2）：53-55.

[9]  柳中杰. 红壤调理剂的改土培肥及作物增产研究[J]. 社会主义研究，2008（2）：82-84.

[10] 张会. 论农业现代化、新型职业农民培养与农村职业教育改革创新[J]. 中国校外教育，2018（10）：158-166.

# 农业绿色发展与乡村振兴[*]

王礼献[**]　胡桂萍　叶　川　石旭平　曹红妹

（江西省蚕桑茶叶研究所，南昌 330202）

**摘　要：** 农业绿色发展是乡村振兴的重要组成部分，是实现乡村振兴的前提和基础，也是我国乡村振兴战略的重要目标。本文在阐述农业绿色发展在乡村振兴战略实施中的重要性和必要性的基础上，指出了当前农业绿色发展存在的问题，并提出了推进农业绿色发展的举措。

**关键词：** 农业　绿色发展　乡村振兴　问题　举措

2017 年中央农村工作会议全面分析了"三农"工作面临的形势和任务，围绕党的十九大报告提出的乡村振兴战略，研究了战略实施的相关政策并作了重点部署。在"八个坚持"中强调坚持绿色生态导向，推动了农业农村可持续发展；首次系统地提出了"中国特色的乡村发展道路"，指出必须坚持人与自然和谐共生，走乡村绿色发展之路。

当前，农业绿色发展迎来了重大机遇期，要紧紧抓住发展窗口，推动农业农村现代化发展。在乡村振兴战略实施过程中，必须以"绿水青山就是金山银山"这一思想理念发展农业，始终坚持走绿色发展的道路，走出一条空间优化、资源节约、环境友好、生态平衡的具有中国特色社会主义农业绿色发展之路。

---

[*] 资助项目：江西省休闲农业产业技术体系（编号：JXARS-2018-5）。

[**] 第一作者：王礼献，助理研究员，E-mail：1403450043@qq.com。

## 一、农业绿色发展在乡村振兴战略实施中的必要性和重要性

### 1. 农业绿色发展是实现乡村振兴的前提和基础

农业绿色发展是在尊重自然的基础上，利用各种现代化技术，以实现经济、社会、生态综合效益为目标，进行科学合理地开发种养的过程。推进农业绿色发展，有利于促进农业结构和生产方式的调整，推动行为模式和消费模式变革，有利于形成新时代中国特色农业绿色发展道路。农业绿色发展也是乡村振兴跨二进三的重要基础。当前，我国乡村振兴必须坚持以产业发展为支撑，跨二进三，探索资源变资本的道路，为建设新型乡村奠定良好的经济基础，实现乡村跨越式发展。各地需因地制宜地构建农业产业绿色发展模式，加强引导发展乡村产业，通过创建"一村一品"，加快农业产业化进程；要加强农业产业链的融合延伸，推动三产融合发展。

### 2. 农业绿色发展是乡村振兴战略实施的重要组成部分

农业绿色发展是乡村振兴战略实施的重要组成部分，乡村要振兴，农业农村就必须走绿色发展的道路，农业绿色发展是振兴乡村的应有之义。农业是乡村产业振兴的落脚点，是农民实现共同富裕的关键，要充分挖掘和发挥农业的生态、经济和社会功能，最终实现农民增收。在发展过程中，各地区要因地制宜、分类指导，培育适合自身发展的绿色主导产业，促进乡村产业的可持续发展。大力推动农业绿色发展，就是要在延伸产业链上下功夫，通过建设现代农业园区、绿色产品基地，推进绿色生态种养、休闲农业，助推乡村振兴。

### 3. 农业绿色发展是乡村振兴的重要目标

（1）农业绿色发展是生态宜居的要求和记住乡愁的需要

乡村振兴的本质要求是建设生态环境宜居的乡村，这是中央农村工作会议对乡村振兴的目标之一。乡村要振兴必须要有一个良好的生态环境，重视环境保护和生态环境建设是乡村振兴的必然要求。2013年，习近平总书记明确指出"让居民望得见山、看得见水、记得住乡愁"。呼唤和记住乡愁，必须要留住青山绿水。因而，乡村振兴发展必须是绿色发展。

（2）农业绿色发展和乡村振兴的重要目标是改善农村生态环境

坚持以改善农村环境面貌作为农业发展的重要目标，紧紧围绕"业兴、家富、人和、村美"的目标，推动实现产业发展绿色化、经济发展生态化。在农业绿色

发展过程中必须坚持以生态特色为落脚点，依托自然条件和地区特色，在乡村发展中尽量保持原生态，充分挖掘和展现农耕文化、农村地方文化等元素。注重把生态优势转化为农村发展资源，做好山水文章，打好生态绿色牌，确保增加农民收入，这也是乡村振兴的应走之路。

## 二、我国农业绿色发展存在的问题

### 1. 思想认识不深，农业绿色发展观念还未深入人心

一是对农业绿色发展的认识不够深入，没有形成正确的发展观，依然存在农业绿色发展只是农业部门的事情，认识上较为狭隘。农业绿色发展涉及各个环节，包括农业、农民、农村，以及消费和投入品等，这都需要有关部门全面系统地推进。二是地方发展与中央要求不同步，当前中央已经明确提出要实施农业绿色发展战略，但有的地方政府思想转变不过来，盲目追求 GDP 的冲动依然存在。三是落实政策失之偏颇，一味强调只保护不发展，出现"一刀切"的行为。有的地方划定禁养区，禁止一切养殖鸡、鸭、猪、牛等动物的行为；有的地方划定保护区，禁止一切农业生产，完全将生产与生态割裂开。

### 2. 各部门力量整合不强，工作合力不够

农业发展深受政府重视，当前，政府有关部门连续出台了多项政策文件来推动农业的发展，但是还存在部门各自为政、政策不集中的问题。一是各部门之间政策的协调性不强，绿色发展的理念未能完全融入经济、政治、社会和科技的各个方面，节能减排降耗措施也未能贯穿于生产、消费和生活的全过程；二是绿色产业链发展的统筹规划不够，有统一大方向的规划，但针对绿色产业发展全过程的规划不够；三是创新环节的衔接不密切，研究开发、成果运用、示范推广等各环节衔接不够密切。

### 3. 农土关系紧张，城乡差距日益扩大

农耕文化是中国传统文化的基础，在农业传统发展过程中，农民从与自然和谐相处到近代以来对自然资源的掠夺，农业生产技术的提高并没有带来其观念上的很大转变，农民在提高生产力的同时，会在一定程度上忽视对土地资源的保护，造成农民与土地的关系越来越紧张。在农业科技推广过程中，乡土知识没有得到应有的重视，农民在现代农业技术下越发自卑，不断地被边缘化。此外，随着经济技术的发展，城镇居民收入的增长速度要快于农民收入的增长，两者之间收入

差距的鸿沟不断加深，这在有着庞大农民基数的中国是一种发展伤害，会成为中国农业发展、社会稳定的最大影响因素。

### 4．农业生产规模化程度偏低，科技支撑能力不强

由于我国农业土地广泛分布且不集中，使得在进行农业标准化、产业化、规模化工作时难度较大，相对而言也增加了管理上的难度，直接影响了农业发展的质量，削弱了我国农业的国际竞争力，严重制约了我国农业的发展。此外，我国农业科技力量依然不够强大。一是高新技术投入少，很多投入还集中在一般技术上；二是在改善农产品质量上的科技研发不多，大部分还是停留在产量上；三是农产品加工技术的研发较少，生产的技术多；四是农业科技专业人员严重不足，基层技术人员较少，科技在农业增长上的贡献率偏低。我国农业科技力量相较于发达国家还比较薄弱。

### 5．农业基础资源紧缺，农业生态环境呈恶化趋势

我国人口基数庞大，人均资源占有量远低于世界平均水平。在广大农村地区，一直存在着农业基础资源浪费严重、利用效率低下的问题，一是在灌溉水资源利用方面，我国农田灌溉水利用系数平均为 0.5，低于发达国家的 0.8；二是我国化学投入品较多，每亩化肥、农药施用量远超发达国家，利用效率却比发达国家低。由于环保意识薄弱，农业成本越来越高，我国农产品生产不仅浪费了资源，也造成了生态破坏和环境污染问题，并威胁着农产品质量安全，农业经济效益与生态效益均偏低。

### 6．农业产业化层级不高，制度建设有待健全

目前，我国农产品深加工不足，整个加工产业链条较短，农产品附加值偏低，农业综合效益低下，与发达国家相比，更是远低于他们的平均水准。农业产业化层级偏低，造成优势和特色农产品生产规模偏小，品牌效应较弱，生产不足与广大的市场需求不相适应。特别是中西部地区受自身条件所限，三产融合发展难以形成。此外，农业农村制度建设有待加强，现有的制度不能很好地保障农业产业高质量发展。例如，农业农村财政、金融体制配套滞后，长期存在农村金融抑制问题，导致农业融资现象突出，很多农业产业项目不能得到金融部门的有力支持。

## 三、着眼乡村振兴战略，大力推进农业绿色发展的举措

党的十九大作出了实施乡村振兴战略的重大决策部署，推进农业绿色发展，

是我国农业实现高质量发展的必然要求，也是走好乡村振兴道路的客观需要。

### 1．深化战略认识，落实各项政策

新形势下中国农业生产面临着诸多问题，资源环境形势不容乐观，农产品质量安全令人担忧。因此，要加大水土资源保护力度，不断推动农业绿色发展，保障农产品质量安全，引领我国现代农业真正走向绿色生态。农业绿色发展的实现，是重大战略问题的实施，关乎民族健康的延续发展，要将实现农业绿色发展放在战略层面来思考。各部门必须转变观念，要足够重视并强化对农业绿色发展重大战略意义的认识。此外，党中央已经明确提出了农业绿色发展的总体战略并进行了一系列具体的部署安排。特别是在党的十八届五中全会上提出的绿色发展理念，以及习近平总书记提出的"绿水青山就是金山银山"理念，均为实现农业绿色发展指明了方向。为此，乡村振兴战略的实施必须以绿色发展理念为指导，各级政府要切实将中央的各项政策及部署落到实处，以满足人民日益增长的美好生活需要。

### 2．增强环保意识，鼓励绿色生产与消费

农业绿色发展是一项全民参与的行动，应采取多种宣传形式，用通俗的语言宣传环保知识和绿色生态发展理念，不断增强村民的绿色发展意识，提高村民参与度。积极引导村民主动参与垃圾分类和节能环保活动，养成保护环境卫生和节能降耗的良好习惯。大力推行绿色生产方式、工艺技术和设备应用，使农业生产经营主体主动开展绿色技术改造，转变经营管理，推行畜禽粪污资源化利用、有机肥替代化肥、生物农药和物理防治、秸秆综合利用、农膜和农药废弃包装物回收处置、水生生物保护，以及投入品绿色生产、种养结合、加工流通绿色循环、营销包装低耗低碳等。此外，要立足长远，大力倡导绿色消费方式，积极培育一批服务、消费主体，让绿色发展理念深入人心。

### 3．以美丽乡村建设为载体，发展乡村旅游等绿色产业

要加强培育乡村旅游产业集群，丰富美丽乡村建设模式，充分发挥旅游助推农业农村绿色发展的作用。坚持以农业、民俗、自然风光为"底色"，以农村良性循环发展为目标，大力推动农村特色旅游、健康疗养、文化教育等绿色产业发展。通过休闲农业、特色小镇、乡村旅游精品工程、田园综合体建设等，深入推进乡村绿化美化工程，加强当地交通、文化、生态等基础设施建设，着力挖掘乡村自然历史文化资源，打造特色的绿色农业农村产业集群。

#### 4. 完善环保制度，严格环保执法

近年来，国家对环境保护越来越重视，制定了一系列相关环境保护政策，使生态文明建设、环境保护的法律法规体系日益完善，如2016年环境保护部印发的《关于实施工业污染源全面达标排放计划的通知》，明确了排放达标的标准。严格执行环境保护标准，有利于乡村振兴的高起点和高水平。需要注意的是，各地农村经济发展情况千差万别，不能"一刀切"，在衡量经济发展与环保工作的城乡差异的基础上，兼顾乡村建设的绿色化水平和农村经济发展规律，制定因地制宜的政策法律，实现乡村建设的持续健康发展。此外，在制定环保制度的同时，更应严格进行环保执法，逐步覆盖到农村基层，避免农村环境污染严重化以及城市、工业污染的转移，对违反环保法规的单位和个人必须进行严惩。另外，落实好中央环保督察的长效机制，对政府行为进行严格规范，严厉问责不作为、乱作为的领导，从根本上杜绝单位的违法违规行为；同时建立考核奖惩制度，将农业绿色发展纳入各级政府绩效考核范围和领导干部生态资源环境离任审计的重要内容。对农业绿色发展中取得显著成绩的单位和个人，按照有关规定给予表彰，对落实不力的对其进行问责。

#### 5. 制定科学规划，形成上下联动

乡村振兴规划要充分体现绿色发展理念。在国家层面上，2010年出台了《全国主体功能区规划》，2015年出台了《全国农业可持续发展规划（2015—2030年）》，这些都为农业绿色发展奠定了坚实基础。但如何落实到基层政府部门，需要有顶层设计、分类指导，要成立专门机构做好统筹协调工作，认真做好规划设计，明确目标任务和工作责任，细化政策依据，规范流程，形成上下联动的局面。需要注意的是，由于农村环境污染的地区存在差异，区域的生态资源禀赋也有所不同，因此在设计规划时要抓住关键，形成农业绿色发展的区域特色。

#### 6. 强化技术支撑，实行创新驱动

乡村振兴的基础和前提是产业兴旺，强化技术支撑就是要加大对农村产业发展、生态环境保护等方面的技术投入，增加环境友好型产品的产出，通过技术创新不断驱动推进农业农村提质增效发展。一是提高农业资源循环利用、低碳发展的技术研发投入，将农村现有的有机废物（如秸秆、粪便等）通过技术手段生产出有机肥等多种绿色产品并有效利用，以促进土壤的恢复和治理；二是根据当地的实际情况，加强和提高研发、优化以及更新适合乡村环保的技术力度和进度；三是实施农村清洁工程，开发推广先进适用的技术和综合整治模式，着力解决突

出的村庄和集镇环境污染问题等。

### 7. 加强环境污染治理，开展生态修复行动

当前，农村环境污染问题十分严重，水体污染表现得尤为突出，要紧紧围绕2018年中央"一号文件"提出的农村生态保护与治理的重点工程，开展好农村生态环境污染治理与生态修复。一是严格保护耕地，坚持落实休耕制度，执行好休养生息制度；二是进行"厕所革命"，实施好改水等工程，坚决打好农村饮用水安全保卫战；三是继续推行落实好农村垃圾处理模式，提高农村垃圾处理水平，防止其污染周边环境；四是推广使用清洁能源，减少废气等的排放。

## 四、结语

农业绿色发展与乡村振兴关系密切，两者有着同一个主战场，在推进农业绿色发展的同时就是在振兴乡村。绿色是农业的底色，也是乡村振兴的基础色，两者必须要统筹发展，协同推进。乡村振兴作为新时代"三农"工作的总抓手，推进农业绿色发展是乡村振兴的客观需要，必须要一以贯之，常抓不懈，将农业绿色发展观注入新时代农业农村的工作中，走出一条具有中国特色社会主义农业农村发展道路。

**参考文献**

[1] 翁伯琦. 绿色农业发展与美丽乡村建设[J]. 福建农业，2017（8）：4-7.

[2] 魏后凯. 让居民望得见山、看得见水、记得住乡愁——中央城镇化工作会议亮点解读[J]. 紫光阁，2014（1）：25-26.

[3] 魏琦，金书秦. 推进农业绿色发展需要关注四个问题[J]. 农村工作通讯，2018（3）.

[4] 黎成珍. 我国现代农业发展现状和发展战略[J]. 北京农业，2015（31）.

[5] 杨萍，季明川，孙万刚，等. 新常态下深化农业产业化经营的思考[J]. 农村经济与科技，2015（3）：53-54.

[6] 于法稳. 新时代农业绿色发展动因、核心及对策研究[J]. 中国农村经济，2018（5）.

[7] 王雯慧. 绿色农业：中国农业发展方式的战略选择——解读《关于创新体制机制推进农业绿色发展的意见》[J]. 中国农村科技，2017（11）.

[8] 周宏春. 乡村振兴背景下的农业农村绿色发展[J]. 环境保护，2018（7）.

[9] 中共中央办公厅　国务院办公厅印发《关于创新体制机制推进农业绿色发展的意见》[J]. 新疆水利，2017（5）：17-22.

[10] 黄津，梁尚龙，唐志荣，等. 农村土地确权的"阳山探索"[N]. 南方日报，2014-01-10.

# 城乡二元体制解构与乡村功能重构背景下的
# 乡村振兴参与主体角色重构

唐海鹰　　黄国勤*

（江西农业大学生态科学研究中心，南昌 330045）

摘　要：肇始于 20 世纪 80 年代初的改革开放进一步扩大了城乡"二元"鸿沟，打开了农业经营的自主权，全面让给世界市场的"开放"格局，两者相互作用加重了农村经济、环境和社会交织的难题。同时，在中国城市化的发展进程中，传统乡村的结构和功能发生了变化，主要表现为乡村生产性功能的消解及其向非生产性功能的转化。在城乡二元体制的解构与乡村功能重构的双重背景下，中国乡村发展战略思路随着社会背景的变化不断地发展。乡村振兴战略一经提出，立刻引起社会各界的广泛关注和讨论，成为社会各界探讨和争论的焦点议题。未来乡村振兴的探讨方向应重点探讨城乡二元体制解构与乡村功能重构背景下的乡村振兴参与主体角色重构，推进乡村振兴顶层设计和适合地区特点的"上下结合"模式。

关键词：城乡二元体制　解构　乡村功能　重构　主体角色

## 一、引言

中国共产党历来高度重视农村工作，并且农村工作的发展思路随着社会背景的变化不断发展。党的十四大和十五大着重于"优化产业结构"和"加强农业基础地位"。党的十六大在"加快城镇化进程""统筹城乡发展"的基础上，提出"建

---

* 通信作者：黄国勤，教授、博导，E-mail：hgqjxes@sina.com。

立以工促农，以城带乡长效机制，形成城乡经济社会发展一体化新格局"。党的十八大进一步指出"城乡一体化是解决'三农'问题的根本途径"。自党的十八大以来，习近平总书记对农村工作的发展思路有了进一步的深化；"绿水青山就是金山银山"指出了农村地区独特的生态价值；以"留住乡愁"和传统农耕文化的倡导，强调乡村文明的意义；以深化农村集体土地改革措施，推动农业现代化的发展；以"种养加销全产业链"和"第一产业、第二产业、第三产业融合发展"的产业化思路，为农村展示了一个发展产业的广阔前景等。这些论述，从不同方面指出乡村文化、生态与产业发展的方向，它实际上已远超了"城乡统筹""城乡一体化"及"以城带乡"的发展思路。党的十九大提出"乡村振兴战略"正是这种乡村独特价值思路的体系化符合逻辑的提升。

乡村振兴战略一经提出，立刻引起了社会各界的广泛关注和讨论，成为社会各界探讨和争论的焦点议题。主流政策派构成解读和讨论乡村振兴战略的旗手。主流政策派探讨思路是以乡村振兴战略的内容阐释为基本依据，主要对乡村振兴战略产生的历史必然性、乡村振兴战略提出的必要性、乡村振兴战略的实施机制，以及乡村振兴战略的规避误区作出具体论述，重点聚焦于如何保证乡村振兴的顶层设计。学界理论派主要为大学和科研机构的学者，主要对乡村振兴的内涵及历史定位、乡村振兴战略的理论基础及乡村振兴的基本模式进行探讨。而基层实践派则以保障乡村振兴战略的落地实施作为发展重点。

无论是主流政策派、学界理论派还是基层实践派都很少对乡村振兴政策的后乡村生产主义理论进行解读。本文以后乡村生产主义为理论基础，探讨中国在改革开放和城市化的发展进程中，传统乡村结构及功能发生的变化，探讨城乡二元体制解构与乡村功能重构背景下的乡村振兴参与主体角色重构。

## 二、城乡二元体制的解构："乡村振兴"的源起

农村、农民和农业（或称"三农"）始于 20 世纪 80 年代初的改革开放具有两大特征：一是进一步扩大城乡"二元"鸿沟的经济体系"改革"局面（主要是 1992年以后）；二是把农业经营自主权全面让给世界市场的"开放"格局（主要是我国在 2001 年加入 WTO 以来）。两者相互作用加重造成农村的经济、环境和社会交织的难题。其中，农村经济难题的典型表现：①农业分散，经营规模小，成本高。②农业产业链短，内留附加值低。③农业结构形式单一。④作为农业经营源头的

农民（生产者）所分到的利润占整个农业产业链条的利润愈来愈低，大量的利润流向城市的工业产业及其代表人员。⑤农业就业岗位少，农民增收渠道有限。农村的青壮年进入城市打工，农村"空壳化""空心化""留守化""老龄化"问题日益突出。⑥农村生态环境问题突出：作为基本劳动对象的农业生态系统全面衰退，水土流失、土壤结构和质地破坏、农业生物多样性逐步降低。因此，乡村治理、农业经营机制和农业生产体系的生态学转型势在必行。

改革开放，一方面，扩大了城乡"二元"鸿沟的经济格局；另一方面，随着我国农村富余的劳动力开始从农村到城市的大规模就业转移，城乡劳动力、资本出现了极其活跃的流动局面，对国民经济和社会发展的各个方面都产生了十分深刻的影响，极大地推动了中国经济的增长及城市化进程，城乡二元体制逐步被解构，乡村复兴、发展与振兴的体制逐步完善。

党和国家很早就关注了上述问题，农村转型发展的宏观政策背景已成熟。继党的十七大报告提出"生态文明建设"之后，党的十八大、十九大两次将"生态文明建设"作为习近平新时代中国特色社会主义事业"五位一体"建设（即经济建设、政治建设、文化建设、社会建设、生态文明建设）总体布局的重要一环；党的十九大又提出了"乡村振兴战略"。党的十九大报告首次提出"建立健全城乡融合发展体制机制和政策体系，加快推进农业农村现代化"的重大部署，这表明我国从城乡统筹发展阶段进入城乡融合发展的历史新阶段。

### 三、城市化背景下乡村功能的转变："乡村振兴"的内在驱动

中国传统"生产主义"的乡村功能解构。"乡村功能"是指为了满足其居民需求，乡村所提供的各类服务的总称。乡村功能涉及居民生活、生产与交往的许多方面。传统生产主义的乡村功能，是指在传统的乡村中，以农业生产为核心展开的村庄生产、生活与交往3个层面交织在一起的村庄活动。改革开放以来，中国乡村的面貌和结构发生了翻天覆地的变化，随后中国的乡村功能也发生了变化。这些变化首先体现在中国乡村空间结构的变化。有学者认为，在中国的欠发达地区，乡村聚落在区域居住空间体系中的地位下降；而农户消费空间结构的变迁加速了村落自然经济的瓦解，农户生活对重点镇和重点村的依赖加强。事实上，"村落自然经济瓦解"与"农户生活方式变化"在东部发达地区更趋严重。原来在自然经济体系中依赖土地、农田的"生活圈"与"生产半径"完全被消解，取而代

之的是村落空间更加依赖于现代公路交通系统，这势必会快速地解构生产主义的乡村功能。其次是中国乡村人口与产业结构的变化。这主要体现在：乡村人口向城市单向转移的特征显著；乡村大量中青年人口、高素质人口向城市转移，直接导致乡村人口结构失衡，并导致乡村空间空心化、乡村人才空心化；乡村劳动力大量流失造成农村土地资源浪费与农村生活成本增加，尤其是产生了"留守儿童"与"留守老人"等乡村问题；乡村大量青年人口流失，对区域粮食生产以及农村种植业结构调整带来负面影响。另外，在乡村产业结构变化中，农村工业化是一股不可忽视的力量。乡村劳动力结构变迁体现了乡村经济结构从"一二三"向"二三一"的根本性转变。

后生产主义乡村的新功能。与生产主义乡村相比较，后生产主义乡村在指导思想、农业政策、耕作技术和环境影响方面都发生了很大的改变，增加了一些重要的新功能。

国家对农业政策的指导思想发生转变。在后生产主义乡村时代，农业在农村社会中已不再处于中心地位，即粮食的战略安全地位有所动摇，"农村"日益与农业分离，大量的农村青壮年劳动力涌入城市，导致农业的种植面积和产量下降，有些地方还出现了大面积的农田撂荒。在农业政策方面，政府减少了财政支持，国家鼓励发展环境友好型农业以及农业政策的绿色化，摆脱农产品价格保护，增加农业规划。农业政策更注重农业发展的质量与可持续性，注重农业的生态与环境效益，以及注重农业的整体规划，农业日益从高投入、高消耗向低投入、高产出的生态转型。同时，耕作技术在后生产主义时代农业中的作用日益削弱，突出农业的知识和科技投入，减少或完全放弃生物化学品的使用，更加强调环境保护，努力修复受损的环境。

随着这些新特点的出现，后生产主义乡村也呈现出新的功能。首先，是极具"地方感"的"农耕文化"的功能。乡村农耕文化的"生产性功能"在逐渐减弱，而"后生产性功能"在不断增强。这主要体现在乡村农耕文化及其乡土性在保持文化多样性、传承文化遗产，以及构建地方性知识等方面都具有独特的功能。中国多样性的农耕文化，既是基于土地、空间与气候条件的具体的田间生产与耕作技术实践，也是基于人与自然相互依赖、和谐共生的社会生产及生活方式而展开的。因此，中国乡村农耕文明发展出一整套生活伦理、人生意义与社会道德的知识体系。"作为文化，地方性知识对于各个民族（族群）来说，其存续的基本的价值诉求是维系当地民族人群的历史记忆。历史记忆既传承了历史延续性，又包含了被阐释的历史意义性，因而成为族群认同建构的有效方式。"在城市化快速发展的背景下，乡土性、地方感及农耕文明的个性化等文化价值，具有有效"对冲"现代社会高度标准化、格式化与同质化的新型功能。

其次，"生活、生态、生产"兼具的乡村功能。现代科学技术尤其是"三高技术"即高速公路、高速铁路与高速信息网的快速发展，大大缩小了城乡空间距离与信息鸿沟。相比较而言，城市生活的便捷性、现代性不明显了，而乡村生活的休闲、宁静与安逸却比较突出。从文化支持的角度来看，中国几千年历史沉淀下来的乡村文明，在人们面对困难与挫折等困境时，能提供一种极其强烈的"韧性精神"，而在人们面对胜利与成功等顺境时，又能提供一种"平和心态"。这是中国乡村文明所独有的自我纠错机制与修复能力。从生活与宜居的角度来看，中国乡村的最大优势就在于它的"生态功能"。　"绿水青山就是金山银山"理念充分表达了乡村的生态功能，也道出了乡村的生态功能是其他功能的核心。从宏观上看，当下中国乡村的生态功能主要体现在两个方面：一方面是保持动植物及生态环境的多样性，以及建立在其地理环境之上的农耕文化的多样性；另一方面是有效"对冲"城市发展的环境及资源压力，并为城市发展提供环境缓冲区或缓冲带。乡村生产功能的实现，应该是在"生态优先"的理念下，发展具有观赏与文化传承价值的农耕文化，或者发展具有"环境低冲击力"的第二产业、第三产业。

## 四、城乡二元体制解构与乡村功能重构背景下的乡村振兴参与主体角色重构

作为一项新的涉农战略，乡村振兴战略的实施必须依赖于各类社会主体的相互作用。乡村振兴涉及中国共产党、政府、乡村居民、社会组织等社会主体。其中，乡村居民是乡村振兴战略实施的主要受益者，也是其主体力量；社会组织是乡村振兴战略实施的重要参与者，是乡村振兴所需资金、技术和信息等资源的重要供给者。乡村居民和社会组织都具有分散性，因此，乡村振兴战略的实施需要党和政府等政治与行政力量的积极介入，坚持中国共产党领导的基本原则，发挥共产党在政治、思想以及组织等方面的优势；而政府庞大的规模、精细的内部分工及其掌握的资源决定了其是乡村振兴战略实施的主导者。政府在乡村振兴战略中的主导作用主要体现在标准设定、资源整合、责任考核3个方面。乡镇政府作为中国的基层政权组织，居于"上联国家、下接乡村社会"的纽带地位，有着对农村直接进行社会管理和为农民直接提供公共物品和公共服务的功能。因此，在

实施乡村振兴战略中，乡镇政府必须全面有效地履行职能，为实现乡村全面振兴提供基层政权保障。

随着城乡二元体制的解构，农民群体结构发生分化，农民的身份也会发生相应地转变。在农业存在过剩劳动力的情况下，农民家庭普遍采取了年轻人进城务工经商，中老年人留村务农的家计模式。因为中老年人仍然务农，农户家庭农业收入没有减少，年轻人进城务工经商，农户家庭就增加了来自城市的收入。随着中国城市化的加速，城市提供了越来越多的机会，就会有更多农村青壮年劳动力进城务工经商，从而形成了当前占绝对主导地位的"以代际分工为基础的半工半耕"家计模式，表现出来就是农民家庭的分离，农村出现了老年人、妇女和儿童"三留守"现象。进城务工经商不是限制了农民的机会，而是让农民有了主动选择的机会。农民根据自己家庭的情况主动进行了选择。从当前全国普遍情况来看，农户选择大致有三种模式：第一种模式是农户全家进城模式，即进城年轻人在城市获得了稳定的就业与收入机会，从而全家进城，在城市体面安居。由于这部分人的成功，他们可能成为具有"乡愁"的一代人，有可能成为农村旅游或投资的主体，从而反哺农村，推动农村社会经济发展。第二种模式是农户中的青壮年劳动力进城了，但缺少在城市中稳定的就业与收入，难以在城市体面完成劳动力再生产，表现出来的典型就是老年父母留守农村务农。这一部分农民由于工作的不稳定性，而成为新一代"兼业农民"。第三种模式是农户家庭在农村找到了获利的机会，他们通过扩大种植规模、提供农机服务、兴办小超市、当经纪人来获得不低于外出务工收入的当地农村收入机会，从而可以在保持家庭生活完整的情况下在农村过上体面的生活，成了农村的"中坚农户"，对农村的稳定和文化传承作出巨大贡献。

## 五、结语

中国乡村振兴没有现成模式，要立足中国国情，必须考虑到城乡二元体制解构、乡村功能转变这一客观事实，走具有中国特色的乡村振兴道路，形成乡村振兴中国模式。研究结果表明，中国共产党统一领导下的"以政府为主导、以农民为主体、全社会共同参与"的乡村振兴模式既符合国际经验，是具有中国特色社会主义乡村振兴模式，但其实践效果取决于政府主导作用的发挥。中国政府必须全面认识自身在乡村振兴中的职责和应有作为，全心履责，积极作为，充分发挥政府的主导作用，加快中国乡村振兴的历史进程。

## 参考文献

[1] 叶敬忠，张明皓，豆书龙. 乡村振兴：谁在谈，谈什么？[J]. 中国农业大学学报（社会科学版），2018，35（3）：5-14.

[2] 王松良. 我国"三农"问题新动态与乡村发展模式的选择——以福建乡村调研和乡村建设的实证研究为例[J]. 中国发展，2012，12（3）：45-52.

[3] 王松良. 协同发展生态农业与社区支持农业促进乡村振兴[J/OL]. 中国生态农业学报：1-5[2018-12-22].https：//doi.org/10.13930/j.cnki.cjea.180594.

[4] 刘祖云，刘传俊. 后生产主义乡村：乡村振兴的一个理论视角[J]. 中国农村观察，2018（5）：2-13.

[5] 李伯华，刘沛林，窦银娣. 转型期欠发达地区乡村人居环境演变特征及微观机制——以湖北省红安县二程镇为例[J]. 人文地理，2012，27（6）：56-61.

[6] 吴可人. 长三角地区乡村空间变迁特点、存在的问题及对策建议[J]. 农业现代化研究，2015，36（4）：666-673.

[7] 龙先琼，杜成材. 存在与表达——论地方性知识的历史叙述[J]. 吉首大学学报（社会科学版），2008（3）：26-29.

[8] 刘祖云，刘传俊. 后生产主义乡村：乡村振兴的一个理论视角[J]. 中国农村观察，2018（5）：2-13.

# 论农地流转市场中的不确定性<sup>*</sup>

邱国良<sup>**</sup>

（江西农业大学政治学院，南昌 330045）

**摘　要：** 乡村振兴是国家的一项重要战略，农村土地流转及其规模经营是实施乡村振兴战略的关键。在社会转型时期，农村社区愈加多元化，社区信任持续弱化，并伴有社区规则、农民职业转型及市场交易风险等诸多不确定性，影响着农地流转市场的扩展和土地规模经营。上述不确定性根源于市场结构、产业结构及社会结构的二元悖论，本质上是城市与乡村、工业与农业、传统与现代的结构性矛盾。确立农地流转储备金制度、促进政府有效介入、打造社区共同体，以及规范农村经济合作组织是降低农地流转市场中不确定性的重要路径。

**关键词：** 不确定性　社区信任　乡村振兴　农地流转　政府介入

## 一、引言

学界在讨论农地流转的影响因素时，主要围绕非农就业机会、市场健康程度及相关制度建设等方面展开讨论，但其关注的是影响因素与流转意愿之间的因果关系，却忽略了该意愿形成的过程和机制。事实上，作为理性的经济人，市场交易主体在进行农地市场交易之前，将会综合考虑各种主客观因素，在对市场交易安全形成确定性预期时才愿意付出信任，进而影响交易达成及交易方式的选择。

* 基金项目：本文获得"江西省普通本科高校中青年教师发展计划访问学者专项资金"资助。系邱国良主持的国家社科基金年度项目"城乡社区信任与融合研究"（编号：14BSH054）及江西省社科规划项目"信任视域下政府介入农地流转市场的机制研究"（编号：13SH05）的阶段性成果。

** 作者简介：邱国良（1974—），江西贵溪人，江西农业大学乡村治理研究中心主任、教授，博士，硕士生导师，主要研究方向为农村基层政治和社会治理。

在熟人社会，由于社区规则和观念相近，人们相互之间有着各种联系，容易产生心理上的确定性和信任感。因此，农地流转范围主要局限于熟人社会。研究表明，农户将自己的农地出租时，其农地租赁市场主要是行政村的内部市场。然而，这种封闭性的农地流转市场阻碍了外部工商资本的进入，最终不利于发展农村经济。因此，农村土地流转市场范围亟须突破村庄内部，在超出熟人社会的更大范围内流转，促使农村土地与外部资本有机衔接，形成乡村振兴的巨大推动力。此外，在交易形式上，熟人社会中的个体更倾向采取口头形式订立相关契约，他们不太担心对方违背契约。因为一旦违背了这种口头契约，违约人将会遭到村庄舆论的谴责及丧失村民的信任，并使自身交往空间遭到挤压。从信任博弈的视角来看，由于村庄内部农户之间在进行农地流转时的博弈是无限次的，促使农户之间建立起一种信任机制，使得如口头契约能够自我实施。由此可见，农户在决定是否达成交易或选择何种交易方式之前，已在综合考虑各种因素的基础上形成了确定性或不确定性的判断。本文将从表现形式、产生根源及路径选择 3 个方面对农地流转市场中的不确定性进行探讨。

## 二、农地流转市场中不确定性的表现

当前，社会不确定性和风险因素持续增加，主观社会阶层认同下移、底层认同的现象越来越明显，形成了以身份认同自动划分的社会心态阶层，会直接影响到社会公平感、生活满意度等重要的社会心态指标。个人的社会态度、社会价值判断、社会情绪表达将由其自我认同的社会身份决定，失去了客观性，这将是未来较长时期必须面对的风险和不确定性。由于其底层特征及抗风险能力较弱，中国农民对于农地市场交易中的不确定性因素，其感受将会比其他群体更加强烈。上述不确定性主要表现为以下几个方面。

### 1. 社区规则的不确定性

有研究者将信任分为习俗型信任、契约型信任和合作型信任，认为"习俗型信任"是指发生在传统农业社会和熟人社会中的信任；"契约型信任"则是工业社会和陌生人社会得以存续的重要支持力量；"合作型信任"是与后工业社会相匹配的一种信任关系。尽管上述各类型的信任赖以建立的社会基础不同，但有一点是具有共性的，那就是信任均建立在确定性规则基础之上。在现代契约社会，人们经过充分协商形成"公意"，这是契约的基础。在这种契约环境下，人们对自己及他人的行为能够形成明确的预期，进而形成普遍信任。而在传统农业社会，虽然无法形成超出熟人社会圈子的规则，但在熟人社会内部，却有一套非普遍性、习俗性的规则，其对熟人社会内部有着较强的约束力。随着传统农村熟人社会的逐步转型，出现了人口的持续流动，原先的社区规则已难以满足人们实际交往中的安全需要。因此，一旦农地流转市场交易由熟人社会向陌生人社会拓展，随着人口流动的将会是熟人社会规则的破坏，以及社会不确定性及风险的增加。

虽然，农村社会正逐渐被卷入现代化潮流之中，但熟人社会的规则仍然在农地流转市场中具有重要影响，农地的流转范围主要局限于熟人社会内部或以熟人媒介作为平台。尽管熟人之间的信任关系有利于减少交易成本、促进交易发生，但这终究并非开放性、公平竞争的市场。对于缺乏熟人媒介却又待进入农地流转市场的买方而言，显然当下的农地流转市场是不公平的，它亟须更加开放和便捷。显然，构建一个开放的、公平竞争的市场环境，熟人社会的规则已不再适用，新的规则亟待形成共识。值此规则转变的"窗口期"，农地流转市场无疑充满着不确定性，无形中加大了交易的风险，使得交易双方尤其是使处于相对弱势的个体农户难以形成基本的信任感。

**2．农民职业转型的不确定性**

由传统社会向现代社会转型是一项系统工程。它不仅是指产业结构的转变、城市化水平的提高，更是社会主体——"人"的转变。所谓"人"的转变，不仅是指农民思想观念和行为方式市民化的过程，也包括农民的职业转型，即由小农变成产业工人。自20世纪80年代以来，制造业在中国沿海地区迅猛发展，大量内地劳动力开始涌向沿海地区。这一时期的流动人口群体虽然趋于年轻化，但由于学历偏低，缺乏复杂的技能训练，主要从事一些边缘性、收入低的职业。随着新生代农民工的加入，这种状况有了一定的好转，但并未有根本性的改变。我国沿海地区的工业化水平逐步提高，简单劳动的需求正趋于缩小，缺乏复杂技能训练的第一代农民工将面临职业转型的困境。与此同时，第一代农民工也逐步步入中老年，他们中的不少人原本就过着"候鸟"般的迁徙生活，此时更易萌发"叶落归根"的想法。事实上，受社会身份、技能不足及社会网络等因素的影响，大多数农民工并未真正实现职业转型，而是徘徊在农民和工人这两种身份之间。

农民职业转型的不确定性无疑影响着农地的顺利流转。对外出务工的农民而言，土地不仅仅是一种情结，也是其安身立命的根本。他们当中的许多人并未有失业或养老保障，一旦遭遇失业等风险，土地便是其生存的基本保障。因此，尽管许多外出务工的农民并不耕种土地，但其却不愿意将土地使用权长期出让。在他们看来，外出务工只是一种谋生手段，他们对未来并无确定性的预期，打工生涯并不能给自己带来稳定的生活和安全感，而唯有拥有一片土地才能踏实。在这种心理作用下，他们或许会将土地转让给其他农户短期租种，但通常并不会长期转让土地使用权。

### 3. 交易风险的不确定性

在市场经济条件下，商品价格是随着供求关系的变化而围绕商品价值发生波动。由于供求关系本身属于不确定因素，因而商品市场必然存在一定的风险。然而，涉农市场交易的风险却不仅限于此。在农地流转市场中，市场交易主体将会统筹考虑实际的交易风险以及潜在的交易风险。首先，与其他许多商品市场不同，农产品受自然条件影响较大，一旦发生自然灾害或遭遇恶劣天气，农产品收成及投资收益将会受到影响。因此，投资者在涉足农业投资时普遍较为谨慎。其次，由于受政策和历史的影响，农产品市场价格偏低，这无形中降低了农地的投资回报率。再加上涉农投资回报周期相对较长，使得其综合投资回报率更低。最后，农地市场交易主体行为也存在许多不确定性因素。在普通商品市场，交易双方通常是一对一进行，这种市场交易只要双方达成一致，交易便有望进行。然而，在当前农村土地双层经营体制下，农村土地使用权较为分散，土地受让方需要面对多个交易对象。由于每个交易对象的利益关注焦点并非完全一致，因而不仅达成协议所付出的代价可能更大，而且在履行协议过程中不确定性和风险也相应增多。在实践中，不少农地流转交易倾向采取口头协议，对交易主体缺乏明显的约束力。这种情况对于投资较多、周期较长的涉农投资来说，风险是显而易见的。

## 三、农地流转市场中不确定性的结构性根源

不确定性的根源通常可以从主体和客体两个方面理解。从主体方面来看，造成不确定性的因素不仅有主体自身认识能力的原因，也与个体禀赋、经验等方面的差异性有关。从客体方面来看，相对稳定的社会结构有助于人们形成确定性的认知，而急剧变革的社会却似乎充满着不确定性和风险。这种结构性根源主要表现在以下三个方面。

### 1. 市场结构的城乡二元性与农民的市场隔离

尽管20世纪80年代初期启动的以土地制度为核心的农村改革在一定程度上

激发了农民的创造热情，将农民从被动的、从属的边缘地位推向政策中心，但随着改革重心由农村向城市转移，农村距离市场化和现代化的中心渐行渐远。最终，这场以"经济发展"为核心目标的改革并未达到缩短城乡差距的初衷。值得注意的是，城乡之间的差距是全方位的，它不仅表现为城乡经济发展的不平衡性，更重要的是，长期的相对封闭状态导致农民缺乏足够的市场训练。在大多数农民看来，市场经济及其规则是令人感到陌生的东西，充满着不确定性和风险。因此，他们不愿遵从甚至排斥市场规则，而倾向维护传统社会格局和规则。同时，他们对市场信息的获取能力也是薄弱的。尽管从格兰诺维特（Mark Granovetter）为代表的新经济社会学派所坚持的，经济交易是嵌入（embedded）社会关系之中的，无疑会受到社会网络的影响。但作为理性经济人，农民在实际交易中不仅受社会网络和人情因素影响，更会在了解市场信息的基础上作出最优选择。然而，由于农民缺乏市场训练和组织优势，其对市场信息的掌握并不全面和充分，因而对农地流转市场存在相当程度的不确定性。显然，这种"不确定性"无疑会影响现代农地流转市场的建构。由于受情感和关系网络的影响，熟人之间更易产生信任和确定性，并促成农地交易在熟人之间发生。尽管这种信任感在一定程度上降低农地交易成本，并简化市场交易环节，但显然不利于构建开放性、包容性的现代农地流转市场。

**2. 产业结构的转型升级与农民工的"两栖"心态**

随着技术进步和劳动力成本的上升，形势倒逼沿海发达地区的产业结构转型升级，即由原来制造业为主的产业向科技含量较高、生产附加值较大的非劳动密集型的产业转型，而将其原先相对落后的产能转移到其他欠发达地区或国家。这种产业的转型升级符合国家发展战略部署，是中国走向现代化的方向和路径。然而，这种产业结构的转型升级势必对农村剩余劳动力人口的转移产生重要的影响。部分文化素质较低的流动人口将难以适应这种产业结构转型升级的趋势，并首先遭到淘汰而不得不返回农村。尽管他们仍然滞留在城市从事一些低端产业链的工作，但他们的职业生涯充满着不确定性，难以真正实现职业转型。

此外，这一部分群体也大都为改革开放初期的外出务工者，他们相对于新生代农民而言，具有许多弱势，如学历偏低、技能不足、年龄偏大。而且大多数人在城市社会的生存状态并不理想，他们不仅处于职业和社会的边缘地位，也居住在城市的边缘地带。尤其是他们在社会保障、户口迁移及子女教育等方面受到各种条件的制约，使得他们普遍缺乏安全感。因此，农村社会对这部分群体而言，不仅仅是情感的寄托和归宿，而且也是未来生活确定性的保障。

### 3. 社区价值认同的多元化与农民心理的路径依赖

在传统的村落社区，人们拥有共同的价值认同，遵循共同的社区规则。这是社区概念所蕴含的本质特征。德国社会学家菲迪南·滕尼斯（F. Tönnies）在《共同体与社会》一书中对社区（共同体）与社会做了区分，他认为社区（共同体）是由具有共同价值观念的同质人口组成的关系密切，守望相助、富于人情味的社会团体。费孝通在长期观察传统中国农村社区生活后也认为，中国传统村落的关系结构可归结为"差序格局"，即个体以自我为中心，由近及远而关系越来越疏远。不难理解，其"差序格局"实质上是结构和意识两个层面的契合：从结构上看，那种以"自我"为中心而形成的"同心圆"结构，反映了"差序格局"的外在结构；从意识层面来看，人们内心的情感也随着这种"同心圆"结构由亲而疏。可见，共同的价值观念和相对稳定的社会结构，是社区的重要而基本的特征。

随着中国城市化的进程，城乡之间的界限不再泾渭分明，区域之间的社会流动也更加频繁。区域或城乡之间的社会流动，将在很大程度上打破原先封闭的农村社会网络，促使社区越来越趋于多元化，并倒逼社区原有规则不断调适。从本质上来说，社区规则和价值观念是一个问题的两个方面。社会规则是显性的、外在的；价值观念却是隐含在规则背后的特定群体的文化心理。面对频繁的社会流动和社区多元化趋势，农民并不十分适应，其价值观在很大程度上还留有熟人社会的痕迹，表现为个体或群体心理上的路径依赖。因此，在农地流转市场中，农民依然习惯于在熟人社会网络中进行市场交易。受熟人社会的人情关系和面子观念的影响，一些农民在普通农地流转交易中甚至采取口头约定。这显然是基于信任和确定性而形成的市场交易。然而，随着社区愈加多元化，在社会复杂性的增加与农民心理上的路径依赖等因素共同作用下，未来社区的不确定性将会更加凸显。

## 四、不确定性地化解路径

综上所述，社会转型时期农地流转市场中不确定性的根源主要在于市场结构、产业结构及社会结构的矛盾性。在社会急剧变迁的历史背景下，乡村社会不可避免被动卷入其中，并将最终实现其经济社会结构的全面转型。诚然，这种不确定性正是为了实现新的确定性所必然经历的过程，但显然它对当前农地流转市场的快速发展产生了一定的负面影响。为了促进农地流转市场的健康发展，可以围绕主体和客体从以下四个方面降低不确定性因素。

### 1. 建立农地流转储备金制度，保障失地农户基本生活需求

有学者认为，"以新农保为代表的农村社会养老保险对农地养老保障功能的替代程度越高，农民转出农地的意愿就越高"。由于农地出让的意愿与农民对新农保保障能力的评价呈正相关，健全和完善以新农保为主要内容的农村社会保障制度将有助于进一步推动农地流转。然而，我国农村社会保障并不健全，存在保障水平低、城乡不平衡、涉及领域窄等明显不足，难以保障农民的基本生活。为此，需要进一步加大农村民生的财政投入，较大幅地提高农民的社会保障水平，切实做到养老、医疗、失业、救济等全覆盖、均衡化。同时，为了最大限度地保障农民的基本生活，还可以尝试制定土地出让金储备制度。有研究显示，这种制度与农户流转意愿有着密切关系，在所有受访者中，农地流转公积金制度条件下愿意转入和转出农地的农户比例分别为 57.8%和 51.6%。可见，一旦妥善解决了农民的生活保障问题，其对未来生活的确定性预期将会大大增强，进而有利于推动农地流转及土地规模经营。

### 2. 规范政府对农地市场的介入，有效降低市场交易风险

在大多数市场经济国家，市场在经济活动中发挥重要作用，政府通常只在市场不足时才介入经济活动，维护市场经济的健康发展。对于当前的农地流转市场而言，政府应从金融秩序、交易过程、平台建设等方面加强监管和服务。

一是要充当金融秩序的维护者。地方政府应以落实国家乡村振兴战略为契机，一方面，积极引导社会闲散资金尤其是城市资金进入农村和农业领域，为乡村振兴建立资金"蓄水池"；另一方面，更应加强对金融机构的监管，积极维护金融秩序，为农地流转和规模经营保驾护航。要引导各大银行、保险等金融机构在农村设立网点，鼓励形成竞争性的农村金融市场，为农地流转和规模经营提供优质服务。二是要担任市场交易的裁判者。由于市场主体的趋利性，缺乏监管的市场必然会导致市场混乱，因而需要凸显政府的作用。相对于其他商品市场，农地市场明显缺乏有效的裁判者，一旦发生纠纷，主要依赖乡村组织进行个别调解，而未能形成制度化的交易裁判程序。三是要做好交易平台的服务者。乡村振兴要引入外部资金，就需要将农地流转市场逐步由熟人社会推向陌生人社会，形成公平竞争、统一开放的市场环境。它要求政府适时搭建现实或虚拟的交易平台，并及时公布有关市场价格、土地供求等信息，帮助市场主体作出最优选择。另外，通过搭建交易平台，可以全程规范和记录农地交易过程，这不仅提高了交易效率，还

记录了双方的交易过程，无形中降低了交易风险。

### 3. 营造包容性的社区环境，积极打造社区共同体

在传统农村，人们通常以血缘或亲缘关系为纽带聚居在一起，形成了相互独立而封闭的村庄公共空间，人们对外部事物具有一种天然的心理排斥和不信任感。显然，这种封闭性将会阻滞农地流转市场进一步向外拓展。韦伯曾指出，中国人的信任是"建立在亲戚关系或亲戚式的纯粹个人关系上面"，中国之所以形成不了资本主义精神，主要是因为儒教文化浸润下的中国社会缺乏新教伦理社会那样的普遍信任。在西方社会，所谓的普遍信任主要是建立在普遍的宗教联系纽带基础上。共同的宗教信仰使得毫无血缘或亲缘关系的教徒们聚集到一起，他们通过家庭教会、礼拜仪式及其他形式的聚会，持续强化彼此之间的联系。由于这种联系突破了地域和亲缘关系的限制，因而它是一种包容性的、开放性的联系。

由于受其地缘或亲缘关系的限制，农村居民通常难以形成普遍性的社会联系。这种关系网络及由此形成的信任结构显然不利于农地流转市场向陌生人社会扩展。因此，若要构建开放性、竞争性的农地流转市场体系，农村居民的社会联系必然要突破地缘和亲缘关系的限制，努力形成包容性的农村社区环境。有研究者认为，应通过吸纳新型农业经营主体、举办社区活动及建立信息交互平台等途径，进一步强化社区认同。上述途径对强化外来新型农业经营主体与当地农民之间的联系具有一定的促进作用。但这只是一种"想象的共同体"，是虚幻的而非现实的联系。事实上，倘若外来资本无法在农村真正扎根，并与农村社区融为一体，那么，所形成的社区信任关系或许只是一种"策略性"的信任。社区信任关系的建构需要长时间的积累，短期内"策略性"的情感投入并不能够创造出社区共同体。为了打造社区共同体，一方面，它要求破除户籍等制度藩篱，为城乡资源的自由流通创造条件，鼓励城市资本进入乡村；另一方面，要以乡村振兴为契机，不断加强乡村基础设施和文化、教育、医疗等各项配套建设，建设美丽乡村，吸引新型农业经营主体真正扎根农村。

### 4. 培育发展农村经济合作组织，提高农户抵御风险的能力

乡村振兴的重任，归根结底仍需农民来承担。然而，大多数农民本质上依然是传统小农，其思维习惯脱离不了小农意识，且普遍缺乏抵御风险的能力，难以适应现代农业的经营模式。为此，要积极培育和发展农村经济合作组织，将"原子化"状态的农民联合起来，以此分担自然风险和市场风险。当前，不少农村经济合作组织由政府或村级组织主导，并由后者为之提供组织信用担保及各种便利，

解除其后顾之忧。当然，政府或村政介入不应以破坏市场自治为代价，应处理好以下几对关系：一是政府组织介入与农村经济合作组织的相对独立性。政府组织的作用仅限于为农村经济合作组织的发展提供信用担保和便利服务，负责规范和监管市场组织的运行，不能"越俎代庖"，而应回归市场本性。同时，政府向农村投入的经济资源可以由农村经济合作组织承接和利用。二是避免村政组织对农村经济合作组织的功能越位。在现有村级组织框架下，村政组织主要是指村两委组织，其主要承担政治功能和部分社会功能，经济功能则应交由专门的经济组织去实现。此外，由于区域经济的同质性，农村经济合作组织可以是跨行政村的，实现村庄之间的经济联合。三是农村经济合作组织与新型职业农民之间的关系。新型职业农民是乡村振兴的重要力量，鼓励新型职业农民加入农村经济合作组织，有利于整合农村的经济力量，加快农村经济振兴。农村经济合作组织可以实行会员制，成为会员后的新型职业农民可以获得政府或组织自身所提供的从生产到市场的跟踪服务。

## 参考文献

[1]　洪名勇. 信任博弈和农地流转口头契约履约机制研究[J]. 商业研究，2013（1）：151-155.

[2]　王俊秀. 社会心态中的风险和不确定性分析[J]. 江苏社会科学，2016（1）：15-21.

[3]　张康之. 在历史的坐标中看信任——论信任的三种历史类型[J]. 社会科学研究，2005（1）：11-17.

[4]　聂建亮，钟涨宝. 保障功能替代与农民对农地转出的响应[J]. 中国人口·资源与环境，2015，25（1）：103-111.

[5]　文龙娇，李录堂. 农地流转公积金制度设想初探——基于农户农地流转意愿视角[J]. 中国农村观察，2015（4）：2-15.

[6]　王敬尧，王承禹. 农地规模经营中的信任转变[J]. 政治学研究，2018（1）：59-69.

# 中国商业银行的流动性创造与盈利关系研究[*]

李 刚 林永佳[**]

（澳门科技大学商学院，澳门 999078）

**摘 要**：本文选取 2004—2016 年中国商业银行作为样本，一共 278 家，共 1 288 个观测值进行实证分析。通过实证研究得出结论：中国商业银行的流动性创造与盈利呈正相关，大规模银行尤为显著，因此商业银行可以通过流动性创造的增加来增加盈利，但是商业银行不可因增加流动性创造而忽视了相关的风险。监管者必须加大力度监管，谨防"大而不倒"的大规模商业银行发生系统性金融风险；小规模的商业银行的流动性创造与盈利的关系也显著，这就意味着，小规模银行大多数还处在发展之中，建议监管者可以实行分类监管，适当降低小规模商业银行的监管标准，让小规模商业银行发展壮大。

**关键词**：流动性创造 银行盈利 银行

## 一、绪论

### （一）研究背景及意义

#### 1. 研究背景

2008 年美国次贷金融危机的爆发显示了金融机构的脆弱性，尤其是在流动性方面的脆弱性。《巴塞尔协议Ⅲ》通过提高银行的资本充足率和流动性监管的要求

---

[*] 本文系第一作者于 2018 年 5 月完成的硕士学位论文的主要内容，在导师林永佳助理教授的指导下完成的。

[**] 通信作者：林永佳（1984—），女，福建莆田人，博士，澳门科技大学商学院助理教授、博士生导师，研究方向：流动性创造、金融稳定、公司治理。

加强了对金融机构的监管。即便提高了监管要求，但在 2013 年 6 月，中国商业银行出现了"钱荒"的局面，表面上看是由中国的监管部门不断缩紧的货币政策导致的，实际上是因为在利益的驱使下，银行希望通过"影子银行"将大量的流动性发放给可以给予银行高回报率的企业，当央行的紧缩政策发布后，银行的资金突然不能周转回来，所以 2013 年中国国债收益率出现倒挂的情况。然而本文认为出现这种问题的实质是金融市场期限过度错配，增加了流动性风险，最后导致银行出现"钱荒"的问题。

根据《中国银行业监管年度报告（2016—2017）》：2016 年，世界经济增长 3.1%，同比下降了 0.1%，世界的经济复苏较弱，再加上美联储正式进入加息通道，反全球化和民粹主义出现，全球经济不确定因素增多。特别是，美国自从金融危机以来，其 2016 年的经济增速为 1.6%，已经回落到了金融危机前的水平。欧洲由于受到脱欧的影响，其经济增速为 1.7%，同比下降了 0.3%，日本在经历金融危机之后，日本政府长期刺激经济，但效果不甚理想，其 2016 年的 GDP 增速为 1%，同比下降了 0.2%，俄罗斯和巴西都出现了不同程度的经济衰退，巴西尤为严重，经济增长为-3.5%，俄罗斯仅为-0.6%。中国 2016 年的 GDP 增速是 6.7%，虽然相比往年的高速增长有所下降，但是相对国外的经济情况，我国的经济还是稳中有进，在中国银行保险监督管理委员会的 2016 年年报中明确提出：国内的经济目标是平稳运行，而且要继续保持稳健的货币政策，特别是金融市场需要继续保持稳健地运行。此外，在 2018 年 3 月"中国发展高层论坛"中，中国人民银行行长易纲表示："央行将认真贯彻落实关于党和国家机构的改革方案，深化金融监管体制改革，从防范系统风险的角度支援财税体制改革，健全地方政府债务融资的新体制。完善金融企业的公司治理结构，增强国有企业的负债约束。完善房地产金融调控政策，推动建立防范房地产金融风险的长效机制"。易纲行长明确地提出，必须保持银行流动性的稳定是合理的，与此同时，还要继续保持宏观杠杆的稳定性。改革开放 46 年以来，我国金融业不断地发展，银行业作为其"领头羊"，必须带领着金融业去改革创新，在此基础上，还需谨防系统性金融风险的发生，但是商业银行在谋求发展的基础上就必须考虑盈利问题，然而商业银行的过多盈利又势必会影响其流动性，因此如何去考虑两者的关系，是一个十分有意义的研究话题。特别是 Berger 等提出了另一种衡量流动性的方法，通过计算得出银行的流动性创造的数值，该数值的名称就为流动性创造。

本文基于以上的内容选取了 2004—2016 年中国商业银行的财务报表的资料以

及财务比率的资料，手动计算流动性创造的数值，着重研究中国商业银行的流动性创造与盈利的关系，此外，为了避免大型银行的资产占全部商业银行的资产的比重过大，容易产生偏误，本文把银行按照资产规模的中位数为界限，把商业银行分为大规模商业银行和小规模商业银行，进行分类别的研究，希望由此得出，商业银行的流动性创造与盈利到底有什么关系。如果有一定的关系，那么银行业和银行业的监管者应该如何去获取一些关键的信息，来帮助商业银行提高盈利以及银行业的监管者如何实施必要的监管措施来防范系统性金融风险的发生。

**2. 研究意义**

全球无论在哪个国家，商业银行都是十分重要的金融类机构，商业银行有两大类重要的职能，一是流动性创造功能；二是风险转移功能。所谓流动性创造功能，就是商业银行通过利用流动性负债转变为非流动性资产进行融资的方式从而创造流动性。风险转移功能就是通过吸收无风险利率存款的同时发放贷款来达到转移风险的目的。Diamond 等认为流动性创造是商业银行的核心职能。从理论发展及相关文献来看，已有较多的关于"银行风险转移"的研究，而流动性创造的研究相对来说比较少。由上文可知，商业银行的流动性创造职能是通过流动性负债对非流动性资产的融资来实现的，而在我国的金融系统中，商业银行经营的主要业务依然是传统的存贷款业务。总之，商业银行的主要营业收入就是来自存贷款的利率差，因此研究商业银行的流动性创造与其盈利的关系是十分有意义的。此外，研究两者的关系，有助于商业银行更好地管理其流动性创造，也可以规范商业银行从业者的行为，避免商业银行从业者出现道德风险以及商业银行出现流动性风险的问题。另外，得出两者的关系也意味着，监管者可以根据两者的关系结果，实行更有效的监管，防范金融风险，还能够更好地促进银行金融行业的改革。

（二）创新点

（1）在中国，很少有学者研究流动性创造和盈利关系，而且从历年的文献资料来看，几乎没有研究银行的流动性创造与盈利关系的文献。因此本文的研究是一个很好的创新。本文从 2013 年中国商业银行"钱荒"的话题入手，很好地引出了流动性创造与盈利关系的研究意义所在。希望通过研究这个话题来帮助银行在流动性创造与盈利之间做一个很好的权衡。

（2）本文采取了非平衡面板资料，同时应用了统计软件 Stat 14.0 来对不同类型的银行业进行研究。将中国商业银行分类为大规模银行与小规模银行，能够更好地进行实证研究。

（三）研究框架

本文通过分析中国278家商业银行2004—2016年财务报表资料，使用Berger等的三步法去计算出表内的商业银行的流动性创造的数值，此外，通过借鉴Berger等对商业银行的分类，将中国商业银行按照资产规模的中位数为界限，分为大规模银行（资产规模大于中位数）和小规模银行（资产规模小于中位数），进行分类研究，希望得出更有内涵的结论。最后全文研究步骤具体可以分为以下六个部分。

第一部分为绪论，通过说明本文的研究背景和研究的意义，从而引出第二部分的相关概念定义和理论、文献综述，包括商业银行、流动性、流动性创造、流动性风险等概念；金融脆弱性理论、流动性权衡理论等。第三部分为研究假设和研究思路及方法，介绍相关理论和国内外学者的研究成果，并以此为基础提出本文的研究假设以及研究思路。第四部分资料来源与相关变量的解释，该部分主要介绍了商业银行的资料来源、处理方法，并简要介绍选取的变量的意义以及变量选择的标准。第五部分为实证分析，基于第三部分中提出的研究假设与第四部分中整理后的资料与变量，通过统计软件Stat 14.0进行处理，得出描述性分析、相关性分析和回归分析，并对得到的结果进行解释说明。第六部分为结论、相关建议与研究局限，对上述结果加以总结性概述，并对得到的结论进行分析给银行以及监管者一些相关建议，最后提出研究的局限。

## 二、文献综述

### （一）相关概念

#### 1. 商业银行的定义

根据《新帕尔格雷夫货币金融大辞典》的定义，商业银行提供大量的金融服务，包括支付服务（如支票账户、电子转账、抵押贷款、分期付款、信用卡贷款等）、租赁、保管、托管和其他信托服务，货币兑换，咨询和会计业务，金融担保，资产管理服务。

### 2．流动性的定义

根据《新帕尔格雷夫货币金融大辞典》的定义，流动性是指商业银行能够满足客户提取存款以及正常发放贷款的能力，换句话说，流动性就是在不影响资产价格的情况下，资产或有价证券可以在市场中快速地买入或卖出。流动资产一般是指可以以合理的价格在短时间内买入和卖出去获取现金的资产。

商业银行的流动性一般有三个准确的定义，第一是整个经济体系的流动性，一般用经济体系中货币供应量的多少来衡量；第二是金融市场和金融资产的流动性，主要是指金融市场把金融资产在最短的时间内以一个比较合理的成本变现的能力；第三是商业银行和金融机构的流动性。

此外，商业银行的流动性是《中华人民共和国商业银行法》中三大原则（安全性、流动性、效益性）之一，商业银行有充足的流动性对其自身乃至整个金融市场都是十分重要的，因为商业银行只有具备充足的流动性去满足顾客的资金需求，才不会发生类似"挤兑"这样的触发流动性风险的事件，因此拥有安全的流动性对商业银行来说是十分重要的。

### 3．流动性风险的定义

流动性风险是指由于投资缺乏市场性而导致的风险，所谓的缺乏市场性，就是资产不能以合理的价格（即公允价值）迅速购买或出售，并且产生相应损失的投资。流动性风险，通常反映在异常宽泛的买卖价差或大幅价格波动中。根据中国银行保险监督管理委员会的权威定义，流动性风险是指商业银行虽然有清偿的能力，但无法及时获得充足资金或无法以合理成本及时获得充足资金，以应对资产增长或支付到期债务的风险。本研究所担心的流动性风险主要侧重于融资流动性风险。

### 4．流动性创造的定义

流动性创造是指商业银行在日常经营过程中通过吸收短期的、流动性强的活期存款（商业银行的负债）来发放长期的、非流动性的贷款（商业银行的资产），从而为实体经济释放出流动性，如发放并持有非流动性贷款，发行有条件的存款负债或者发售表外信贷承诺。就表内业务而言，银行通过负债业务，吸收流动性强的活期存款，通过资产业务，为非流动性资产融资，进而创造出流动性。关于商业银行的流动性创造的定义是 Diamond 等提出的商业银行的金融中介的核心功能，就是将流动性比较高的负债转变为流动性比较低的资产，如银行使用客户的储蓄贷给企业，这一个过程就是商业银行在履行金融中介的功能，为企业提供流动性的同时也为自己增加了流动性创造，最后利用利差取得收入。商业银行将资产负债表上的高流动性的负债业务换成低流动性的资产的一整套流程就是流动性创造。所以由上文的表述可以得知，商业银行的流动性创造是把流动性负债转换成非流动性资产，并且通过这个过程为金融市场提供流动性，同时也为银行赚取利差。换句话说，商业银行的流动性创造的过程就是它发挥金融机构信用中介能力的过程。

### 5. 商业银行的盈利

根据 2016 年中国银行保险监督管理委员会的年报来看，银行业的收入分别为利息净收入、手续费及佣金收入、投资收益、汇兑收益、其他收入等，其中利息净收入占总收入的 73.4%，手续费以及佣金收入占 17.6%，投资收益占 6%，汇兑收益占 1.9%，其他收入占 1.1%，共计 100%。由此可见，商业银行的主要收入就是利息净收入，而利息净收入的主要来源就是存贷差的利差。

### （二）相关理论

对于商业银行的流动创造的理论，截至目前，主要有五种相关的理论支持，分别是商业银行的"金融脆弱挤出假说""风险吸收假说""流动性螺旋假说""流动性权衡假说"和"流动性创造与盈利的相关理论"。

### 1. 金融脆弱挤出假说

认为高的资本比率会去限制银行流动性创造的功能。Gorton 等发现商业银行的流动性供应者具体面临着两种投资的选择，第一种，把资本当作储蓄存入银行；第二种，购买银行的股票。银行有较高的资本比率仅仅是因为资金的供应商没有把资金存入银行，而是通过购买银行的股票去投资银行资本，所以较高的银行资本比率反而会减少银行存款，也就是高的资本利率会降低流动性创造。在这个过程中，银行的流动性创造会明显降低。Diamond 等发现银行流动性创造最初是由于其资本结构的脆弱性这个本质原因造成的；这是因为商业银行通过吸收存款而获得流动性资金，再把流动性的资金转为贷款，当商业银行投资非流动资产后，就会出现以下的问题，当商业银行遇到大量客户急需现金，或者说存款人在提前收回存款的时间非常不确定的时候，商业银行将被迫去把非流动资产进行买卖，同时可能引发挤兑的风险。上面的情况会约束商业银行的行为；商业银行的资本结构是比较脆弱的，这是商业银行与生俱来的特性。反过来，低的资本比率会鼓励银行去增加监管借款人的信用质量，而不会只是吸收存款并努力扩大贷款业务以创造更多的流动性。

### 2. 风险吸收假说

Allen 等认为，商业银行的资本率越高，银行的流动性创造水平就越高，换句话说，该理论认为由于银行具有"风险转换职能"的特点，流动性创造的功能（流动性创造越多，导致商业银行本身的流动性就越差）会暴露银行的流动性风险，而且如果银行的流动性创造越多，这种风险就越大，当这种风险发生时，因为客户高额资金的需求，商业银行会以降低其资产价格的方式出售非流动性资产，从而带来巨大的损失，为了避免发生这种情况，商业银行一定会提高相应的资本持有率，总之，"风险吸收假说"认为银行资本与流动性创造是呈正相关的。

### 3. 流动性螺旋假说

Imbierowicz 等提出，流动性螺旋假说认为商业银行通过贷款类的活动，向现实经济体系注入了流动性，如果商业银行发行了过多贷款，就很容易导致较多的流动性期限错配问题的发生。例如，当出现客户急需资金的时候，商业银行由于制造了大量的流动性创造，持有的流动性资产（现金等）过少的时候，就有可能会发生流动性风险，即商业银行没有足够的现金提供给客户，从而引发顾客的恐慌，最终可能导致"挤兑"的问题出现。此外，商业银行在日常的营运过程中，往往追求高的利润，所以很多商业银行的贷款业务员一般会被激励贷出更多的贷款，以此来获得更高的报酬，这种情况就会发生贷款业务员的道德风险，贷款业务员为了获得更高的报酬，刻意地发行过多的贷款，而不顾贷款人的信用质量的优劣，这就会导致银行不良贷款的增加。显然，商业银行就要给这些不良贷款"埋单"，当不良贷款的总数上升到一定程度的时候，再加上宏观货币政策突然出现货币收紧的情况，这时，银行可能面临较大的风险，严重的时候可能出现较大的损失。总体来说，根据流动性螺旋假说，银行流动性创造的增加确实会导致流动性风险的增加，也就是流动性创造与流动性风险呈正相关。根据流动性权衡假说，商业银行的流动性创造能力与流动性风险存在某种动态平衡的关系，当银行流动性创造较多的时候（流动性较差的时候），银行承担流动性风险的能力就会下降，为了避免发生"挤兑"的事情，银行会主动降低流动性创造；从另一个角度来看，如果银行的流动性创造较少了，银行承担金融危机的能力就会提高，银行为了增加盈利，就会主动去增加流动性创造。由此可见，银行需要找到一个稳定两者关系平衡点，去平衡风险和收益，让商业银行既不需要承担过多的风险，也不需要让其"无利可图"。所以，按照该假说，商业银行能平衡好两者的关系是一件非常有意义的事情。

### 4．流动性权衡假说

邓超等提出，流动性权衡假说是指商业银行的贷款业务能力和流动性风险的承担能力之间存在某种权衡关系，我国商业银行的很多业务规则仍然不够规范，存贷款业务依旧是商业银行最重要的营业收入来源，中国商业银行一般是通过以较低的利率去吸收存款从而以相对较高的利率发放贷款，在这一过程中，银行必须承担起顾客突然提取现金情况的风险，就是说在这种情况下，商业银行为了获取更多的盈利，就需要承担更多的风险，所以商业银行有必要找到两者的平衡点。这种平衡会有被打破的可能，如果存款人在信息不完全和市场经济条件下对经济市场预期不利，很容易引发破产的情况，导致破产以及银行业整体的货币危机。商业银行可以利用高资本杠杆来扩大资产规模，因为银行在正常经济环境下运营时，银行可以自动制定风险分担均衡机制。当宏观经济环境恶化时突然出现大规模的资金取出，商业银行就会面临较大的危机，而且民众的资金取出行为非常具有传染性，这是导致商业银行流动性危机的原因。Allen 等认为在有利的外部经济环境下，市场经济的信息也比较齐全，商业银行持有目前的资产可以以合理的价格，对市场正常的流动性需求作出反映，当经济不利于宏观经济环境的时候，居民投资资产需求下降，流动资产价值降低。目前，实际清算价格与其内在价值存在很大差异，流动资产严重萎缩有可能导致商业银行缺乏流动性。这也表明，难以准确估计最佳流动资产持有量以应对流动性风险。与持有流动性资产相比，利用金融市场确保流动性也是应对危机的重要措施，金融市场的流动性和商业银行的流动性对中国的银行与金融市场也存在负相关关系。

### 5．流动性创造与盈利的相关理论

（1）商业银行为了管理其流动性风险，可以通过减少流动性创造以及持有更多的流动性资产来对冲由于资产和负债期限不匹配所导致的流动性风险。一般来说，由于流动性资产的回报率会比非流动性资产的低，所以持有过多的流动性资产（减少流动性创造），势必会降低银行的收入；反过来，商业银行持有更少的流动性资产（增加流动性创造），将大部分资金投入到非流动性资产上去，这样银行的收入会更高，也就是说，流动性创造应与银行盈利能力呈正相关。

（2）Bordeleau 等指出，持有更多流动性资产（流动性创造减少）会减少银行的非流动性风险以及违约概率，而且倾向降低融资成本并创造更高的利润，这种通过降低流动性风险所带来的收益的影响甚至会大于持有过多流动性资产所带来的低收益率的影响，所以，商业银行的流动性创造与盈利呈负相关。

鉴于以上两种相反的理论观点，很少有学者的研究直接考察流动性创造与银行盈利之间的关系。此外，Berger 等认为更多的流动性被创造出来，更高的净盈余被分享给利益相关者、银行、借款人和存款人。流动性创造对银行价值的影响应该是积极的，其观点支持第一条理论。尽管如此，Molyneux 等记录了 1986—1989 年和 20 世纪 90 年代中期，流动性创造对整个欧洲国家银行业绩却是有一个负面影响的，该结果支持第二条理论。

（三）文献回顾

目前，基本没有学者对流动性创造与盈利的关系相关联的学术进行研究与探索，我国在商业银行领域关于流动性创造的研究比较滞后，所以导致该类的研究比较匮乏。但是自从 Berger 等首次提出商业银行的流动性创造职能的计算方法，以及在整个中国的金融市场逐渐发展与完善的情况下，本文相信以后涉及此话题的研究必然会逐渐增多，相关的研究思路以及研究模型也会变得丰富起来。本文从以下几个方面对国内外的文献进行整理与调研，将从中得到新的思维、新的观点。

**1. 国外的研究综述**

大多数相关的研究主要从商业银行的"流动性"问题研究着手，戴蒙德-戴威格模型的银行挤兑模型使用博弈论解释商业银行所扮演的身份是把缺乏流动性的资产向流动性的资产转化，Berger 等也认为流动性创造越多，银行价值就越高。Tran 等使用 1996—2013 年所有美国银行的非平衡面板资料，希望研究出商业银行的流动性创造、监管资本和银行盈利三者的关系，研究最后得出创造更多的流动性创造会使银行承担更多的流动性风险，但获得的盈利更少；以及得出监管资本与盈利没有线性关系。

本文在研读和梳理相关文献内容之后，了解到大多数学者关于流动性创造与银行流动性风险的研究都局限于某一个方面的研究，并没有考虑双向因素的研究。另外，特别是在研究流动性风险影响的资料中，大多数学者的研究结果认为，流动性创造对流动性风险产生正向作用，Ariss 等通过分析国外多家银行的资料，得出两者是正相关的关系。此外，为了分析两者的关系以及搞清楚商业银行流动性风险影响的因素有哪些，Koler 等通过分析银行存贷的业务后，发现贷款增长对流动性创造有着比较明显的积极作用。Fu 等使用 2005—2012 年亚太地区 14 个国家的商业银行资料，考虑了银行表内以及表外的资料，得出了银行 2012 年的流动性创造数值相比 2005 年增加了大约 3.2 倍,实证部分得出了流动性创造与监管资本是呈显著负相关的,这证实了银行的金融脆弱挤出假说。

**2. 国内文献综述**

国内研究该方面的问题,都有不同的重点。温珂通过研究发现:商业银行的资产、负债的到期期限的错误配置;金融市场的发展不够完善;缺乏新型的风险管理工具是导致国内和国际商业银行有较大差距的重要的三个因素。曾刚等通过处理了 16 家银行的资料从不同方面、不同角度,甚至宏观货币政策的方面对商业银行流动性的其他相关因素进行了深层次的研究,得出的结论是资产、负债的结构是影响银行流动性的重要因素。

国内学者对流动性创造的实证主要是研究流动性创造与银行流动性风险之间的关系。如杨光从理论上分析了当流动性创造过多时,容易引发“流动性过紧”的问题。刘志洋等使用 2006—2013 年商业银行的面板资料,实证研究了流动性创造对银行钱荒的影响,最后发现商业银行的流动性风险和流动性创造呈正相关,不同类型的银行略有差别。邓超发现不同银行的不良贷款率与流动性创造之间的关系存在不同的情况。李卓林借鉴了 Berger 等提出的模型对我国商业银行总体的流动性创造数量进行了计算,并且使用矢量自回归模型研究得出货币流动性的改变对我国经济带来的影响,以及商业银行的流动性创造的变化与我国的资本价格变动和商品市场变动有着格兰杰因果关系。李程彬通过计算商业银行的流动性创造,得出不同种类的商业银行其流动性创造也不尽相同,股份制商业银行强于国有商业银行。周爱民和陈远利用 2007—2011 年我国 151 家商业银行的资料,得出国有银行的“风险吸收效应”更加显著,而区域性和外资银行的“金融脆弱—挤出效应”更为显著。上面两个结论不一致并且都忽略了监管资本对流动性创造的逆向影响。邓超等采用了中国银行业 2007—2014 年的资料,从银行总体来看,贷款过度增长率与流动性创造之间呈现正相关关系,与银行类型无关;不良贷款率却有差异性,对国有银行来说,不良贷款率与流动性创造呈正相关,但是对股份制银行和区域性银行却是负相关的关系。敬志勇等研究了商业银行流动性危机预警,通过对 2005—2010 年中国上市银行资料进行回归分析,研究得出贷存比率、资产回报率和成本收入比,可以显著地影响活期的存款比率,此外活期存款比率会显著影响流动性比率。

综上所述,国内外现有文献大多数侧重于分析流动性创造与流动性风险、资本充足率的关系;流动性创造与不良贷款率、过度贷款的关系,却少有学者研究流动性创造与盈利关系的研究。所以针对这个问题，本文结合我国商业银行的背景，按照 Berger 等银行分类的标准，将我国银行划分为两类，分析中国商业银行的流动性创造与盈利的关系，希望能够帮助商业银行在两者中作出权衡，也希望可以给监管者更好的监管建议。

## 三、研究假设

中国的商业银行总的规模很大，根据《中国银行保险监督管理委员会 2016 年报》报道，中国商业银行的总资产达到 132 051 亿元，由此可见，中国商业银行的资金雄厚，再加上商业银行可以利用杠杆去撬动更多的资金，公众有理由相信，银行得到政府信贷以及破产的支持可能性很大，即使其流动性不够，政府也会帮其渡过难关，所以商业银行可以创造更多的流动性创造来获取更多的盈利，而且不必过于担心流动性风险。根据 Berger 等的实证分析得出，商业银行的流动性创造越多，银行的价值就越大。根据前文的描述，我们可以得知，商业银行可以通过增加流动性创造获得更多利润，甚至不必担心由于流动性过度创造而可能由商业银行产生的流动性风险。由上述理论分析，本文提出第一个假设：

**H1**：对于所有的中国商业银行而言，其流动性创造与盈利呈正相关。

根据 Imbierowicz 等提出的流动性螺旋假说理论，主要内容是讲述了商业银行向实体经济放出流动性的经济活动但是减少商业银行本身的流动性，增加商业银行收益的业务活动，当银行在进行流动性创造的过程中，同时也会造成流动性期限不匹配的问题，也就是说，会造成流动性紧缺的问题，如导致贷款的业务增加得过快，使得商业银行的信贷风险变大，当较多的民众对大量资金有需求，商业银行正巧流动性紧张，商业银行就会面临"挤兑"的风险，由于这个过程具有传染性，银行的流动性风险会进一步加大。大多数学者认为，商业银行发生流动性风险的根本原因就是由于流动性创造数值过大，所以导致银行没有足够的钱去偿还当期的负债，即流动性风险的产生，而且 1997—1998 年东南亚发生的金融危机也是因为流动性出现了问题，可见流动性风险的管理对于中国大规模商业银行的重要性，特别是对于一些规模比较大的商业银行，很容易产生"大而不倒"的属性，正是因为中国的大规模银行拥有此属性，所以其流动性创造与盈利呈正相关，这是由于当大规模的商业银行产生很大的流动性风险时，政府监管者一定会出台相关的政策去帮助其渡过难关，笔者认为大规模银行很有可能通过源源不断地产生流动性创造，去为其自身获取盈利。所以监管者要注意大规模银行的流动性创造得过多，从而导致产生巨大风险的关系。由上述的理论本文提出第二个假设：

**H2**：大规模的商业银行的流动性创造与盈利呈正相关。

流动性权衡假说，根据邓超等提出的流动性权衡假说是指商业银行的贷款业务能力和流动性风险的承担能力之间存在某种权衡关系，我国商业银行的很多业务规则仍然不够规范，存贷款业务依旧是商业银行最重要的营业收入来源，中国商业银行一般是通过以较低的利率去吸收存款从而以相对较高的利率发放贷款，在这一过程中，银行必须承担起顾客突然提取现金情况的风险。在这种情况下，商业银行是需要承担一定的风险的，商业银行为了获取更多的盈利，就需要承担更多的风险，所以商业银行有必要找到两者之间的平衡点。这种平衡会有在不经意间被打破的可能，如果存款人在信息不完全和市场经济条件下对经济市场预期不利，很容易引发破产的情况，导致破产和银行业整体的货币危机。

中国的小规模商业银行具有特殊的中国国情，根据银行监督管理委员会的最新通告，其主要体现在一些机构的股权关系不透明不规范、股东行为不合规不审慎。可能存在很多的灰色地带，所以小规模银行也不会因为其流动性创造过大，导致其流动性风险过大这种情况，而且有绝大多数的小规模银行都有"国家队"的控股，所以其也存在会在特殊的时候得到政府的帮助，因此本文认为小规模银行也存在流动性创造与盈利呈正相关的现象。在我国其实有绝大多数的小规模银行都有"国家队"的控股，很遗憾，这一结论未能在模型中体现出来，但是这个观点所阐述的现象是真实存在的[①]，例如，湖州银行，它的股东结构里面，有38.814 3%是由国家控股的，此外，内蒙古银行，其国家控股也达到了 39 000 万元，占已披露股本的13%，甚至有的小规模商业银行的前身是由政府出资经营，这就更加让中国的小规模银行不惧怕任何流动性风险的危机，流动性权衡的理论可能对中国的小规模银行不那么确定。此外，根据百度百科对小规模的商业银行-农合行的定义，可以进一步地确定小规模银行是被国家掌控的[②]，20 世纪 50 年代以来，中国人民银行农村商店已经转型为农村信用社。虽然信贷机构的制度在过去的

---

① 数据资料来自《天眼查》。
② 来自百度百科的农村信用合作社的解释。

50 年里没有多少改变，但"政府管理"是一贯的。约在 2004 年，中央银行和地方政府花了很多钱（中央银行损失了 1 650 亿元人民币）来支付信贷联盟的赤字。因此，信用社的所有权并不含糊，其所有者是政府。此外，杨有振提出，中国商业银行的国家股控股越多，其不良资产率就越高，也证明了本文的观点，所以对于中国的小规模银行，笔者认为其也具有类似"大而不倒"的特性，所以流动性创造与盈利是正向的关系，具体表现为，当小规模银行出现流动性创造过多，而产生较大的风险的时候，小规模银行可能会继续创造流动性创造，去增加其盈利。根据上述的理论与论述，可以推导出第三个假设：

**H3**：小规模的商业流动性创造与其盈利呈正相关。

## 四、研究设计

### （一）样本的选取及数据来源

本研究的数据资料主要分为商业银行的资产负债表和利润表的数据资料，以及财务比率的数据资料。其他统计数据资料，例如，中国经济年增长比率来自 World Bank 数据库，中国商业银行分类的资料数据则来自中国银行保险监督管理委员会官网的"国内金融机构"的分类。其中，商业银行的资产负债表和利润表选取了 2004—2016 年的年度期末合并报表后的 A 类资产负债表，财务比率资料则也选取了 2004—2016 年的资料。具体资料的收集过程如下述。

（1）登录 CSMAR 资料中心，找到银行体系的部分，下载银行的资产负债表，发现有 A、B、C、D 四类的财务报表，通过阅读 CSMAR 的资料说明，选取 A 类报表，即期末合并财务报表的资料。选取 2004—2016 年的资料，进行资料的处理工作。

（2）对样本进行分类，将样本分成大规模银行，以及小规模银行，分类的依据是根据 Berger 等（2014）：把所有银行的资产取中位数，大于中位数的是大规模银行，反之是小规模银行。因此我们按照该方法进行分类，小规模银行的样本资料是 599 个，大规模银行的样本资料是 689 个（表1）。

表1　各年份样本数（资料分布）

| 年份 | 样本数/个 | 年份 | 样本数/个 |
|------|-----------|------|-----------|
| 2004 | 8 | 2011 | 131 |
| 2005 | 10 | 2012 | 150 |
| 2006 | 16 | 2013 | 184 |
| 2007 | 34 | 2014 | 180 |
| 2008 | 49 | 2015 | 183 |
| 2009 | 67 | 2016 | 175 |
| 2010 | 101 | 总共 | 1 288 |

## （二）变量定义及实证模型

### 1. 被解释变量

资产回报率（Return On Asset，ROA）是一个衡量银行盈利十分常用的财务比率，具体来说，是用来衡量商业银行的期末合并财务报表的每单位资产创造出净利润的指标。此外 ROA 还可以让投资者、银行管理人员、行业分析人员了解到，银行对资产的使用效率，也就是银行把资产转化为利润的效率。

净资产收益率（Return On Equity，ROE）是股东净资产收益率的百分比。资本回报率可以衡量公司的盈利能力。

### 2. 解释变量

流动性创造（Liquidity Creation，LC），流动性创造过程其实就会导致长期资产与短期负债的不匹配。这里的流动性创造指标是严格按照 B-B（2009）的 cat-nonfat 标准计算得出各银行的单位资产流动性创造的值。由于国泰安（CSMAR）数据库缺乏表外的资产项目，所以本文只研究商业银行 car-nonfat（即表内）的资产负债表。

### 3. 控制变量

为了"控制住"那些对被解释变量有影响的遗漏的因素，避免遗漏变量所产生的回归偏误，本文选取了五个控制变量：银行财务杠杆比率（Leverage）、银行规模（Bank size）、营运费用比率（OMG）、年 GDP 增长率（RGDP）、贷款增长比率（Loan Growth）。

（1）银行财务杠杆比率（Leverage）

通过使用银行总负债除以总资产所得即为杠杆比率，财务杠杆一般是使用借入资金的投资策略，具体而言，使用各种金融工具或借入资金来增加投资的潜在回报。2018 年李克强总理在政府工作报告中明确地提出"三去一降一补"其中就有"去杠杆"，这是为了防止金融市场发生"系统性金融风险"所提出的最新监管的方向，而且由于本文缺乏对银行风险的控制变量，所以使用杠杆比率当作风险的指标。

（2）银行规模（Bank Size）

在影响商业银行的流动性创造的不同因素中，有学者发现银行的资产与权益的比值是一个比较重要的因素，其实这个因素就是银行的规模的大小会对流动性创造产生比较大的差异。李程彬通过计算 2002—2008 年的商业银行的流动性创造，发现股份制银行的流动性创造增速是五大国有银行的 2.8 倍。

（3）营运费用比率（Operating Management，OMG）

这个比率可以很衡量出银行的营运效率，Brissimis 等表明营运费用降低会显著提高银行的利润，与此相反 Fiordelisi 等认为银行的营运效率对监管资本有负面影响，如用更高的银行营运效率为银行提供缓冲，以建立未来的资本需要。

（4）年 GDP 增长比率（RGDP）

GDP 增长率是用来衡量经济增长速度的。所以 GDP 可以衡量一个国家的经济产出。然而 GDP 增长率由 GDP 的四个组成部分来影响。GDP 增长的主要动力是个人消费，这包括零售业的关键部门。第二部分是商业投资，包括建筑和库存水平。政府支出是增长的第三个推动力。其最大的类别是社会保障福利、国防支出和医疗保险福利。在经济衰退期间，政府经常以增加支出来推动经济。四是净贸易，出口增加国内生产总值，而进口则是减少国内生产总值。商业银行所面临的宏观因素比较多，一般来说，影响流动性创造的因素主要有宏观的 GDP 增长，货币政策，以及资本市场的变动情况。本文主要选取 RGDP 作为控制变量。

（5）贷款增长比率（Loan Growth）

在金融领域，贷款是指从个人、组织或实体向另外一个人、组织或实体借钱。贷款是指组织或个人以另一个利率向另一个实体提供的债务，并由期票证明，该票据规定了借款的本金数额，贷款人的收费利率以及还款金额，贷款需要在贷方和借方之间重新分配标的资产一段时间。在贷款中，借款人最初从贷方获得或借入一笔称为本金的钱，并且有义务在稍后时间向贷款人偿还或偿还等量的钱的物品。贷款一般以一定的成本提供，称为债务利息，这为贷款人提供了贷款激励。在合法贷款中，这些义务和限制中的每一项都是通过合同执行的，这也可以将借款人置于额外的被称为贷款契约的限制之下。所谓贷款增长率，就是当期的贷款总额度减去前一期的贷款总额度的值除以前一期的贷款总额度。

商业银行的主要收入还是通过吸收存款，发放贷款，从利差中获得收入。由此可见，贷款仍然是商业银行的大部分收入的来源，商业银行的目的就是盈利，所以商业银行都会有扩大贷款的动机，追求高的贷款增长率。Koler 等曾研究了银行的风险与贷款的关系，得出贷款的增加会显著地影响银行的流动性风险。邓超等通过实证研究得出了贷款过度增长率与流动性创造呈正相关。变量的类型、名称、符号及其含义，如表 2 所示。

表 2 变量的类型、名称、符号及其含义描述

| 类型 | 变量名称 | 变量符号 | 变量描述 |
| --- | --- | --- | --- |
| 被解释变量 | 资本回报率 | ROE | 净利润/总资本 |
| 被解释变量 | 资产回报率 | ROA | 净利润/总资产 |
| 解释变量 | 流动性创造 | Lc | 银行的总流动性创造与总资产的比值 |
| 控制变量 | 银行规模 | Bank Size | 对银行资产规模取对数 |
| | 银行财务杠杆比率 | Leverage | 银行总负债/银行总资产 |
| | 营运费用比率 | OMG | 银行的营运费用除以总资产 |
| | GDP 增长率 | RGDP | 中国国民生产总值年增长率 |
| | 贷款增长率 | Loan Growth | 银行净利润除以总资产 |

### 4. 流动性创造的测量

本文借鉴 Berger 等的方法，使用三个步骤来构建流动性创造指标，表外资产负债表（OBS）活动本文不予处理，因为本文所考虑的是表内资产负债表。为了计算流动性创造，本文首先对资产、负债、权益按照它们的流动性情况，进行分类，即流动性、半流动性和非流动性。资产分类的标准是，它们表现得容易变现的程度，负债的分类标准是他偿还的速度，权益直接分类成非流动性，因为投资者不可以在中途撤出资本，所以权益被看作长期投资。其次，本文把所有的银行活动都赋予相关的流动性权重，Berger 等把 0.5 的权重赋予非流动性资产以及流动性负债，把 0 的权重赋予半流动性资产和半流动性负债，把–0.5 的

权重赋予流动性资产和非流动性负债。最后，表内的计算公式为：0.5×（非流动性资产+流动性负债）+ 0×（半流动性资产+半流动性负债）−0.5×（流动性资产+非流动性负债）。银行活动流动性分类状况如表 3 所示。

表 3　银行活动流动性分类

| 资产分类 | | |
| --- | --- | --- |
| 非流动性资产 | 半流动资产 | 流动性资产 |
| 权重=0.5 | 权重=0 | 权重=−0.5 |
| 发放贷款及垫款净额度 | 买入返售金融资产净额 | 现金及存放中央银行款项 |
| 应收款项类投资 | 其他应收款净额 | 存放同业款项 |
| 持有至到期投资净额 | 应收款项 | 拆出资金净额 |
| 长期股权投资净额 | 其他应收款净额 | 交易性金融资产 |
| 投资性房地产净额 | | 可供出售金融资产净额 |
| 固定资产净额 | | 衍生金融资产 |
| 在建工程净额 | | |
| 无形资产净额 | | |
| 商誉净额 | | |
| 递延所得税资产 | | |
| 其他资产 | | |
| 负债权益分类 | | |
| 流动性负债 | 半流动性负债 | 非流动性负债及权益 |
| 权重=0.5 | 权重=0 | 权重=−0.5 |
| 向中央银行借款 | 定期存款 | 长期借款 |
| 拆入资金 | 短期存款 | 递延所得税负债 |
| 吸收存款及同业存放 | 卖出回购金融资产款 | 其他负债 |
| 负债权益分类 | | |
| 交易性金融负债 | 应付款项 | 所有者权益合计 |
| 衍生金融负债 | 应付债券 | |
| | 其他应付款 | |

注：本文沿用 Berger 等银行表内资产负债表的流动性分类的方法，并作出适当的调整，所有的项目来自国泰安数据库。

## （三）实证模型

为了研究商业银行的流动性创造对银行盈利的影响，本文构建以下模型。

模型 1：

$$ROE_{i,t} =$$

$$\beta_0 +$$

$$\beta_1 Lc_{i,t} +$$

$$\beta_2 \, leverage_{i,t} +$$

$$\beta_3 \, banksize_{i,t} +$$

$$\beta_4 \, OMG_{i,t} +$$

$$\beta_5 \, RGDP_{i,t} +$$

$$\beta_6 \, loan \; growth_{i,t} +$$

$$year \; dummies +$$

$$\varepsilon_{i,t}$$

（4.1）

模型 1 是为了检验流动性创造与银行资本回报率的关系，ROE 代表资本回报率，$\beta_0$ 代表常数项，Lc 代表商业银行的流动性创造，leverage 代表银行的财务杠杆比率，banksize 代表银行的规模，OMG 代表银行的费用占总资产的比率，RGDP 代表年 GDP 增长率，Loan growth 代表贷款增长率，year dummies 代表加入年份固定的虚拟变量。

模型 2：

$$ROA_{i,t} =$$

$$\beta_0 +$$

$$\beta_1 Lc_{i,t} +$$

$$\beta_2 \, leverage_{i,t} +$$

$$\beta_3 \, banksize_{i,t} +$$

$$\beta_4 \, OMG_{i,t} +$$

$$\beta_5 \, RGDP_{i,t} +$$

$$\beta_6 \, loan \; growth_{i,t} +$$

$$year \; dummies +$$

$$\varepsilon_{i,t}$$

（4.2）

模型 2 是为了检验流动性创造与银行资产回报率的关系，ROA 代表资产回报率，$\beta_0$ 代表常数项，Lc 代表商业银行的流动性创造，leverage 代表银行的财务杠杆比率，banksize 代表银行的规模，OMG 代表银行的费用占总资产的比率，RGDP 代表年 GDP 增长率，Loan growth 代表贷款增长率，year dummies 代表加入年份固定的虚拟变量。

## 五、实证分析

### （一）描述性分析

表 4 是对 2004—2016 年的 1 288 个样本的所有变量的描述性统计，其中包括观测数、平均值、标准差、最小值和最大值，以及使用 Stata（统计软件）中 Winsor 命令进行上下 1% 的缩尾处理，得到的描述性统计表。

表 4　变量描述性分析表

| 变量名称 | 观测数 | 平均值 | 标准差 | 最小值 | 最大值 |
|---|---|---|---|---|---|
| ROE | 1 288 | 0.138 7 | 0.058 0 | 0.005 9 | 0.285 3 |
| ROA | 1 288 | 0.009 8 | 0.004 1 | 0.000 6 | 0.020 6 |
| Lc | 1 288 | 0.510 0 | 0.139 1 | −0.106 9 | 0.716 2 |
| Leverage | 1 288 | 0.921 1 | 0.038 23 | 0.710 7 | 0.972 3 |
| Banksize | 1 288 | 25.268 5 | 1.697 3 | 21.911 9 | 30.309 4 |
| OMG | 1 288 | 0.016 5 | 0.006 8 | 0.002 5 | 0.041 0 |
| RGDP | 1 288 | 0.082 8 | 0.016 8 | 0.067 0 | 0.142 3 |
| Loan Growth | 1 288 | 0.205 0 | 0.152 5 | −0.182 5 | 0.917 4 |

（1）资本回报率（ROE）的平均值为 0.138 7。最大值为 0.285 3，最小值为 0.006，说明不同的商业银行其资本回报率差异较大。

（2）资产回报率（ROA）的平均值为 0.009 8。最大值为 0.020 6，最小值为 0.000 6，由于银行的资产规模较大，所以资产回报率较低也是比较合理的，比较接近 2016 年银行保险监督管理委员会年报商业的财务比率。

（3）流动性创造（Lc）的平均值是 0.510 0。最大值是 0.716 2，最小值是−0.106 9，通过阅读 Fu 等的文献，均在合理的误差范围内。

（4）杠杆率（Leverage）的平均值是 0.921 1。最大值是 0.972 3，最小值是 0.710 7。由此可见，商业银行大多数都是高负债进行营运，也证实了我国的商业银行普遍都具有高杠杆经营的问题，这与赵家月的研究一致，我国的商业银行确实普遍存在高杠杆经营的问题。

（5）银行规模（Banksize），商业银行的资产规模都比较大，我们通过对银行的资产取对数之后，得到银行规模的平均值是 25.268 5，最大值为 30.309 4，最小值为 21.911 9。

（6）营运费用比率（OMG），营运费用比率的平均值为 0.016 5。最大值为 0.041 0，最小值为 0.002 5。

（7）GDP 增长率（RGDP），GDP 增长率的平均值为 0.082 8。最大值为 0.142 3，最小值为 0.067 0，可见我国经济的基本面一直向好，只是近几年增长率相比以往较为稳定，证明我国已经进入稳中向好的经济势头。

（8）贷款增长率（Loan Growth），贷款增长率的平均值为 0.205 0。最大值为 0.917 4，最小值为−0.182 5，可知，大部分的商业银行的贷款都在增长。

最后，上表的关键变量的平均值、最大值及最小值，都与 Fu 等和彭继增等的描述性分析没有太大差别，所以确定数据有效，可以进行下一步研究分析。

（二）相关性分析

在统计学中，多重共线性（也是共线性）是一种现象，其中，多元回归模型中的一个预测变量可以从其他线性预测变量中以相当程度的准确度进行线性预测。在这种情况下，多元回归的系数估计值可能会随着模型或资料的微小变化而不规律地改变。多重共线性是指多元回归模型中的许多独立变量彼此紧密相关的情况。当研究人员或分析人员试图确定可以使用多个单独变量的程度时，多重共线性会导致结果偏斜或误导。一般来说，多重共线性会导致置信区间不准确和变量的可靠性降低。

表 5 说明了本文变量间的相关关系的分析，从表中我们可以知道变量间的相关系数都是小于 0.6 的，我们有理由相信，在研究商业银行的流动性创造与盈利的关系上，这些变量的选取可以避免多重共线性的问题，因此相关的变量是可以直接进行面板资料回归的。

表5 相关性分析

| | ROE | Lc | Leverage | Banksize | OMG | RGDP | Loan Growth |
|---|---|---|---|---|---|---|---|
| ROE | 1.000 | | | | | | |
| Lc | 0.340*** | 1.000 | | | | | |
| Leverage | 0.511*** | 0.538*** | 1.000 | | | | |
| Banksize | 0.223*** | 0.267*** | 0.389*** | 1.000 | | | |
| OMG | −0.180*** | 0.017 | −0.226*** | −0.362*** | 1.000 | | |
| RGDP | 0.180*** | 0.119*** | 0.179*** | −0.005 | −0.088 | 1.000 | |
| Loan Growth | 0.088*** | 0.080*** | 0.080*** | −0.084*** | −0.053* | 0.196*** | 1.000 |
| | ROA | Lc | Leverage | Banksize | OMG | RGDP | Loan Growth |
| ROA | 1.000 | | | | | | |
| Lc | 0.162*** | 1.000 | | | | | |
| Leverage | −0.02 | 0.538*** | 1.000 | | | | |
| Banksize | −0.071 | 0.267*** | 0.389*** | 1.000 | | | |
| OMG | 0.001 | 0.017 | −0.226*** | −0.362*** | 1.000 | | |
| RGDP | −0.026 | 0.119*** | 0.179*** | −0.005 | −0.088*** | 1.000 | |
| Loan Growth | 0.022 | 0.055** | 0.080*** | −0.084*** | −0.053* | 0.196*** | 1.000 |

注：*、**、***分别表示10%、5%、1%的显著水平。

（三）回归分析结果

本文主要使用 Stata 14.0 进行资料的回归分析，首先对资料进行缩尾（Winsorization）处理，去除数据两端的极端值。由于本文研究的是商业银行的问题，所以剔除掉政策性银行，因为我国银保监会成立于2003年4月，2000—2003年的资料缺乏监管，可能会对研究造成偏误，本文参考彭继增等的方法，剔除掉2000—2003年的资料。由于是非平衡面板资料，本文使用固定效应与随机效应进行面板资料回归，再通过豪斯曼检验，确认最佳估计模型。

如表6所示，本文依据前文的假设，以及模型1的回归结果，本文在控制了银行财务杠杆、银行规模、营运费用比率、年GDP增长率、贷款增长率的基础上，对于全部的商业银行，由回归结果我们可以得知，该结果与假设1相同，证明我国商业银行的流动性创造与盈利呈正相关，商业银行可以通过增加流动性创造，即将资本都投入非流动性资产中，以获取更多的资本回报率。而且该结论也与假设 1 相同。此外，由回归方程可知，中国商业银行的规模与盈利呈负相关但是不显著，这意味着，我国的商业银行可能存在规模不经济的情况；营运费用与 ROE 呈负相关，意味着银行可以通过控制费用，加强管理来提高收入，与周开国等的结论一致；RGDP 与银行的收入负相关且不显著，这与钟静的研究结果一致。

模型 1：

表 6　资本回报率与银行盈利的回归结果

| Dependent Variable | ROE（全样本） | ROE（大规模银行） | ROE（小规模银行） |
|---|---|---|---|
| Lc | 0.053 7$^{***}$ | 0.092 8$^{***}$ | 0.047 1$^{***}$ |
| Leverage | 0.494 0$^{***}$ | 1.051 8$^{***}$ | 0.277 3$^{***}$ |
| Banksize | −0.000 9 | 0.001 2 | −0.007 3$^{*}$ |
| OMG | −1.517 9$^{***}$ | −1.830 6$^{***}$ | −1.531 1$^{***}$ |
| RGDP | −0.191 6 | −0.792 9$^{**}$ | −0.828 7 |
| Loan Growth | −0.019 6$^{***}$ | −0.015 8 | −0.021 3$^{**}$ |
| Constant | −0.312 6$^{***}$ | −0.862 5$^{***}$ | 0.083 9 |
| Observation | 1 288 | 689 | 599 |
| Rsquare | 0.329 3 | 0.465 5 | 0.254 2 |
| Chi2 | 23.59 | 14.82 | 24.87 |
| Prob＞chi2 | 0.169 0 | 0.674 5 | 0.128 6 |
| Husman test | Random effect | Random effect | Random effect |

注：*、**、***分别表示 10%、5%、1%的显著水平。表中因变量为 ROE、ROA 分别代表资本回报率与资产回报率，Lc 代表银行的流动性创造，leverage 代表银行的财务杠杆比率，Banksize 代表银行的规模，OMG 代表银行的费用占总资产的比率，RGDP 代表年 GDP 增长率，Loan Growth 代表贷款增长率。

对于大规模银行，流动性创造与资本回报率呈正相关，而且十分显著，这证实了假设 2，说明大规模银行确实存在"大而不倒"的优势，此外，ROE 与银行财务杠杆呈显著正相关，这与陈宇峰的研究结果一致，具有说服力，这也证明了大规模银行可以通过杠杆经营实现更高的利润；银行的费用比率与 ROE 呈显著负相关，证明银行可以通过减少费用的比率，来增加净利润，该结论与周开国等的结论一致；RGDP 与大规模银行显著负相关，该结论与钟静的结论一致，具有可信度，由于我国的金融市场没有完全开放，很多时候商业银行的盈利可能与政府的政策有关，最后贷款增长与 ROE 不相关，证明贷款的增加可能也会产生不良资产的产生，甚至会降低银行的收入。

对于小规模的银行，其流动性创造与盈利呈正相关，证明了假设 3，小规模的商业银行也具有为了效益而不担心流动性风险过大的情况，何倩提出小规模银行具有一些地区优势，以及小规模银行可以充分利用当地的人力资源更好地运营整个银行；小规模银行的银行规模与 ROE 呈负相关，该结果与范香梅等的结论一致，小规模银行在发展规模上，不具有优势，而且容易增加成本，导致收益的减少。RGDP 与 ROE 为负相关，且不显著，该结果与钟静的研究结果相同。小规模银行的财务杠杆与 ROE 呈正相关，该结果与陈宇峰的研究结果一致，具有可信度；最后，小规模银行的贷款增长与 ROE 呈负相关，该结论与 Daniel 等的结论相同，原因是，贷款增加得过快，导致银行不良贷款的风险增加，所以与盈利呈负相关。

如表 7 所示，本文依据前文的假设，以及模型 1 的回归结果，本文在控制了银行财务杠杆、银行规模、营运费用比率、年 GDP 增长率、贷款增长率的基础上，对于全部的商业银行，由回归结果我们可以得知，该结果与假设 1 相同，证明我国商业银行的流动性创造与盈利呈正相关，商业银行可以通过增加流动性创造，即将资本都投入到非流动性资产中，以获取更多的资本回报率。而且该结论也与假设 1 相同。此外，由回归方程可知，中国商业银行的规模与盈利呈负相关，但是不显著，这意味着，我国的商业银行可能存在规模不经济的情况；营运费用与 ROA 呈负相关，意味着银行可以通过控制费用，加强管理来提高收入，与周开国等的结论一致；RGDP 与银行的收入呈负相关且不显著，这与钟静的研究结果一致。

模型 2：

表 7　资产回报率与银行盈利的回归结果

| Dependent Variable | ROA（全样本） | ROA（大规模银行） | ROA（小规模银行） |
|---|---|---|---|
| Lc | 0.004 9*** | 0.005 9*** | 0.003 7*** |
| Leverage | −0.042 2*** | −0.060 3*** | −0.033 0*** |
| Banksize | −0.000 6 | 0.000 2 | −0.002 3*** |
| OMG | −0.132 6*** | −0.129 7*** | −0.149 0*** |
| RGDP | −0.094 1*** | −0.041 2* | −0.258 5*** |
| Loan Growth | −0.001 2** | −0.000 3 | −0.000 4 |
| Constant | 0.067 8*** | 0.060 7*** | 0.112 0*** |

| Dependent Variable | ROA（全样本） | ROA（大规模银行） | ROA（小规模银行） |
|---|---|---|---|
| Observation | 1288 | 689 | 599 |
| Rsquare | 0.416 9 | 0.558 7 | 0.373 3 |
| Chi2 | 48.71 | 9.71 | 35.72 |
| Prob＞chi2 | 0.000 1 | 0.941 1 | 0.007 7 |
| Husman test | Fix effect | Random effect | Fix effect |

注: *、**、***分别表示 10%、5%、1%的显著水平。表中因变量为 ROE、ROA 分别代表资本回报率与资产回报率，Lc 代表，银行的流动性创造，Leverage 代表银行的财务杠杆比率，Banksize 代表银行的规模，OMG 代表银行的费用占总资产的比率，RGDP 代表年 GDP 增长率，Loan Growth 代表贷款增长率。

　　之后，从大规模银行来看，流动性创造与资产回报率呈正相关，而且十分显著，这证实了假设 2，说明大规模银行确实存在"大而不倒"的优势，此外，ROA与银行财务杠杆呈显著负相关，这与田力辉的结果一致，这也证明了，由于 ROA计算的是利润除以资产，资产包括负债，有可能利润的增长小于负债的增长，导致两者出现负相关；银行的费用比率与 ROA 呈显著负相关，证明银行可以通过减少费用的比率，来增加净利润，该结论与周开国等的结论一致；RGDP 与大规模银行呈显著负相关，该结论与钟静的结论一致，具有可信性，由于我国的金融市场没有完全开放，很多时候商业银行的盈利可能与政府的政策有关，最后，贷款增长与 ROA 不相关但是不显著，说明贷款的增加可能也会导致不良资产的产生，甚至会降低银行的收入。

　　对于小规模的银行，其流动性创造与盈利呈正相关，证明了假设 3，小规模的商业银行也有为了效益而不担心流动性风险过大的情况，何情提出小规模银行具有一些地区优势，以及小规模银行可以充分利用当地的人力资源更好地运营整个银行；小规模银行的银行规模与 ROA 呈负相关，该结果与范香梅等的结论一致，小规模银行在发展规模上，不具有优势，而且容易增加成本，导致收益的减少。RGDP 与 ROA 为负数，且不显著，该结果与钟静的结果相同，证明了我国的商业银行存在着规模不经济的情况，中国没有完全开放市场，经济的增长并没有显著地影响商业银行的盈利，可能由于商业银行的盈利与政府的政策有关。小规模银行的财务杠杆与 ROA 呈正相关，该结果与陈宇峰的研究结果一致，具有可信度；最后，小规模银行的贷款增长与 ROE 呈负相关，该结论与 Daniel 等的结论相同，可能原因是贷款增加得过快，导致银行不良贷款风险的增加，所以与盈利呈负相关。

## 六、结论与建议

### （一）研究结论

本文从商业盈利的角度分析了商业银行的流动性创造与盈利之间的关系。使用了 2004—2016 年商业银行的流动性创造与盈利的非平衡面板的资料。通过实证分析，得出了回归结果，商业银行流动性创造与盈利关系是呈显著正相关的。该结果证实了本文的假说，商业银行可以通过流动性创造的增加来获取更多的盈利，甚至不用担心由于流动性创造得过多，导致商业银行出现流动性风险的问题，因为中国的商业银行拥有"大而不倒"的属性，所以其流动性创造与盈利呈正相关，即流动性创造越多，银行的大部分资金投资了非流动性资产，所获得的回报率也就更高，资本、资产回报率就更高。此外本文把资产大于中位数的银行当作大规模银行，反之是小规模银行，分别进行回归之后发现，对于小规模的银行，流动性创造与盈利的回归结果与大规模银行一样，这说明了中国的商业银行由于资产规模比较大，在以盈利为主要标准的情况下，他们会制造更多的流动性创造来获取利益的极大化，同时中国商业银行所面临的流动性风险也会越来越大。

本文通过前文的分析过程以及实证研究过程，得出了以下的两点结论。

（1）从全样本的实证结果中，我们发现商业银行的流动性创造与盈利是呈显著正相关的，这就意味着该回归结果证实了一般来说由于流动性资产的回报率会比非流动资产的低，所以持有过多的流动资产（减少了流动性创造），势必会降低银行的收入。也就是说，流动性创造应与银行盈利能力呈正相关。该结果的得出，很好地解释了为什么商业银行会出现"钱荒"的事件，就是因为商业银行只顾着增加流动性创造而不顾其所带来的风险问题，所以为了防止该类问题的发生，商业银行在盈利的时候，应该更加关注其流动性的风险问题，这样才能帮助商业银行更好地发展。

（2）从分样本的实证结果中，我们发现大规模商业银行的流动性创造与全样本相同，小规模商业银行也与大规模商业银行一致，这可能是因为，小规模银行的资产规模虽然小（对比大规模银行），但是很多小规模银行是由国家控股，其也不惧怕流动性风险的问题，因为国家会为其"埋单"。

（二）政策建议

（1）对银行的建议：通过回归结果可知，银行如果想要提高其盈利，本文相应地提出一些建议：银行应该合理地控制其规模，因为从本文的回归结果可以看出，规模与盈利是呈负相关的关系。此外，银行应该控制其营运费用的支出，这样做可以减少其成本，从而达到增加利润的效果，最后，银行可以通过增加流动性创造去增加其盈利，但是需要警惕其带来的相关风险的问题。

（2）监管者的建议：应该对监管实行分类标准，对于大型的商业银行，监管当局应该更加警惕其"大而不倒"的风险，即通过增加流动性创造来持续地增加盈利，最后可能带来挤兑的风险，如果大型商业银行的挤兑效应在金融业扩散开来，将很有可能会爆发"系统性金融风险"，所以对于大型的商业银行来说，银行保险监督管理委员会必须实行严格的监督标准，让其保持合理的流动性创造的水平，谨防该类风险的发生。对于小型的商业银行，大多处在发展的阶段，监管当局应该给予一些政策的支持与优惠，但也要有所监管，鼓励其进行适当的金融创新，为我国的金融市场注入一股"新的血液"，使其更好更快地发展。

（三）研究的局限性

本文研究的是商业银行的流动性创造与盈利的关系，但是商业银行的盈利其实还会与资本充足率有所关联，本文的局限在于，由于 CSMAR 中缺乏资本充足率的资料，所以本文没有把资本充足率考虑进来。此外由于本人的水平有限，在将银行进行分类研究的时候，只考虑了大小规模，其实还可以按照银行的属性进行分类研究。还有本文只考虑了表内的业务，并没有考虑表外的业务。

**参考文献**

[1] 王周伟，王衡. 货币政策、银行异质性与流动性创造——基于中国银行业的动态面板资料分析[J]. 银行业研究，2016（2）：52-65.

[2] 巴曙松，何雅婷，曾智. 货币政策、银行竞争力与流动性创造[J]. 经济与管理研究，2016，12：45-56.

[3] 朱建武，李华晶. 中小银行经营绩效的国际比较[J]. 财经科学，2007（1）：33-40.

[4] 杜莉，王锋. 中国商业银行范围经济状态实证研究[J]. 金融研究，2002（10）：31-38.

[5]　何婧. 中小银行经营绩效影响因素的实证研究——基于中美资料的对比分析[J]. 财经理论
　　　与实践，2014，35（1）：27-32.

[6]　范香梅，邱兆祥，张晓云. 我国中小银行地域多元化风险与收益的实证分析[J]. 管理世界，
　　　2010（10）：171-173.

[7]　周开国，李涛，何兴强. 什么决定了中国商业银行的净利差？[J]. 经济研究，2008（8）：
　　　65-76.

[8]　袁朝阳. 中国中小银行绩效影响因素的实证分析——基于 2007—2011 年中国中小上市银
　　　行的面板资料[J]. 探索，2013（1）：109-113.

[9]　孙莎，李明辉，刘莉亚. 商业银行的流动性创造与资本充足率关系研究[J]. 财经研究，
　　　2014（7）：65-77.

[10]　彭继增，吴玮. 资本监管与银行贷款结构——基于我国商业银行的经验研究[J]. 金融研
　　　究，2014（3）：123-137.

[11]　敬志勇，王周伟，范利民. 中国商业银行流动性危机预警研究：基于风险共担型流动性创
　　　造均衡分析[J]. 金融经济研究，2013（3）：3-14.

[12]　曾刚，李广子. 商业银行流动性影响因素研究[J]. 金融监管研究，2013（10）：40-55.

[13]　杨光，孙浦阳. 流动性过剩是否造成了"钱荒"现象——基于异质性 DSGE 框架的分析[J].
　　　南开经济研究，2015（5）：59-73.

[14]　邓超，周峰，唐莹. 过多贷款对中国商业银行流动性创造的影响研究[J]. 金融经济学研究，
　　　2015（6）：39-48.

[15]　刘志洋，宋玉颖. 商业银行的流动性创造研究[J]. 经济学研究，2015（6）：30-39.

[16]　刘琛，宋蔚兰. 基于 SFA 的中国商业银行效率研究[J]. 金融研究，2004（6）：138-142.

[17]　Allen，F.，Gale，D. Financial intermediaries and markets[J]. Econometrica，2004，72：
　　　1023-1061.

[18]　Berger，A. N.，Bouwman，C. H. S. Bank liquidity creation[J]. Review of financial studies，
　　　2009，22，3779-3873.

[19]　Berger，A. N.，Bouwman，C. H.，Kick，T.，et al. Bank liquidity creation following regulatory
　　　interventions and capital support[J]. Journal of Financial Intermediation，2016，26，115-141.

[20]　Berger，A. N.，Bouwman，C. H. S. Bank liquidity creation，monetary policy，and financial
　　　crises[J]. Journal of Financial Stability，2017，30，139-155.

[21]　Christophe，J. G.，Rima T. A.，& Laurent，W. Do market perceive sukuk and conventional
　　　bonds as different financing instruments？[J]. Institute for Economies in Transition，2011，6：

309-322.

[22] Diamond, D. W., Dybvig, P, H. Bank runs deposit insurance, and liquidity[J]. Journal of Political Economy, 1983: 401-419.

[23] Diamond, D. W., Rajan, R., . Liquidity risk liquidity creation and financial fragility: a theory of banking[J]. Journal of Political Economy, 2001, 2: 287-327.

[24] Foos, D., Norden, L., & Weber, M. . Loan growth and riskiness of banks[J]. Journal of Banking & Finance, 2010, 34 (12): 2929-2940.

[25] Fu, X. M., Lin, Y. R., & Molyneux, P. Bank capital and liquidity creation in asia pacific[J]. Economic inquiry, 2016 (2): 966-993.

[26] Kohler, M. Which banks are more risky? The impact of business models on bank stability[J]. Journal of Financial Stability, 2014 (16): 195-212.

[27] Nakamura, L. I. Small borrowers and the survival of the small bank: Is mouse bank mighty or Mickey. Federal Reserve Bank of Philadelphia, Business Review, December. 1994.

[28] Tran, V. T., Lin, C. T., Nguyen, H. Liquidity creation, regulatory, and bank profitability[J]. International review of financial analysis, 2016, 48: 98-109.

# 农户农业机械社会化服务的使用对其农地转入行为的影响研究

## ——基于江西小规模稻农的数据调查[*]

徐俊丽　翁贞林[**]

（江西农业大学经济管理学院，南昌330045）

**摘　要：** 基于江西1080户50亩以下水稻种植户的实地调研数据和农业生产诱致性技术变迁理论，本文以农户农地转入行为为研究对象，分析农户农业机械社会化服务的使用对其农地转入行为的影响机理。研究结果表明：农机社会化服务的使用已较为普遍，但不同环节的使用则存在较大差异，整地和收割环节农机服务的使用率较高，而插秧和烘干环节农机服务的使用率较低。农机社会化服务的使用已成为影响农户农地转入行为的关键因素，尤其是水稻种植的整地和收割环节农机服务的使用，实现了对农业劳动力特别是重体力劳作的替代，但插秧和烘干环节对农户转入农地的影响不大。家庭经济特征对农户转入农地的影响较为显著，且随着经济水平和农业收入占比的提高，农户扩大农业经营的意愿逐渐增大。而家庭人口结构、承包地特征和个体特征对农户农地转入行为的影响相对较小。此外，家庭劳动力能力对农户农地转入行为发挥着不可替代的作用，劳动力老龄化及健康状况下降都是制约农户扩大经营规模的重要因素。

**关键词：** 农机社会化服务　农地转入行为　水稻　小农户

---

[*] 国家自然科学基金面上项目（71573111）。

[**] 通信作者：翁贞林，教授，博士研究生导师，主要研究方向为农业经济与农村社会发展。E-mail：2428081301@qq.com。徐俊丽，硕士研究生，主要研究方向为农村经营制度，E-mail：2501296460@qq.com。

## 一、引言与文献综述

1984 年中央一号文件提出"鼓励土地逐步向种田能手集中"，1987 年中央五号文件首次明确提出要采取不同形式实行适度规模经营，并且在历年一号文件和重要《意见》《决定》中多次指出要发展适度规模经营。2008 年以来，以土地租赁为主要形式的土地流转迅速开展，经过 10 年的发展，现阶段农村土地流转已趋于理性，适度规模经营也成为种田人的共识。土地流转被视为解决农业生产地块细碎化、分散化，推动适度规模经营，实现农业生产专业化、机械化的重要措施。然而，我国农业现阶段的基本国情是小农户长期并大量存在，较小规模的农业经营方式已很难与现行市场融合，处理好小农与现代农业发展的关系成为实现乡村振兴战略目标的必由道路。

因人多地少等禀赋而产生的小农户，是农业生产的微观主体，也是农业生产的重要力量。在城镇化、工业化快速发展的背景下，大量农村劳动力放弃土地进入城镇，或成为以农业为辅的兼业农户，降低了农业资源的利用率。为提高我国农业资源利用率，引导农业生产高效率农户转入农地，促进适度规模经营。目前，学者们主要从区域差异、土地确权、社会保障、农户兼业化、交易费用等方面分析农户农地流转的外生因素，从风险认知、契约选择、家庭特征、关系网络等方面分析农户农地流转的内生因素，并进行了深入的研究与阐述。土地的流转和集中是发展规模经营，实现农业现代化的基础，影响农户农地流转的因素是多方面的，在实现小农户与现代化农业有机衔接的目标下，部分学者关注到农业机械社会化服务对农户农地流转的影响。农业机械化最核心的作用是对农业劳动力的解放与替代，极大地减轻了农业劳动中的重体力劳作，提高了农业劳作的效率，使以老人和妇女为主的农业经营成为可能，同时带来了农业劳动力的剩余，年轻农户外出务工或转变职业，农业日益"兼业化"。但传统的超小规模经营达不到农业机械的经济规模，且土地细碎化使得农机作业难度大、费用高，在提高农业生产效率的同时也加重了小农户的经济负担。

党的十九大报告提出，要"健全农业社会化服务体系，实现小农户和现代农业发展有机衔接"。针对小农户经营现状，有学者研究表明，农地经营规模的扩大将会带来农户收入的增长，农户每扩大一亩的经营规模，将会减少 2%～10% 的生产成本。但农户的经营规模并不是越大其收入越高，一般而言，在较小生产规模逐渐扩大时，所产生的规模报酬出现递增的现象，而规模达到一定水平之后，规模报酬随着规模的扩大而不变，并随着规模的持续扩大最终产生规模报酬递减的现象。因此，引导小农户依据家庭客观条件进行农地流转，达到适度的经营规模，并与农业社会化服务相结合，转变农业经营方式，不仅有助于实现农业一定程度上的规模化、专业化，对于小农户自身而言，更有利于其收入的增加和分工的转变。

适度规模经营是实现农业集约化、机械化的必要选择，也是实现现代化农业的关键环节。改造小农户，以解决农业超小规模经营对适度规模经营的阻碍，是促进小农户与农业现代化有机衔接和发展现代生产力的客观需求。在"三权分置"改革的背景下，农户与规模经营的"交集"——农业社会化服务，为实现现代化农业提供了解决之道。从农业机械、技术和效率上入手提高农业生产技术，让更少的人种更多的地，并且通过农业社会化服务体系解决一家一户农业经营中的问题和矛盾，成为实现有中国特色的农业现代化有效途径之一。因此，本文以江西省 1 080 户经营规模 50（含）亩以下的农户数据为基础，从农业机械社会化服务使用的角度出发，探讨其对小农户农地转入行为的影响机理，试图为改变小农户经营现状提供理论借鉴和实践建议。

## 二、理论分析与研究假设

随着城市化的推进和第二、第三产业的快速发展，较高的工资收入吸引了大量的农村青壮年劳动力进入城市，导致农村人口呈现老人、妇女、儿童多，年轻男劳力少的极端分化现象，老人和妇女成为农业劳动的主体。现阶段我国的人口红利已逐渐消失，劳动力成本的快速上升使得农业生产成本也逐渐加大。根据 Hayami 等提出的农业生产诱致性技术变迁理论，由于资源稀缺带来的要素价格变化，会诱致技术进步和要素替代。土地和劳动力是农业生产的基本投入要素，农业劳动力成本上升，为保持经营规模或收益不变，出于理性行为心理，农户将会减少对农业劳动力的投入并积极寻找劳动力的替代对象，降低农业生产成本。农业技术的进步尤其是机械化水平的提高所带来的农业生产的高效率，使得农业机械成为劳动力替代的最佳选择。诸多学者对此也进行了相关研究，并认为农业机械与劳动力之间存在较强的替代关系。

借鉴要素替代的分析框架，本文用图 1 表示农业机械对劳动力的替代过程模型。其中 $E_0^*$ 表示技术创新的初期可能性曲线，当机械与劳动力的价格比率为 $aa$ 时，某种技术（如机械）$E_0$被发明，此时最小成本均衡点为 $M$，在该点上，劳动力和机械要素投入，为最优比。当机械与劳动力的价格比从 $aa$ 降为 $bb$ 时，意味着此时机械有着新的发展和进步，劳动力成本上升，$N$ 点为新的均衡点，此时机械将在更大程度上替代劳动力。

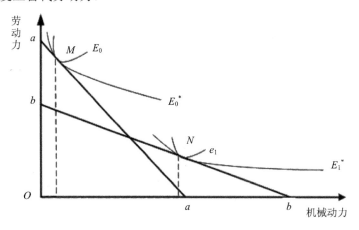

图1   农业机械与劳动力替代过程模型

机械的使用的确提高了农业生产效率，但其对农户收入的影响也不可忽略。由于小农户的经济能力有限，且经营规模不大，往往无力承担大型农机械的购买成本。相较于购买农机具所带来的高额表面成本和潜在成本，在市场化、社会化条件下逐渐发展的农机社会化服务，由于其可减少农业投入，且具有较高的专业化、集约化程度，已成为不同经营规模农户的共同需求，成为实现中国特色的农业现代化的重要选择。这对于仍然留在农村从事农业生产的农户来说，不仅为其解决了重体力劳作的问题，提高了农业生产效率，而且还降低了农业生产的投入成本，使家庭综合收益提高。在此情况下，通过转入更多的农地实现一定的适度规模经营，以增加农业生产的边际效益，将是具有农业经营倾向和偏好农户最满意的选择。综合上述理论分析，提出本文的第一个研究假设：

**H1：**农机社会化服务的使用，对农户转入农地具有积极影响。

不同农作物的农机社会化服务环节存在差异，本文针对水稻种植户的农机社会化服务进行分析研究，并选择水稻农机社会化服务的四个主要环节：整地、插秧、收割、烘干，试图分别探讨各个环节服务的使用对农户转入农地的不同影响。因此，在假设 H1 的基础上，提出本文的第二个研究假设：

**H2**：农机社会化服务的四个主要环节：整地、插秧、收割、烘干，对农户农地转入均有正向影响，但其影响程度各有差异。

## 三、描述性统计

### 1. 数据来源

本文所用数据来源于 2016 年 12 月—2017 年 3 月在江西开展的课题调研。问卷内容主要包括：农户禀赋与收入、水稻生产情况及经营行为意愿等。调查对象为经营规模小于 50 亩的水稻种植户。采取调查员"一对一"的入户调查方式，共发放问卷 1 200 份，有效问卷 1 080 份。涵盖江西 20 个乡镇，40 个村庄。

### 2. 样本特征

从被访农户农地转入与农业机械社会化服务使用特征来看（表 1），样本农户中有 1/3 的农户转入了农地，85.6% 的农户购买了农机社会化服务。可见，通过购买农机服务来替代劳动力，是农户经营的普遍现象。且在农机服务的四个主要环节中，整地和收割环节的农机服务使用率最高，尤其是收割环节，达到了 82.6%，而插秧和烘干环节的农机服务使用率则非常低，分别为 3.1%、1.6%。样本农户的家庭和个体特征中（表 2），年龄在 50~64 岁的超过 50%，而年龄在 35 岁以下的青年劳动力仅占 1.4%，一方面，说明农业经营的老龄化趋势逐渐加大；另一方面，意味着农村年轻一代劳动力非农化趋势已较为明显。结合农业收入占比，其中务农收入占家庭总收入不足 50% 的农户超过了 60%，说明农户具有较高的兼业化倾向。在家庭人口结构中，50.9% 的农户家庭中有 1~2 个不满 16 周岁的孩子，但 77.7% 的农户家庭没有 65 岁以上老人。家庭人均可支配收入在 1 万~2 万元的占大多数，为 55%。

表 1　样本农户农地转入与农业机械社会化服务使用特征

| 样本特征 | 类别 | 数量 | 占比/% |
|---|---|---|---|
| 农地转入 | 是 | 358 | 33.1 |
| 农机社会化服务 | 是 | 925 | 85.6 |
| 整地 | 是 | 623 | 57.7 |
| 插秧 | 是 | 34 | 3.1 |
| 收割 | 是 | 892 | 82.6 |
| 烘干 | 是 | 17 | 1.6 |

表2　样本农户基本特征描述性分析

| 样本特征 | 类别 | 数量 | 占比/% |
|---|---|---|---|
| 被访者年龄 | <35岁 | 15 | 1.4 |
| | 35~49岁 | 255 | 23.6 |
| | 50~64岁 | 569 | 52.7 |
| | 65岁及以上 | 241 | 22.3 |
| 16岁及以下人口 | 不到1人 | 385 | 35.6 |
| | 1~2人 | 550 | 50.9 |
| | 3人及以上 | 145 | 13.4 |
| 65岁以上人口 | 不到1人 | 656 | 60.7 |
| | 1~2人 | 416 | 38.5 |
| | 3人及以上 | 8 | 0.7 |
| 家庭人均可支配收入 | ≤1万元 | 226 | 20.9 |
| | (1万, 2万元] | 594 | 55.0 |
| | (2万, 3万元] | 203 | 18.8 |
| | (3万, 4万元] | 38 | 3.5 |
| | >4万元 | 19 | 20.9 |
| 农业收入占比 | ≤10% | 306 | 28.3 |
| | (10%, 50%] | 363 | 33.6 |
| | (50%, 90%] | 281 | 26.0 |
| | >90% | 130 | 12.0 |

## 四、计量分析

### 1. 变量设置

被解释变量：本文以农户农地转入行为为研究对象，分析农业机械社会化服务的使用对农地转入的影响，即被解释变量为农户是否转入农地。"0"表示农户未转入农地，"1"表示农户转入农地。

（1）核心自变量。本文的核心自变量分为两部分，首先是农户是否使用农机社会化服务，"0"表示未使用，"1"表示使用农机社会化服务。其次是水稻农机社会化服务的主要环节：整地、插秧、收割和烘干。同样的，"0"表示未使用，

"1"表示使用该环节农机社会化服务。

（2）控制变量。参考其他文献的做法，本文将控制变量分为两部分：①个体特征。包括被访者的年龄、受教育程度、身体健康状况。a. 年龄。一般而言，个体年龄越大，劳动能力下降，扩大规模转入农地的可能性越小。b. 受教育程度。受教育程度在一定程度上反映了农户对知识技能和新事物的接受与理解程度，受教育程度相对较高的农户，一方面相对其他农户较善于经营农地，且其务农收益较其他农户偏高，因此其转入农地扩大经营的可能性较高；另一方面，根据其已有的能力和素质，存在选择非农职业的可能，因此此类农户兼业的可能性较大，由于其家庭中务农劳动力较少，因此继续转入农地扩大经营的倾向较小。c. 身体健康状况。身体健康状况反映了农户的劳动能力，以及对家庭其他成员的负担，因此健康状况不好的农户因其自身劳动力不足，所以转入农地的意愿不大。②家庭特征。包含家庭人口结构、经济特征和家庭承包地特征三部分。a. 家庭人口结构。为主要分析劳动力对农户农地转入的影响，本文的家庭人口结构除家庭规模这一指标外，还加入了家庭16岁及以下人口数和65岁以上人口数。劳动力是农业经营的基本要素，家庭劳动力水平的高低是农户农业经营的关键因素。16岁及以下的儿童青少年和65岁以上老人的劳动能力有限，且其生活需正常劳动力照顾，因此家庭成员中，16岁及以下和65岁以上人口越多，农户的耕地经营意愿越弱，转入农地的可能性不大。b. 家庭经济特征。家庭人均可支配收入的高低是衡量家庭经济水平的关键指标，对于小农户来说，人均可支配收入越高，家庭有一定的资金可用于进一步发展农业经营，因而可能转入农地。农业收入占家庭总收入的比重可衡量农户兼业程度的高低，占比越大，意味着农户越倾向以务农为主，其经济依赖农地的程度更强，因此为提高经济收入，更愿意转入农地。c. 家庭承包地特征。家庭承包地特征分为承包地面积和承包地块数两个指标。对于一般小农户而言，其经营规模多则三四十亩，少则几分田，其农地经营规模并非越大越好，针对自家条件的适度规模才是最合适的，因此在其承包地规模的基础上，若农户期望经营更多的农地，其转入农地的可能性越大，若农户不愿经营更多的农地，其转入农地的意愿较小，甚至可能转出农地。承包地块数与面积指标反映了农户已有农地的细碎化程度，一方面，农地块数越多，农业较为分散，降低了农地综合产出率，因此农户可能会转入农地以提高农地利用水平；另一方面，农地块数越多，农户转入农地以提高农地利用效率的交易成本越大，因此不愿转入更多的农地。具体变量设计与定义见表3。

表3  变量设计与定义

|  | 变量 | 定义与赋值 | 均值 | 标准误 | 预期方向 |
|---|---|---|---|---|---|
| 被解释变量 | 农地转入 | 是否转入农地；是=1，否=0 | 0.33 | 0.471 | − |
| 核心解释变量 | 农机社会化服务 | 是否有农机服务；是=1，否=0 | 0.86 | 0.351 | + |
|  | 整地 | 整地环节是否使用农机服务；是=1，否=0 | 0.58 | 0.494 | + |
|  | 插秧 | 插秧环节是否使用农机服务；是=1，否=0 | 0.03 | 0.175 | + |
|  | 收割 | 收割环节是否使用农机服务；是=1，否=0 | 0.83 | 0.379 | + |
|  | 烘干 | 烘干环节是否使用农机服务；是=1，否=0 | 0.02 | 0.125 | + |
| 家庭人口结构 | 家庭规模 | 家庭人口数（人） | 5.23 | 2.069 | + |
|  | 16岁及以下人口 | 家庭中16岁及未满16岁人口数（人） | 1.27 | 1.251 | − |
|  | 65岁以上人口 | 家庭中65岁以上人口数（人） | 0.59 | 0.837 |  |
| 家庭经济特征 | 人均可支配收入 | <1万元以下=1；（1万，2万元]=2；（2万，3万元]=3；（3万，4万元]=4；>4万元=5 | 2.10 | 0.829 | +/− |
|  | 农业收入占比 | ≤10=1；（10%，50%]=2；（50%，90%]=3；>90%=4 | 2.22 | 0.989 | + |
| 家庭承包地特征 | 承包地面积 | 家庭承包地面积（亩） | 5.97 | 5.158 | +/− |
|  | 承包地块数 | 家庭承包地总块数（块） | 5.19 | 3.831 | +/− |
| 个体特征 | 年龄 | 被访者实际年龄（周岁） | 56.37 | 9.780 | − |
|  | 受教育程度 | 被访者受教育程度，小学及以下=1；初中=2；高中或中专=3；大专及以上=4 | 1.53 | 0.716 | +/− |
|  | 身体健康状况 | 被访者身体健康程度，不好=1；一般=2；较好=3 | 2.44 | 0.685 | + |

## 2. 多重共线性诊断

在变量的选择过程中，往往无法准确地观测到解释变量之间的互相影响，因而变量之间可能存在多重共线性。若忽略变量间的共线性，将会使模型检验结果出现误差或失真，因此有必要对解释变量进行多重共线性诊断。本文使用方差膨胀因子 VIF 来检验解释变量间的多重共线性。使用 Statistics 12.0 统计分析软件的诊断结果如表 4 所示。一般认为最大的 VIF 不超过 10，即可认为不必担心变量间的多重共线性问题。由表 4 可知本文解释变量中 VIF 最大值为 2.48，平均值为 1.41，因此可认为解释变量之间不存在明显的多重共线性，无须对解释变量进行删改。

表 4　解释变量多重共线性诊断

| 变量 | VIF | 1/VIF |
| --- | --- | --- |
| 家庭规模 | 2.48 | 0.403 423 |
| 16 岁及以下人口 | 2.27 | 0.441 224 |
| 承包地面积 | 1.42 | 0.706 523 |
| 年龄 | 1.34 | 0.747 845 |
| 承包地块数 | 1.31 | 0.762 501 |
| 身体健康状况 | 1.16 | 0.863 099 |
| 65 岁以上人口 | 1.16 | 0.865 799 |
| 农业收入占比 | 1.14 | 0.876 622 |
| 人均可支配收入 | 1.13 | 0.886 426 |
| 受教育程度 | 1.11 | 0.899 045 |
| 农机社会化服务 | 1.03 | 0.967 799 |
| VIF 平均值 | 1.41 | |

### 3. 模型分析

（1）二值 Logistic 回归检验

本文使用计量分析软件 Statistics 12.0 对样本数据进行二值 Logistic 回归分析，并将回归分为三步进行（表 5），以此来确定模型的稳定性。首先是对控制变量的检验（步骤 1）；其次是在控制变量的基础上放入"农机社会化服务"变量进行检验（步骤 2）；最后是对农机社会化服务的四个主要环节：整地、插秧、收割和烘干的二值 Logistic 回归检验（步骤 3）。

表 5　农业机械社会化服务与农地转入的 Logistic 回归结果

| 变量 | 步骤 1 | | 步骤 2 | | 步骤 3 | |
| --- | --- | --- | --- | --- | --- | --- |
| | Coef. | $P>|z|$ | Coef. | $P>|z|$ | Coef. | $P>|z|$ |
| 家庭规模 | 0.047 | 0.385 | 0.040 | 0.462 | 0.052 | 0.346 |
| 16 岁及以下人口 | −0.109 | 0.203 | −0.095 | 0.267 | −0.115 | 0.188 |
| 65 岁以上人口 | −0.246 | 0.009*** | −0.239 | 0.012** | −0.251 | 0.009*** |

| 变量 | 步骤 1 | | 步骤 2 | | 步骤 3 | |
|---|---|---|---|---|---|---|
| | Coef. | $P>|z|$ | Coef. | $P>|z|$ | Coef. | $P>|z|$ |
| 人均可支配收入 | 0.297 | 0.001*** | 0.294 | 0.001*** | 0.287 | 0.001*** |
| 农业收入占比 | 0.497 | 0.000*** | 0.507 | 0.000*** | 0.516 | 0.000*** |
| 承包地面积 | −0.006 | 0.692 | −0.013 | 0.416 | −0.012 | 0.454 |
| 承包地块数 | −0.040 | 0.059* | −0.039 | 0.062* | −0.039 | 0.066* |
| 年龄 | 0.008 | 0.343 | 0.007 | 0.408 | 0.008 | 0.347 |
| 受教育程度 | −0.119 | 0.236 | −0.135 | 0.180 | −0.139 | 0.169 |
| 身体健康状况 | 0.245 | 0.024** | 0.265 | 0.016** | 0.269 | 0.015** |
| 农机社会化服务 | | | 0.677 | 0.002*** | | |
| 整地 | | | | | −0.611 | 0.000*** |
| 插秧 | | | | | −0.121 | 0.788 |
| 收割 | | | | | 1.019 | 0.000*** |
| 烘干 | | | | | 0.356 | 0.528 |
| _cons | −3.057 | 0.000*** | −3.586 | 0.000*** | −3.616 | 0.000*** |

注：***、**、*分别表示在 1%、5%和 10%水平上显著。

（2）稳健性检验

为检验模型的稳健性，对同一样本数据进行 Probit 回归检验（表 6）。根据表 5、表 6 检验结果可知，Probit 回归结果与 Logistic 回归结果一致，说明模型较为稳定。

表 6　Probit 回归稳健性检验

| 变量 | 步骤 1 | | 步骤 2 | | 步骤 3 | |
|---|---|---|---|---|---|---|
| | Coef. | $P>|z|$ | Coef. | $P>|z|$ | Coef. | $P>|z|$ |
| 家庭规模 | 0.028 | 0.386 | 0.025 | 0.438 | 0.031 | 0.350 |
| 16 岁及以下人口 | −0.065 | 0.199 | −0.059 | 0.250 | −0.070 | 0.176 |
| 65 岁以上人口 | −0.143 | 0.011** | −0.140 | 0.013** | −0.145 | 0.011** |
| 人均可支配收入 | 0.180 | 0.001*** | 0.176 | 0.001*** | 0.171 | 0.001*** |
| 农业收入占比 | 0.302 | 0.000*** | 0.306 | 0.000*** | 0.310 | 0.000*** |
| 承包地面积 | −0.004 | 0.667 | −0.008 | 0.398 | −0.008 | 0.424 |
| 承包地块数 | −0.022 | 0.064* | −0.023 | 0.061* | −0.022 | 0.071* |
| 年龄 | 0.005 | 0.347 | 0.004 | 0.408 | 0.005 | 0.325 |
| 受教育程度 | −0.071 | 0.225 | −0.079 | 0.182 | −0.083 | 0.163 |
| 身体健康状况 | 0.146 | 0.024** | 0.156 | 0.017** | 0.161 | 0.014** |
| 农机社会化服务 | | | 0.404 | 0.001*** | | |

| 变量 | 步骤 1 | | 步骤 2 | | 步骤 3 | |
|---|---|---|---|---|---|---|
| | Coef. | $P>|z|$ | Coef. | $P>|z|$ | Coef. | $P>|z|$ |
| 整地 | | | | | −0.365 | 0.000*** |
| 插秧 | | | | | −0.089 | 0.741 |
| 收割 | | | | | 0.606 | 0.000*** |
| 烘干 | | | | | 0.224 | 0.514 |
| _cons | −1.855 | 0.000*** | −2.162 | 0.000*** | −2.180 | 0.000*** |

注：***、**、*分别表示在1%、5%和10%水平上显著。

（3）回归结果分析

①农机社会化服务。在控制家庭特征和个体特征控制变量的基础上，分别对农机社会化服务和其四个主要环节进行回归检验。表5步骤2的检验结果显示，农机社会化服务达到了1%的显著水平，且为正向影响，假设H1得到验证。由于农业机械生产的高效率和对劳动力的替代以及农机社会服务的低成本负担，在农业经营过程中，农机社会化服务的使用已较为普遍（样本中农机社会化服务使用占比达到了85.6%）。是否使用农机社会化服务已成为农户农地经营的重要选择，尤其是对于农地转入户来讲，在劳动力水平低下和不足的情况下，农机服务为其提供了农业生产的一条捷径。因此，农机社会化服务的使用是影响农地转入的关键因素。

步骤3中对水稻农机社会化服务的四个主要环节的检验结果显示，整地和收割均达到了1%的显著水平，但整地这一环节的影响系数为负，收割环节的影响系数为正；插秧和烘干两环节对农地转入的影响不显著，且具有不同的影响方向，假设H2得到部分验证。水稻农机社会化服务的四个主要环节中，整地和收割两环节服务的使用率较高（样本数据分别为57.7%和82.6%），且在水稻种植过程中，整地和收割相对需要重体力劳动，这意味着农户对两环节机械服务尤其是收割环节服务的认可度较高，实现了机械对人工劳动力的替代，但二者具有差异性。具体来说，整地相对收割对机械的要求较低，部分农户自家拥有小型耕地机、拖拉机，无须购买整地环节农机服务，而收割机的购买成本较高，在小农户家庭往往无力承担。在劳动力不足尤其是抢种、抢收时期，农户仅能通过购买收割环节农机服务实现水稻的快速收割。因此，整地和收割对农地转入的作用方向不同。根据实地调研了解，由于整地和收割环节的农业机械技术发展水平已成熟化，而机械插秧技术尚未达到与人工插秧同样的水稻产出水平，部分农户因机械插秧的水稻存活率和产出水平低而不愿选择机械插秧，并且机械插秧技术仅在小部分地区推行，部分农户表示未接触过机械插秧，因此插秧环节社会化服务的使用对农地转入影响不大，但起反向作用。对于小农户来说，其农业经营规模不大，水稻收割后经人工晾晒已可以达到其要求（自留或出售），水稻烘干服务的使用率较低，烘干环节社会化服务的使用对农地转入的影响不大。

②控制变量。家庭特征方面。家庭人口结构中，家庭规模未达到显著水平，但呈正向影响，说明家庭人口越多，相应的劳动力人数较多，有利于扩大农业经营规模。16岁及以下人口这一指标也未达到显著水平，但对农地转入的影响方向为负，这与林善浪等的研究结果不一致，可能的原因是不满16岁的儿童和青少年劳动力不足，生活还无法完全独立，仍需成年人照顾，因此家庭中16岁及以下人口越多，正常成年劳动力负担越重，无力扩大农地经营规模，但非影响农地转入的重要因素。65岁以上人口在1%的显著水平上负向影响农地转入，可能的原因是一方面劳动力年龄越大，劳动力下降，其转入农地扩大种植规模的意愿较小；另一方面，65岁以上老人往往存在患有不同程度疾病的可能，需子女或爱人照顾，在此情况下，农户没有更多的精力经营更多的农地，因此转入农地的倾向较低。家庭经济特征中，人均可支配收入和农业收入占比在三个步骤中均达到了1%的正向显著水平。家庭人均可支配收入反映了家庭经济水平的高低，可支配收入越高的农户，意味着可用于转入农地的资本较多，对于进一步扩大经营规模的意愿越高。农业收入占比的检验结果与郭斌等的研究结果一致，农业收入的增加是对农户农地转入的决定性因素，是最直接也是最有效的。当农户农业收入增加时，理性农户意识到农业经营的利益也是可观的，因此会转入农地扩大经营规模。家庭承包地特征中，承包地面积未达到显著水平，承包地块数在10%的水平上显著，且二者均负向影响农户农地转入行为。从小农户角度来看，其农地经营规模有限，而并非越大越好，自家拥有的农地面积可能已达到其经营的适度范围，因此自家拥有农地越多的农户，其转入农地的倾向不大。承包地块数反映了自己拥有农地的细碎化程度，块数越多，需要的劳动力越多，越不利于农业经营，因此农地块数多的农户可能已无力再增加耕种范围，因此转入农地的意愿较低。

个体特征方面。被访者年龄未通过显著性检验，但其影响系数为正。受教育程度负向影响农地转入，但未达到显著水平。身体健康状况在5%的水平上正向影响农户的农地转入行为。随着农户年龄的增大，相对于年轻一代其"恋土情节"将日益增长，虽然劳动力下降，但在可接受的劳动范围之内，这类农户更愿意从事农业经营，但这并非影响其农地转入的重要因素。个体受教育程度的高低反映了农户的文化水平，一般而言，有着较高文化水平的农户，倾向从事利益更大的非农工作，如经商、外出打工等，因此不愿继续扩大农地经营规模。劳动力是农业生产的基础要素之一，身体健康状况则是农户劳动能力高低的反应，身体健康的农户，其劳动能力越强，越有利于农业经营，而身体越不健康的农户，相应的劳动能力较弱，越不利于农业经营。

## 五、结语

基于农业生产诱致性技术变迁理论，本文根据江西 1 080 户 50 亩以下水稻种植户的实地调研数据，以农户农地转入行为为研究对象，分析农户农业机械社会化服务的使用对其农地转入的影响机理。研究结果表明：①整体而言，农机社会化服务的使用已较为普遍，但不同环节的使用存在较大差异，整地和收割环节农机服务的使用率较高，而插秧和烘干环节农机服务的使用率较低。②农机社会化服务的使用已成为影响小农户农地转入行为的关键因素，尤其是水稻种植的整地和收割环节农机服务的使用，实现了对农业劳动力特别是重体力劳作的替代。但插秧和烘干环节对小农户转入农地的影响不大，可能的原因是插秧环节机械技术还未成熟，烘干服务对于小农户来说不是必要内容。③控制变量方面，家庭人口结构、经济特征、承包地特征和个体特征中，经济特征对小农户转入农地的影响最为显著，且随着经济水平和农业收入占比的提高，小农户农业经营的意愿逐渐增大。此外，综合分析来看，家庭劳动力能力对小农户农地转入行为发挥着不可替代的作用，劳动力老龄化及健康状况下降都是制约小农户扩大经营规模的重要因素。

因此，在促进适度规模经营，实现农业现代化的进程中，为使小农户与现代农业发展有机衔接，第一，要促进农业机械技术创新与进步，提高农业生产技术，使得农业机械更大程度地实现对农业劳动力的替代，减少农业劳动力投入，使小农户真正收益于现代农业的发展。整地和收割环节的机械技术水平已较为成熟，但机械插秧的技术水平还有待于提高和完善。第二，加大对农机社会化服务各环节的宣传与推广。整地和收割两环节农机社会化服务的使用已较为普遍，但插秧和烘干两环节农机社会化服务的使用还较少。烘干服务的使用可减短稻谷晾晒的时间成本，同时也减少了人工成本，然而往往是种粮大户使用烘干服务的可能性较大，小农户通常认为自行晾晒已可实现其对稻谷的要求（自留或出售），而忽略了人工晾晒的潜在成本。因此，加大农机社会化服务的推广与宣传，使小农户进一步了解各环节农机社会化服务的益处。第三，鼓励年轻一代农户从事农业生产经营。在小农户长期并大量存在的国情下，农业劳动力老龄化和弱质化是制约农户扩大经营规模的关键因素。

农地转入与农机社会化服务二者可能存在互相影响，本文仅针对农机社会化服务对农地转入的作用机理进行检验分析，因此不可避免地会产生无法观测到全局的观点，有待于进一步深入研究和改善。不足之处笔者愿不吝赐教。

## 参考文献

[1] 程令国,张晔,刘志彪. 农地确权促进了中国农村土地的流转吗？[J]. 管理世界,2016（1）：88-98.

[2] 张红宇. 实现小农户和现代农业发展有机衔接[J]. 中国乡村发现, 2018（3）：56-59.

[3] 姜松,曹峥林,刘晗. 农业社会化服务对土地适度规模经营影响及比较研究——基于CHIP微观数据的实证[J]. 农业技术经济, 2016（11）：4-13.

[4] 孔祥智. 健全农业社会化服务体系实现小农户和现代农业发展有机衔接[J]. 农业经济与管理, 2017（5）：20-22.

[5] 包宗顺,徐志明,高珊,等. 农村土地流转的区域差异与影响因素——以江苏省为例[J]. 中国农村经济, 2009（4）：23-30.

[6] 夏玉莲,曾福生. 农村土地流转、生态效应与区域差异——基于中国 31 个省份面板数据的实证分析[J]. 山东农业大学学报（社会科学版），2013（3）：40-46.

[7] 农地流转效益、农业可持续性及区域差异[J]. 华中农业大学学报（社会科学版），2014，33（2）：100-106.

[8] 夏玉莲,匡远配,曾福生. 农地流转、区域差异与效率协调[J]. 经济学家,2016（3）：87-95.

[9] 刘玥汐,许恒周. 农地确权对农村土地流转的影响研究——基于农民分化的视角[J]. 干旱区资源与环境, 2016, 30（5）：25-29.

[10] 闫小欢,霍学喜. 农民就业、农村社会保障和土地流转——基于河南省 479 个农户调查的分析[J]. 农业技术经济, 2013（7）：34-44.

[11] 张忠明,钱文荣. 不同兼业程度下的农户土地流转意愿研究——基于浙江的调查与实证[J]. 农业经济问题, 2014, 35（3）：19-24.

[12] 罗必良，汪沙，李尚蒲. 交易费用、农户认知与农地流转——来自广东省的农户问卷调查 [J]. 农业技术经济，2012（1）：11-21.

[13] 洪名勇，关海霞. 农户土地流转行为及影响因素分析[J]. 经济问题，2012（8）：72-77.

[14] 田欧南，韩星焕，郭庆海. 吉林省农村土地不同流入主体流转行为影响因素的实证分析[J]. 吉林农业大学学报，2012，34（5）：584-590.

[15] 陈浩，王佳. 社会资本能促进土地流转吗？——基于中国家庭追踪调查的研究[J]. 中南财经政法大学学报，2016（1）：21-29.

[16] 陈锡文. 加快推进农业供给侧结构性改革 促进我国农业转型升级[J]. 农村工作通讯，2016（24）：5-8.

[17] 焦长权，董磊明. 从"过密化"到"机械化"：中国农业机械化革命的历程、动力和影响（1980—2015 年）[J]. 管理世界，2018（10）：173-190.

[18] 杨印生，郭鸿鹏. 农机作业委托的制度模式创新及发展对策[J]. 中国农村经济，2004（2）：68-71.

[19] 许庆，尹荣梁，章辉. 规模经济、规模报酬与农业适度规模经营——基于我国粮食生产的实证研究[J]. 经济研究，2011（3）：59-71.

[20] 钱克明，彭廷军. 我国农户粮食生产适度规模的经济学分析[J]. 农业经济问题，2014，35（3）：4-7.

[21] 薛亮. 从农业规模经营看中国特色农业现代化道路[J]. 农业经济问题，2008，29（6）：4-9.

[22] 林善浪. 农村土地规模经营的效率评价[J]. 当代经济研究，2000（2）：37-43.

[23] 钱文荣，郑黎义. 劳动力外出务工对农户农业生产的影响——研究现状与展望[J]. 中国农村观察，2011（1）：31-38.

[24] De Brauw A，Huang J，Zhang L，et al. The Feminisation of Agriculture with Chinese Characteristics[J]. Journal of Development Studies，2013，49（5）：689-704.

[25] 吴丽丽，李谷成，周晓时. 要素禀赋变化与中国农业增长路径选择[J]. 中国人口·资源与环境，2015，25（8）：144-152.

[26]  Hayami Y，Ruttan V W. Factor Prices and Technical Change in Agricultural Development：The United States and Japan，1880-1960[J]. The Journal of Political Economy，1970，78（5）：1115-1141.

[27] 李航. 诱致性技术进步下的农业生产率增长——中国 2001—2011 年省级面板数据的分析[J]. 求索，2013（5）：41-43.

[28] 曹阳，胡继亮. 中国土地家庭承包制度下的农业机械化——基于中国 17 省（区、市）的

调查数据[J]. 中国农村经济，2010（10）：57-65.

[29] Pingali P. Agricultural mechanization：Adoption patterns and economic impact[J]. Handbook of Agricultural Economics，2007，3（6）：2779-2805.

[30] 刘凤芹. 农业土地规模经营的条件与效果研究：以东北农村为例[J]. 管理世界，2006（9）：71-79，171-172.

[31] 农业部农业机械化管理司. 新的探索　新的跨越——中国改革开放三十年中的农业机械化[J]. 中国农机化学报，2008（6）：3-15.

[32] 陈强. 高级计量经济学及 Stata 应用[M]. 2 版. 北京：高等教育出版社，2014：123-124.

[33] 林善浪，张丽华. 农村土地转入意愿和转出意愿的影响因素分析——基于福建农村的调查[J]. 财贸研究，2009，20（4）：35-41.

[34] 郭斌，原敏学. 农户转入农地行为的制约因素研究[J]. 广东农业科学，2012，39（1）：207-211.

# 省级农业科研机构助力乡村振兴工作的探讨

## ——以江西省农科院为例

熊  涛

（江西省农科院，南昌 330200）

**摘  要：** 中共中央、国务院印发了《乡村振兴战略规划（2018—2022 年）》，标志着乡村振兴这一重大战略全面进入落地实施期，这对农业科研机构来说，是重要的历史性机遇。然而，江西省农业科学院在助力乡村振兴过程中也存在不少问题。本文即有针对性地提出了江西省农业科学院"外引内联"科技支撑乡村振兴的对策。

**关键词：** 省级  农业科研  乡村振兴  农科院

## 一、引言

2018 年 9 月 26 日，中共中央、国务院印发了《乡村振兴战略规划（2018—2022 年）》，标志着乡村振兴这一重大战略全面进入落地实施期。乡村振兴战略是以习近平同志为核心的党中央着眼党和国家事业全局，对"三农"工作作出的重大决策部署，江西省农业科学院作为全省最大的农业科研机构必然要参与其中，承担起相应的责任和使命，通过科技创新给江西省农业发展、乡村振兴注入新的活力与动力。

## 二、国家推动乡村振兴战略给农业科研机构带来了历史性机遇

### 1. 乡村振兴将成为农业科研机构的主战场

省级农业科研院所是我国农业科研体系的重要组成部分，也是国家现代农业产业技术体系的重要单元。省级农业科研院所的科研攻关就是立足区域农业发展的实际需求，围绕区域特色主导农业产业存在的技术问题开展协同攻关，通过整合自身优势资源，大力开展农业科技创新，以促进农业增效、农民增收为目标。乡村振兴的本质上就是让农户奔小康，过上更加富裕的生活，在这一历史性的转变过程中，农业科研单位将大有可为，乡村振兴将是农业科研单位新的主战场。

### 2. 国家对乡村振兴的政策扶持力度不断增加

江西省是农业大省，农业对江西省的重要性不言而喻。农业是基础产业，也是弱势产业；农民是我国农业的主要经营主体，但也是弱势群体。如果要实现乡村振兴的伟大目标，那么乡村持续发展就需要政府大量的资金投入、政策扶持。要扶大扶强、扶持产业发展才能实现真正的扶贫。多渠道整合政策资源和资金，立大项目，集中惠农政策、力量、资金做大产业，以产业带动发展。在农业现代化的过程中，农业科技支撑是关键因素。因此，农业科研单位作为科技创新的主体，必将受益于国家对乡村振兴的资金与政策扶持，将迎来新的发展机遇。

### 3. 农业科研单位的新技术、新品种、新模式将加速推广

农业科研院所是农业科技成果转化与推广的重要主体，对促进农业科技成果转化、推广、应用乃至解决农业生产中的实际问题起到了关键作用。以江西省农业科学院为例，2016—2017 年度共转化交易作物新品种、专利等 17 项科技成果，这些成果的加速转化将成为江西省农业现代化发展的重要推动力之一。随着乡村振兴的不断推进，对新技术、新品种、新模式的需求将是巨大的，那么，对农业科研机构来说，一方面，既可以扩大影响力；另一方面，又可以提升农业科技创新的效益，农业科技人员收入长期偏低的现状将有望改善。

## 三、江西省农业科学院助力乡村振兴过程中存在的问题分析

综上所述，乡村振兴是新时代赋予农业科研单位的使命与担当，江西省农业科学院应该积极主动地参与其中。但是，江西省农业科学院应如何全面地参与到

乡村振兴的伟大事业中，是摆在我们面前的一道难题。

**1. 在乡村振兴的过程中，江西省农业科学院面临的首要问题是参与方式**

实施乡村振兴战略的总要求是"产业兴旺、生态宜居、乡风文明、治理有效、生活富裕"，涉及农村经济、政治、文化、社会、生态文明和党的建设等多个方面，彼此之间相互联系、相互协调、相互促进、相辅相成。江西省农业科学院是农业科技创新的事业单位，单位本身的科研经费有限，所以能够外拨的经费就更少，也没有行政权力，按照乡村振兴战略"五位一体"的要求，江西省农业科学院似乎难有大的作为。

**2. 江西省农业科学院的科技创新能力能否支撑乡村振兴也是个大的问题**

制度、市场、技术条件交汇为乡村振兴创造基础。新技术广泛渗透于农业生产、服务、加工、流通和营销等各个环节和农村发展的各个方面，为农业功能拓展、产业链延伸提供了条件，江西省农业科学院有 13 个研究所（中心），每年都有一批新的技术和品种推广到广大农户手中，为全省农业的发展作出了积极贡献。但是，人民群众对美好生活有了更多向往，既要吃饱吃好，也要吃得安全、吃得营养、吃得健康，对清新美丽的田园风光、洁净良好的生态环境有了更多期待，这为农业新产业、新业态、新模式发展提供了需求基础，而江西省农业科学院的科技创新能力真能满足广大农民日益增长的科技需求吗？从现实状况来看，还有差距，如何弥补这个差距也是个棘手的问题。

**3. 江西省农业科学院应该如何发挥影响力才能为全省乡村振兴作出更大的贡献**

要推动乡村产业振兴，紧紧围绕发展现代农业，围绕农村第一、第二、第三产业融合发展，构建乡村产业体系，这是很大一盘棋，要投入的资源很多。江西省农业科学院在职职工不足 700 人，就算全部投入乡村振兴的工作中，也是杯水车薪，难有大的作为。所以，江西省农业科学院应该积极扩大自身的影响力，联合全省的农业科研机构，形成全省农业科研机构"一体化"，科技创新"一盘棋"，来共同推动江西省的乡村振兴事业，这样才会作出应有的贡献。要实现这一愿景，江西省农业科学院就要进行大胆的创新合作，但在现实的情况下，推动难度系数很大。

## 四、江西省农业科学院"外引内联"科技支撑乡村振兴的对策分析

如何突破现实困难的束缚，走出一条科技支撑乡村振兴的新路子呢？围绕国

家乡村振兴战略 2022 年阶段目标，我们通过"外引内联"的策略，盘活院内资源，引进国家资源，内联省内资源，打通了国家、省院和地级市科技研机构的科技合作障碍，通过"整合资源、强化协同、示范引导"的推进机制，全面参与到江西省乡村振兴的工作中去，具体做法如下所述。

**1. 加强与中国农业科学院的科技合作，共同开展乡村振兴，支撑江西省农业发展**

江西省农业科学院针对本院科技创新能力不足的现状，与中国农业科学院开展了深度科技合作。在双方的沟通协调下，省政府副省长胡强率队走访中国农业科学院，举行了省院科技合作座谈会，中国农业科学院与江西省农业科学院进行科技合作签约，江西省农业科学院将和中国农业科学院开展深度合作，共同开展科技支撑乡村振兴的行动。一方面，合作双方已经选定了婺源作为乡村振兴全面推进的样板县，全力进行打造，使其成为乡村振兴科技支撑的样板工程；另一方面，江西省农业科学院与中国农业科学院通过各自创新工程的科技合作，走出了乡村振兴的新路子。共同投入经费，共同组建团队，共同针对江西农业开展科研攻关，共创科技合作亮点，培育服务产业典型。

**2. 加强与婺源县人民政府的科技合作，加快科技成果落地，推动乡村振兴样板工程建设**

乡村振兴工作，如果没有地方政府的支持，那就没有支撑位和着力点，江西省农业科学院是公益性的科研机构，没有行政权力，推进乡村振兴将举步维艰。目前，江西省农业科学院、中国农业科学院和婺源县人民政府已经初步达成科技合作共识，将共同推进把婺源打造成为乡村振兴样板工程。为此，我们邀请了中国农业科学院副院长梅旭荣带领中国农业科学院专家到婺源开展乡村振兴科技需求调研，三方将重点在规划、科技支撑、农村政策配套制定、人才的双向流动、公共服务等方面开展深入合作，针对婺源县农业产业发展的现状和技术需求，研发新技术、总结提炼新模式，为婺源农业产业发展的转型升级提供科技支撑。

**3. 通过江西省农业科技创新联盟，整合省内的优势科技资源，共同开展乡村振兴**

为了能够扩大乡村振兴工作的影响力，一方面，江西省农业科学院通过江西省农业科技创新联盟，把全省 56 家成员单位联合起来，在项目实施和成果示范方面给予重点支持，扩大经费的投入量，提升最新科技成果转化率；另一方面，江西省农业科学院在深度整合全省农业科技资源的方面迈出了新步伐，萍乡、九江、赣州、井冈山四个江西省农业科学院分院相继成立，全省农业科研"一体化"加快形成，为乡村振兴提供强有力的科技支撑。以婺源县的油菜产业为例，江西省农业科学院将联合中国农业科学院和省内相关的科研机构，认真组织实施好油菜绿色高效高产创建，加强油菜技术研发，大力推广油菜生产轻简化、机械化生产技术，加速推进油菜第一、第二、第三产业融合发展，着力构建"政府推动、市场拉动、主体联动"的产业联结机制，努力打造以品种为纽带、以加工企业为龙头、以种植大户为基础、以科技推广为依托的产业发展新格局，为推进乡村振兴战略、加快农业农村现代化提供一种新思路、新模式。

## 五、结语

通过以上措施，江西省农业科学院走出了一条"外引内联"的乡村振兴新路子，乡村振兴的科技支撑力显著提升，乡村振兴的影响力逐步扩大，乡村振兴工作的着力点明显增强。乡村振兴顺应了亿万农民对美好生活的向往，具有广泛的现实需求和深刻的时代必然性，江西省农业科学院顺势而为开展乡村振兴工作必将有所作为，为江西省"三农"发展作出新的贡献。

**参考文献**

[1] 习近平. 决胜全面建成小康社会　夺取新时代中国特色社会主义伟大胜利——在中国共产党第十九次全国代表大会上的报告[M]. 北京：人民出版社，2017.

[2] 刘合光. 乡村振兴战略的关键点、发展路径与风险规避[J]. 新疆师范大学学报（哲学社会科学版），2018（3）：25-33.

[3] 周立，李彦岩，王彩虹，等. 乡村振兴战略中的产业融合和六次产业发展[J]. 新疆师范大学学报（哲学社会科学版），2018（3）：16-24.

[4] 王亚华，苏毅清. 乡村振兴——中国农村发展新战略[J]. 中央社会主义学院学报，2017（6）：49-55.

[5] 廖彩荣，陈美球. 乡村振兴战略的理论逻辑、科学内涵与实现路径[J]. 农林经济管理学报，2017，16（6）：795-802.

[6] 钟钰. 实施乡村振兴战略的科学内涵与实现路径[J]. 新疆师范大学学报（哲学社会科学版），2018，39（5）：1-6.

# 鹰潭市乡村振兴面临的问题及对策

吴欣悦[1]　李　刚[2]

（1. 中国农业银行鹰潭分行，江西鹰潭 335000；

2. 浙江衢州新华都置业有限公司，浙江衢州 324000）

**摘　要：** 鹰潭市是江西省 11 个设区市之一，地处江西省东北部，信江中下游，辖贵溪区、余江区、月湖区和龙虎山风景旅游区。近年来，鹰潭市各乡村同全国、全省乡村一样，积极实施乡村振兴战略，推动全市乡村产业、人才、文化、生态、组织的全面振兴和发展。当前，鹰潭市乡村振兴正面临着乡村产业弱、乡村条件差、乡村人才缺、乡村文化衰、乡村环境劣和乡村灾害多等突出问题。针对存在的问题，为实现鹰潭市乡村振兴，应采取以下对策和措施：①发展乡村产业；②改善乡村条件；③培养乡村人才；④重振乡村文化；⑤优化乡村环境；⑥建立乡村防灾减灾体系。该文对鹰潭市乃至江西省当前及今后实施乡村振兴战略具有一定的参考价值。

**关键词：** 乡村振兴　乡村产业振兴　乡村人才振兴　乡村文化振兴　乡村生态振兴　乡村组织振兴　防灾减灾

自 2017 年 10 月 18 日党的十九大报告提出"实施乡村振兴战略"以来，全国上下迅速掀起了实施乡村振兴战略的热潮。2018 年 1 月 2 日，中央一号文件《中共中央　国务院关于实施乡村振兴战略的意见》（中发〔2018〕1 号）发布；2018 年 9 月，中共中央、国务院印发《乡村振兴战略规划（2018—2022 年)》；2019 年 1 月 3 日，中央一号文件《中共中央　国务院关于坚持农业农村优先发展做好"三农"工作的若干意见》进一步强调："……以实施乡村振兴战略为总抓手，对标全面建成小康社会'三农'工作必须完成的硬任务，适应国内外复杂形势变化对农村改革发展提出的新要求，抓重点、补短板、强基础，围绕'巩固、增强、提升、畅通'深化农业供给侧结构性改革，坚决打赢脱贫攻坚战，充分发挥农村基层党组织战斗堡垒作用，全面推进乡村振兴，确保顺利完成到 2020 年承诺的农村改革发展目标任务。"2019 年 6 月 17 日，《国务院关于促进乡村产业振兴的指导意见》（国发〔2019〕12 号）发布；2019 年 6 月 23 日，中共中央办公厅、国务院办公厅印发《关于加强和改进乡村治理的指导意见》。

江西省响应党中央、国务院的号召，积极投身到实施乡村振兴战略的伟大事业之中。2018 年 2 月 13 日，《中共江西省委　江西省人民政府关于实施乡村振兴战略的意见》发布；2018 年 12 月，《江西省乡村振兴战略规划（2018—2022 年）》制定。当前，全省各地正在按照党中央、国务院的战略部署，按照江西省委、省政府的具体要求，全力推动乡村振兴战略的实施和具体落实。

鹰潭市作为江西省 11 个设区市之一，正在同全国、全省各地一样，积极实施乡村振兴战略，以期实现全市乡村高质量发展、可持续发展。

## 一、鹰潭市概况

鹰潭市位于江西省东北部，信江中下游。地处北纬 27°35′—28°41′、东经 116°41′—117°30′，面向珠江、长江、闽南三个"三角洲"，是内地连接东南沿海的重要通道之一。辖区东接弋阳县、铅山县，西连东乡县，南临金溪县、资溪县，北靠万年县、余干县，东南一隅与福建省光泽县毗邻。境域南北长约 81 km，东西宽约 38 km。距省会南昌市 143 km（铁路里程）。全市总面积 3 556.7 km²，占江西省总面积的 2.15%。截至 2018 年年底，全市常住人口有 117.5 万人，其中乡村（农村）人口有 46.2 万人，占全市总人口的 39.32%。全市森林覆盖率为 58.33%。

据《鹰潭市 2018 年国民经济和社会发展统计公报》，2018 年鹰潭市全年实现地区生产总值（GDP）为 818.98 亿元，三次产业结构比重为 6.9∶55∶38.1。全年实现农林牧渔业总产值为 90.79 亿元，全年农村居民人均可支配收入为 16 145 元，只相当于当年全市城镇居民人均可支配收入（34 263 元）的 47.12%。

## 二、乡村振兴面临的主要问题

当前，鹰潭市乡村振兴面临的突出问题如下述。

### 1. 乡村产业弱

目前，鹰潭市乡村产业大多是传统的种植业、养殖业和服务业（手工业），产业门类少，产业层次低，产业链条短，产业质量、效益往往不高，有的甚至较差。如 2018 年全市 GDP（818.98 亿元）比上年（2017 年）增长 8.7%，而其中第一产业增加值（56.31 亿元）仅增长 3.5%，比第二产业增加值（450.77 亿元）增长 8.4%、第三产业增加值（311.9 亿元）增长 10.3%都要低。显然，乡村产业中传统种植业是一个"低效产业""弱质产业"。

### 2. 乡村条件差

鹰潭市乡村条件差，主要体现在以下几方面：一是"上学难"。很多村（自然村）没有幼儿园、没有小学，小孩子入园难、上学难；二是"看病难"。20 世纪七八十年代，几乎每个自然村都有一名"赤脚医生"，农民看病比较方便，基本做到了"小病不出村"。如今，"赤脚医生"几乎找不到了，村民"就医难""看病难"已成普遍现象；三是"出行难"。近年来，鹰潭市同全国各地一样，建设社会主义新农村，乡村交通条件总体上有了一定的改善，但与城市相比，乡村道路交通状况还很差，"黄泥路"遍布鹰潭市各乡村，造成雨天出行相当困难；四是"上网难"。乡村信息化条件还比较落后，互联网的覆盖面还不广，网速还比较慢。

### 3. 乡村人才缺

首先，与城镇比较，乡村人才本来就缺乏，这在全国各地都如此，鹰潭市乡村也一样。其次，近年来，随着全国各地城市化、城镇化的快速推进，客观上对乡村"人""财（钱）""地（土地、耕地）"产生巨大"拉力"，造成乡村人才、资金、土地（耕地，特别是优质耕地）大量流失，尤其是乡村人才向城镇流动，致使乡村人才严重不足。第三，由于现代科学技术日新月异、一日千里，农业、农村现代化快速发展，客观上也造成了乡村科技水平低、乡村人才缺。

据作者调查，鹰潭市余江区春涛乡东门村委员会高岭村，在 20 世纪八九十年代，全村人口达 400 人，进入 21 世纪，大量人口进城——工作（打工）、居住（养老），有的进鹰潭市，有的进余江县（区），有的进春涛乡，还有相当一部分到外地、外省（北京、上海、广东、江苏、浙江等）。目前，高岭村常住人口只有 20余人，而且这 20 余人多为老年人（年龄多在七八十岁）。

### 4. 乡村文化衰

乡村文化振兴是乡村"五大振兴"（乡村产业振兴、乡村人才振兴、乡村文化振兴、乡村生态振兴、乡村组织振兴）之一，在乡村振兴中起着"铸魂"的作用。

然而，当前鹰潭市乡村文化存在着"弱"的问题。一是重视和从事乡村文化传承的人少。可以说，鹰潭市各乡村家家户户都重视物质生产，重视经济发展，重视改善家庭经济条件，但未必每家每户都重视乡村文化的教育和传承。事实上，重视、从事乡村文化教育和传承的人已是少之又少；二是乡村文化中，健康的、向上的乡村文化，正受到不健康的、低俗的文化，甚至是封建迷信的侵蚀和干扰；三是乡村文化的"载体"，如图书、连环画等越来越少，且越来越不被重视。

### 5. 乡村环境劣

据作者对鹰潭市有关乡村的实地走访、调查，鹰潭市乡村环境总体较"劣"。具体表现在：一是生态环境劣。乡村厕所老、旧，多为旱厕或"临时性"厕所（随意、随时搭建），往往造成乡村厕所粪污"到处流""随处排"，极不卫生，且臭气熏天，苍蝇、蚊子遍地飞，极易造成传染病的发生和流动，对乡村人体健康极其不利；乡村生活垃圾，如剩饭、剩菜和生活污水等，以前家家户户养猪、养鸡，可用于喂猪、喂鸡，而现在鹰潭市乡村中，养猪、养鸡的农户很少，这就使得乡村生活垃圾因不能由养殖业（养猪、养鸡）转化而直接排入环境，造成环境脏、乱、差。二是社会环境劣。鹰潭余江、贵溪等乡村农民利用大量"农闲"时间打牌、搓麻将、赌博；有的宗族势力抬头，拉山头、搞分裂，影响乡村团结；有的红白喜事大操大办、相互攀比等。

### 6. 乡村灾害多

与城镇相比，鹰潭市乡村灾害多且严重。一是雷电灾害。由于缺乏防灾避灾的意识和知识，加之多是"露天""野外"田间作业（农田劳动），鹰潭全市乡村几乎每年都有人因遭雷击而身亡的事件发生；二是地质灾害。鹰潭市乡村多是丘陵山区，每年山洪暴发时极易引起泥石流，轻则给乡村居民生活造成不便，重则造成房屋倒塌，危及村民生命财产安全；三是洪涝灾害。2010 年 6 月 19—20 日，鹰潭市余江区遭遇 50 年一遇的特大暴雨袭击，强降雨导致县城内白塔河河水漫过堤岸，余江区与外界连通的 4 条道路全部被洪水淹没。据报道，2019 年 7 月 9 日下午，江西省防汛指挥部接到鹰潭市报告，9 日 15 时，堤防巡查员在巡堤查险时，发现该市余江马荃圩堤迎水面出现滑坡塌方，圩堤受东渠拦河坝下急流顶冲影响，迎水坡发生长 60 m、宽 3 m 左右的滑坡塌方。由于及时采取得力措施，避免了一次大灾害。

## 三、对策与措施

针对上述存在的问题，为实现鹰潭市乡村振兴，应采取以下对策和措施。

### 1. 发展乡村产业

乡村产业振兴位列乡村五大振兴（乡村产业振兴、乡村人才振兴、乡村文化振兴、乡村生态振兴、乡村组织振兴）之首。要实现鹰潭市乡村振兴，首先必须重视、发展乡村产业，实现乡村产业振兴。一是要优化、提升传统产业，如将传统种植业、养殖业的结构进行优化，提升质量和效益；二是要创新、创造新兴产业，在鹰潭市各乡村发展乡村旅游、电子商务等现代新兴产业；三是要实施产业融合发展，千方百计延长产业链条，实现产业融合化、高效化和多功能化。

### 2. 改善乡村条件

要加大乡村振兴与发展的物质投入，改善乡村生产与生活条件。一是改善乡村"上学"条件，做到每个自然村都有幼儿园和小学，实现"村村有小学，个个能上学"；二是改善乡村"就医"条件，要恢复"赤脚医生"制度，做到"村村有医生（赤脚医生），人人能看病"；三是改善道路交通条件，对还没有实现"村村通"的乡村，要尽快建设水泥路，实现道路硬化，方便村民出行，方便生产、生活；四是改善"信息化"条件，实现"村村能上网、家家可网购"。

### 3. 培养乡村人才

人才是事业发展的关键，也是乡村振兴的关键。人才兴则乡村兴，人气旺则乡村旺。要实现鹰潭市乡村振兴，就要在鹰潭市着力培养造就一支懂农业、爱农村、爱农民的"三农"工作队伍。唯有蓄好人才之水，才能养好发展之鱼，乡村振兴之路才能越走越宽广。一是要"培养"，要采取各种有效措施将当地高素质的青年农民培养成"土专家""田秀才""致富能手""科技带头人"；二是要"引进"，将周边或邻近村的乡村人才，或城镇的"专家""能人"，通过"优惠政策"引入乡村，为乡村振兴贡献他们的聪明才智；三是要"培训"，要通过举办培训班、农民夜校、外出参观等多种形式，对全村农民进行"普遍培训""全员培养"，使全村所有农民的素质都有大提升。

### 4. 重振乡村文化

乡村文化是乡村振兴的"魂"，对乡村振兴起着"引领""指导"和"促进"作用。没有乡村文化的振兴，乡村振兴就没有"魂"、没有"头"、没有"航向"，乡村就不可能振兴。因此，重视、重振乡村文化，对于实现乡村振兴至关重要。当前，重振鹰潭市乡村文化，应做到如下几点：①加强乡村文化的"硬件"建设。鹰潭市每个村委会都要建设文化站、图书馆；每个自然村要有图书室，让村民闲暇时间有"报"可阅、有"书"可读；②加强乡村文化的"软件"建设。要完善与文化站、图书馆、图书室相配套的各种管理和服务体系，营造学习、宣传乡村文化的浓厚氛围；③多途径、多方式宣传中国传统文化、乡村文化，如通过出墙报、编写宣传册、印发资料，以及广播、电影、电视、网络、微信等多种形式，使广大村民处处"看到"乡村文化、时时"听到"乡村文化；④评选学习、宣传中国传统文化和乡村文化的"积极分子""先进人物"，以此推动乡村文化振兴和发展。

### 5. 优化乡村环境

一是开展"厕所革命"。习近平总书记在部署"厕所革命"时指出，厕所问题不是小事情，是城乡文明建设的重要方面，不但景区、城市要抓，农村也要抓，要把这项工作作为乡村振兴战略的一项具体工作来推进，努力补齐这块影响群众生活品质的短板。鹰潭市各级领导和部门要高度重视乡村"厕所革命"，要在对各乡村现有厕所进行全面调查的基础上，找出"短板""弱项"，并依据新理念设计出符合现代生产生活需求的"新型厕所"，从而对"老""旧"厕所进行全面改造、更新；二是废物循环利用。鹰潭市每个乡村都有大量"废物"，如生活垃圾、作物秸秆、畜禽粪便等，要将其通过沼气系统（如饲—猪—沼—稻、饲—猪—沼—菜等生态农业模式）进行再循环、再利用；三是整治乡村环境。要对鹰潭市各乡村生态环境进行一次大清理、大整顿，还乡村以"整洁、美丽"。

### 6. 建立乡村防灾减灾体系

一是普及乡村防灾减灾知识，让鹰潭广大村民人人懂防灾、个个会减灾；二是夯实乡村防灾减灾基础，如加固、加牢乡村房屋建筑，重修、重建水利设施，做到"水旱无忧""旱涝保收"；三是完善乡村防灾减灾制度体系，包括制定各乡村防灾减灾行动规范、制定灾害应急预案等，做到有备无患。可以说，鹰潭市只有建立了完备的乡村防灾减灾体系，乡村振兴才有保障，乡村振兴才能如期实现。

## 参考文献

[1] 习近平. 决胜全面建成小康社会　夺取新时代中国特色社会主义伟大胜利——在中国共产党第十九次全国代表大会上的报告[M]. 北京：人民出版社，2017.

[2] 李竟涵，缪翼. 夯实乡村振兴的产业基础——农业农村部副部长余欣荣解读国务院《关于促进乡村产业振兴的指导意见》并答记者问[N]. 农民日报，2019-07-02.

## 第二部分

# 乡村产业振兴

# 乡村产业振兴面临的问题及对策

黄国勤[1] 黄依南[2]

（1. 江西农业大学生态科学研究中心，南昌 330045 中国；

2. 美国休斯顿大学，得克萨斯州 77204 美国）

**摘　要：** 自 2017 年 10 月党的十九大提出"实施乡村振兴战略"以来，全国各地积极推进乡村振兴战略的具体实施，并已取得积极进展和显著成效。乡村产业振兴是乡村五大振兴（乡村产业振兴、乡村人才振兴、乡村文化振兴、乡村生态振兴和乡村组织振兴）之一，且位列首位，足见乡村产业振兴在乡村振兴战略中的重要地位和作用。当前，我国各地乡村产业仍不同程度地存在着 5 个突出问题：①"少"，乡村产业门类少、乡村从业人员少、乡村新产业和新业态少；②"老"，各地乡村产业多以老产业、旧产业、传统产业为主，其产业模式、产业技术、产业形态均难以适应现代乡村发展之要求；③"短"，产业链条短，产业融合层次低，乡村产业的价值和功能开发不充分，农户和企业间的利益联结还不紧密；④"低"，乡村产业对资源的利用率低、农产品科技含量低、农产品质量低和乡村产业的综合效益低；⑤"弱"，乡村产业要素活力弱、产业基础设施仍然薄弱和农产品竞争力弱。针对存在的上述问题，为推动乡村产业振兴，应遵循以下五大原则：市场导向原则、因地制宜原则、产业融合原则、协调发展原则和绿色发展原则，并采取以下八项措施：一是增加产业门类；二是扩大产业规模；三是改造传统产业；四是延长产业链条；五是提高科技含量；六是加强交流合作；七是拓展现代产业；八是提升产业质量。

**关键词：** 乡村振兴　乡村产业振兴　绿色发展　高质量发展

## 一、引言

自 2017 年 10 月党的十九大提出"实施乡村振兴战略"以来，全国各地积极推进乡村振兴战略的具体实施，并已取得积极进展和显著成效。

乡村振兴包括五个方面内容，即"五大振兴"——乡村产业振兴、乡村人才振兴、乡村文化振兴、乡村生态振兴和乡村组织振兴。显然，乡村产业振兴位居乡村"五大振兴"之首，说明乡村产业振兴在乡村振兴中占有极其重要的地位和作用。正如《国务院关于促进乡村产业振兴的指导意见》（国发〔2019〕12 号）所指出的："产业兴旺是乡村振兴的重要基础，是解决农村一切问题的前提。"基于这种认识，本文拟对乡村产业振兴的有关问题进行探讨，以供有关方面参考。

## 二、问题

总体而言，自实施乡村振兴战略以来，全国各地乡村产业有了较大的发展和提升。但从长远发展考虑，从适应中国特色社会主义进入新时代的总要求考虑，我国各地乡村产业仍不同程度地存在着以下突出问题。

（1）"少"。一是乡村产业门类少。据笔者近年对江西及南方有关省（区、市）一些乡村的实地考察和调研，现在广大乡村，特别是偏远乡村，只有传统的种植业、养殖业等产业门类，产业门类少且单一；二是乡村从业人员少。原来可能有几百人的村庄从事农业生产，现在可能只剩下几十人长年在村庄生产和生活（其他多数人都进城"打工"或到外地从事其他"非农"生产），这种现象在全国许多省（区、市）乡村都非常普遍；三是乡村新产业、新业态少。由于缺"人"、缺"钱"，大多数乡村都缺乏新产业、新业态。

（2）"老"。各地乡村产业多以老产业、旧产业、传统产业为主，其产业模式、产业技术、产业形态均难以适应现代乡村发展之要求。笔者于 2019 年 7 月 19—21 日赴甘肃省玛曲县、合作市进行实地考察和调研，发现当地牧民多数仍然是传统的生产、生活方式，产业"老""旧"，更谈不上新产业、新业态。

（3）"短"。主要表现在两个方面：一方面，在乡村生产中，多是"种植的只管种植、养殖的只管养殖、加工的只顾加工、旅游的只想到处旅游"，这种"单打一"的生产方式，没有形成产业链条，更谈不上产业融合和延伸产业链条；另一方面，"一产"（第一产业，种植业）向后延伸不充分，多以供应原料为主，"从产地到餐桌"的链条不健全。"二产"（第二产业，加工业）连两头不紧密，农产品精深加工不足，副产物综合利用程度低，农产品加工转化率仅为65%，比发达国家（85%以上）低20个百分点。"三产"（第三产业，服务业）发育不足，农村生产生活服务能力不强。产业融合层次低，乡村产业的价值和功能开发不充分，农户和企业间的利益联结还不紧密。

（4）"低"。一是资源利用率低。乡村大量作物秸秆、生活垃圾、畜禽粪便等资源没有得到充分利用，多数乡村的资源利用率一般只有20%～30%，即有约2/3以上的资源浪费了，不仅仅造成资源浪费，还污染环境，对建设生态文明和"美丽乡村"十分不利；二是产品科技含量低。目前，大部分乡村仍然是以传统种植业、养殖业为主，多凭"经验"生产，吸收、应用现代科学技术还远远不够；三是农产品质量低。由于是利用传统"经验"进行农业生产，生产出来的农产品大多是"常规"农产品，所以很少有能达到绿色农产品、有机农产品的要求和标准的，这样的"常规"农产品质量自然离"高质量"还有相当的距离；四是乡村产业的综合效益低。由于采用传统生产方式，生产的是"常规"农产品，必然是"质劣""效低"，不仅经济效益低，社会效益、生态效益也低。这正是当前很多乡村存在村民"不想种田、不愿种田、不会种田"的重要原因之所在。

（5）"弱"。一是乡村产业要素活力弱。从"人"来看，乡村人才不足；从"地（耕地）"来看，耕地不利用（撂荒）、粗放利用（熟制下降、投入减少）的现象突出；从"钱"来看，乡村产业稳定的资金投入机制尚未建立，金融服务仍明显不足，土地出让金用于农业农村建设和发展的比例偏低。二是产业基础设施仍然薄弱。如乡村供水、供电、供气条件差；道路、网络通信、仓储物流等设施未实现全覆盖；防灾减灾能力薄弱。三是农产品竞争力弱。我国多数农产品在国际上缺乏竞争力，或者说竞争力弱，这既与农产品质量有关，也与生产效率低、农产品价格高有关。

## 三、对策

针对存在的上述问题，为推动新时代乡村产业振兴，必须采取以下对策和措施。

## 1．遵循原则

实现乡村产业振兴，应遵循以下五个原则。

（1）市场导向原则。乡村产业能否发展？乡村产业效益如何？或者说，乡村发展什么产业？如何发展乡村产业？等等，应首先看看乡村产业是否符合市场需求。如符合市场需求，则可以发展，甚至大发展；相反地，如市场不需要，或市场已饱和，则不宜发展，宜"改行""转业"或"产业升级"。市场导向原则，是乡村产业振兴、发展应遵循的首要原则。

（2）因地制宜原则。中国乡村地域广大、幅员辽阔，且各地自然条件、社会经济状况千差万别，发展乡村产业必须因地制宜。如南方长江中下游地区适宜发展以水稻为主体的乡村产业，而北方地区（如华北地区）则适宜发展以节水旱作农业为特点的乡村产业。

（3）产业融合原则。要实现乡村产业振兴，要提升乡村产业效益，实行产业融合是其重要途径和方法。即所谓的"1+2+3=6"或"1×2×3=6"，说的就是第一产业、第二产业、第三产业三者融合发展可以大幅度提高产业综合效益、总体效益，从而推动乡村产业振兴、全面振兴。

（4）协调发展原则。协调发展既是五大新发展理念（创新发展、协调发展、绿色发展、开放发展、共享发展）之一，又是实现乡村产业振兴应遵循的原则之一。在乡村产业振兴中遵循协调发展原则，就是不仅要做到乡村第一、第二、第三产业协调发展、融合发展，乡村产业振兴还要与乡村人才振兴、乡村文化振兴、乡村生态振兴、乡村组织振兴相互协调，共同发展。

（5）绿色发展原则。绿色发展注重的是解决人与自然的和谐问题。乡村产业振兴遵循绿色发展原则，就是要求在发展乡村产业的同时，始终要把节约资源、保护生态环境放在首位。决不能以破坏资源、牺牲生态环境为代价来达到产业发展的目的，必须在保护资源和生态环境的前提下实现乡村产业发展、乡村产业兴旺、乡村产业振兴。

## 2．具体措施

实现新时代乡村产业振兴，在遵循上述原则的基础上，还必须采取以下具体措施。

（1）增加产业门类。实现乡村产业振兴，既要发展传统产业，又要根据各地具体条件和实际情况，积极发展现代新兴产业。位于贵州省中部、黔东南苗族侗族自治州西部的贵州省麻江县，在发展传统产业的基础上，积极发展农村电商、乡村旅游、休闲农业、精品农业、新型农业生产合作社等，大大提升了产业质量和效益。2018 年，全县休闲农业与乡村旅游业产值达到 3.8 亿元，农民合作社增加到 85 个，农民人均可支配收入达到 11 000 元。

（2）扩大产业规模。要提高乡村产业效益，实现乡村产业振兴，必须扩大乡村产业规模，实现乡村产业规模化。一是要通过土地流转，扩大生产规模；二是要进行大规模农田基本建设，按规模化生产要求，建设现代化的高标准良田；三是要发展适合规模化大生产的农村经营组织，如建立大、中型家庭农场，发展农村专业合作社，建设现代农业示范园区等。

（3）改造传统产业。目前，传统产业仍是我国各地乡村产业的主体。要实现乡村产业振兴，改造传统产业是当务之急。一是要进行传统产业的"合并"和集中改造，包括更新基础设施、集中培训从业农民、引入现代新兴科技和装备等；二是要对传统产业进行"替代"，即直接将现代新兴产业替换传统产业，让传统产业"靠边站"——停业、停产，大力发展乡村电子商务、品牌农业、特色农业等；三是要让传统产业"升级""换代"，实现传统产业规模再扩大、质量再提高、效益再提升。

（4）延长产业链条。千方百计地延长乡村产业链条，方能提升乡村产业效益。如中国台湾农业注重完善集产地、批发、零售为一体的农产品三级运销系统，促进产、加、销一体化发展，实现了农业产业链条效益的最大化。延长乡村产业链条，就是要做到：一是要严格管控农业生产过程中的化肥、农药等的施用，建立农产品质量追溯体系，切实提高农产品品质，打造绿色农业品牌；二是要加大乡村产业项目的招商力度，组织开拓农产品市场、开展农产品深加工、推广宣传特色产品等活动，延伸乡村产业链条；三是要培育和壮大立体农业、设施农业，提高农产品附加值，提升现代农业竞争力。

（5）提高科技含量。要提高乡村产业科技含量，关键要做到：一是要加强乡村产业的科技研发，尤其是要加大科技研发的投入力度；二是要善于将最新科技成果应用于乡村产业发展之中，以科技引领乡村产业振兴、发展；三是要特别强调发展"互联网+乡村产业"，并以此带动整个乡村产业的全面发展、全面提升。

（6）加强交流合作。一是我国广大乡村要学习、借鉴发达国家在乡村产业发展方面的经验和好的做法；二是我国中、西部地区乡村要主动学习东部发达地区乡村发展的经验和好的做法；三是我国东部地区各乡村也应主动地"对接"和"帮""扶"中西部地区乡村，以实现各地共同发展、同步进入"小康"。

（7）拓展现代产业。乡村产业振兴，终归是要发展现代产业。要发展现代产业，加快建设现代农业产业园则是最直接、最有效的途径。自 2017 年现代农业产业园建设工作全面启动以来，中央财政拿出 50 多亿元奖补资金，批准创建了 62 个国家级产业园，认定了 20 个国家级产业园。各地迅速行动，各省财政安排 125 亿元专项投入，创建了 1 000 多个省级产业园和一大批市（县）级产业园。各类市场主体积极响应，纷纷到产业园投资兴业，近 100 家国家级龙头企业和近 500 家省级龙头企业入驻国家级产业园，一大批新型经营主体在园区内孵化成长。可以设想，随着国家现代农业产业园建设加速推进，必将引领全国乡村现代产业的大发展、大振兴。

（8）提升产业质量。提升乡村产业质量，是乡村产业振兴的必由之路。一是要提升乡村产业的"绿色"质量，即要在保持生态环境、防治环境污染、减少温室气体排放的前提下发展高质量的乡村产业；二是要提升乡村产业的"健康"质量，即要生产无公害农产品、绿色农产品、有机农产品；三是要提升乡村产业的"竞争"质量，即要在降本增效、提质高效等方面下功夫，使生产出来的产品能在国内、国际市场上有竞争力，立得住、销得出、"打得赢"。

## 参考文献

[1] 习近平. 决胜全面建成小康社会　夺取新时代中国特色社会主义伟大胜利——在中国共产党第十九次全国代表大会上的报告[N]. 人民日报，2017-10-28.

[2] 韩长赋. 乡村产业发展势头良好——国务院关于乡村产业发展情况的报告[J]. 中国合作经济，2019（4）：19-23.

[3] 孔祥智. 实施乡村振兴战略的进展、问题与趋势[J]. 中国特色社会主义研究，2019（1）：5-11.

[4] 韩长赋. 大力推进农产品加工业转型升级加快发展[N]. 农民日报，2017-06-29.

[5] 罗亮亮. 贵州农业产业"接二连三"[J]. 当代贵州，2019（11）：48-49.

[6] 黄国勤. 论乡村生态振兴[J]. 中国生态农业学报（中英文），2019，27（2）：190-197.

# 乡村振兴背景下生态农业发展战略研究

李　萍　黄国勤*

（江西农业大学生态科学研究中心，南昌 330045）

**摘　要：** 生态农业是顺应乡村振兴背景下我国农业发展趋势的理性选择，也是推动区域农业协调发展的筑基之举。乡村振兴，农业、农村、农民一个都不能少，以生态农业为载体，推动乡村振兴的主要目的不是简单地生产产品，而是以此撬动农村发展，激活乡村农业、培育新型农民。本文在分析生态农业现状及存在的问题基础上，指出了乡村振兴背景下生态农业发展的重要性，最后提出了生态农业发展战略与实现路径。

**关键词：** 乡村振兴　生态农业　发展战略

乡村振兴战略是党的十九大提出的关于推进解决"三农"问题的重大部署，习近平同志在报告中充分描述了乡村振兴战略的核心目标与要求，即"产业兴旺、生态宜居、乡风文明、治理有效、生活富裕"。这充分体现了党和政府大力推进农业农村优先发展的鲜明态度和坚定决心。目前，农业发展面临着资源有限、生态污染、农产品品牌建设不足等多种突出问题，如何解决上述问题实现乡村振兴，这是新时代对我国农业提出的重要实践命题。这就要求现代农业发展必须深入探索并积极推进农业产业转化升级，加快农业供给侧结构改革，着力推进农业生态系统与农业经济系统相结合的新型农业发展模式，形成具有中国特色的生态农业发展新格局。生态农业既能确保国家粮食安全、提高农产品品质，又能改善农村生活环境，促进农民增收，在资源与环境合理发展的双重压力下发展生态农业，发挥农业的多重功能，必将会成为实现乡村振兴的有效途径。2018 年"中央一号"

* 通信作者：黄国勤，教授、博导，E-mail：hgqjxes@sina.com。

文件强调，实施乡村振兴战略，产业兴旺是重点，必须坚持质量兴农、绿色兴农、以农业供给侧结构性改革为主线，加快构建现代农业产业体系、生产体系、经营体系，提高农业创新力、竞争力和全要素生产率，加快实现由农业大国向农业强国转变。

## 一、生态农业的概念

生态农业是人们相对于"石油农业"探索出的农业发展的新途径和新模式。不同文化背景和时代背景下，人们对生态农业有不同的定义。"生态农业"的概念于 1971 年由美国土壤学家沃·艾伯奇提出，1981 年英国农学家沃·克·沃辛顿作了进一步地明确，将其定义为：生态农业是生态上能自我维持、低输入，经济上有生命力，在环境伦理和审美方面均可接受的小型农业系统。1991 年 5 月，马世骏和边疆共同拟订了中国生态农业的基本概念：生态农业是因地制宜地应用生物共生和物质再循环原理及现代科学技术，结合系统工程方法而设计的综合农业生产体系。生态农业是指在保护、改善农业生态环境的前提下，遵循生态学、生态经济学规律，运用系统工程方法和现代科学技术建立起来的现代化高效农业。生态农业是一个地方或区域现阶段现代农业发展和实现农业转型升级的最佳表现形式之一，是实现社会经济协调发展和生态文明建设的最有效手段。

## 二、生态农业现状及存在的问题

我国关于"生态农业"的探讨，始于 20 世纪 80 年代的农业生态经济学术讨论会上，此后全国总计 2 000 多个县和乡镇先后开始了生态农业建设的探索与实践。经过 30 多年的实践，我国生态农业无论是在发展理念、推广范围还是在发展模式及技术、政策等方面都取得了一定的成效，但是还存在较多的问题，具体表现如下述。

### 1. 生态农业发展理念逐渐增强，但农民的生态发展意识还不够强烈

改革开放以来，从以邓小平同志为核心的党中央领导集体到以习近平同志为核心的党中央始终秉承一定的生态化发展理念。我国从 20 世纪末期就开始宣传生态农业发展思想，现如今生态农业这一新的发展理念已逐步形成，并在全社会中基本达成共识。但是作为生态农业发展的重要主体的农民，除整体素质低下外，

在市场经营能力、组织化、农业科技掌握和运用能力等方面也比较弱，严重影响了生态农业的推广和发展；虽然，当地政府进行了大量的生态农业发展宣传，但是大部分农民对于农业生产的认识仅限于经济效益，生态意识较为薄弱，对生态环境问题和食品安全问题不够关心。

**2. 生态农业发展示范的范围不断扩大，但主要集中在经济发达地区和经济作物上**

生态农业发展示范的范围不断扩大，从起初的生态农业建设示范县逐渐扩大到生态农业建设示范市，再到现代生态循环农业发展试点省建设。但是，相对于全国范围来说，生态农业发展示范的范围还是太小，且集中在江苏、浙江、山东等经济发达地区和果、菜、茶等经济作物上。同时，政府资助的生态农业项目仅仅能够在项目区内实现，在项目期过后，许多相关生态农业措施如果得不到应有的示范和扩散效果，甚至连示范区也会因没有项目经费的支持而中断有关实践。

**3. 生态农业发展模式与技术不断提升，但主要集中在生产端，缺乏全产业链技术方面的提升**

我国生态农业发展模式与技术在不断提升，从单一的模式与技术的示范，发展到多种技术的集成，再发展到多种新技术、新成果的综合应用，以及多种模式与技术的系统化示范。但是，生态农业发展模式与技术还主要集中在生产端，缺乏生态农业全产业链上、中、下游各环节技术的整体提升。同时，除了能够得到政府补贴和能够直接产生经济效益的模式与技术以外，生态农业措施还没有成为农业经营者的行为规范。

**4. 生态农业发展的政策不断完善，但缺乏系统建立促进生态农业发展的政策法规体系**

目前，生态农业已经上升到国家决策的高度，也相继出台了很多促进生态农业发展的法律、法规和政策。农业产业体系虽然是一个复杂的体系，但是长期以来，为追求农产品特别是粮食的持续增产，农业政策和资源要素投入主要集中在农业生产环节，缺乏系统建立促进生态农业发展的政策法规体系，对产前、产后环节，特别是消费环节重视不够，导致生产、供给与消费的匹配性差。目前，农业生态补偿制度和绿色农业发展保障体系尚未完善。

## 三、乡村振兴背景下生态农业发展的重要性

### 1. 生态农业是产业兴旺的最佳选择

农产品的属性就是满足人们吃得饱和吃得健康的刚性需求。生态农业是一种绿色可持续的生产方式，使用有机肥或者绿肥，不用或者少用化肥和农药，免去了化学物质对作物和果实的影响，在降低生产成本的同时，又提高了农产品品质。因为农业固有的生产弱质性和环境依赖性，加之我国人多地少的国情，决定了农业在生产环节盈利的困难性，所以只能以生态农业为载体，提供良好的生态环境和乡村文化吸引人气，挖掘农业产业链价值，促进第一、第二、第三产业融合发展，通过发展特色农产品深加工、农家乐、农耕体验、亲子教育、民宿旅游、农村手工艺产品、食补康养、田园综合体和农旅特色小镇的打造等，提升乡村综合价值，实现开源增收。

### 2. 生态农业是农村生态宜居的必然选择

生态农业强调生物多样性，采取种植结构多样化和套、间作种植方式，不搞单一大规模种植，形成一个平衡的生态系统，可以有效防止大规模病虫害的暴发，做到不使用农药。生态农业强调保护性耕作，对土壤实行少耕或免耕，肥料上则主张使用生态养殖的农家肥、沼肥（沼液、沼渣），还有油枯、泥杂肥、厨余垃圾、草木灰和有机肥等，减少化肥的使用。生态农业强调种植时间应该是顺应季节，反对搞反季节种植，推广秸秆覆盖，做到不使用大棚和地膜。生态农业强调物质循环和能量的多级利用，鼓励发展种养结合的循环农业，推动了畜禽粪便、农作物秸秆和尾菜等农业废弃物资源化循环利用。生态农业是环境友好型和资源节约型农业，通过对农村生态环境和人居环境的保护和改善，实现农村生态宜居，为农村发展养老、生态康养等产业奠定基础，切实践行习近平总书记提出的"绿水青山就是金山银山"的发展理念。

### 3. 生态农业实现了经营主体多元化

我国农业人地矛盾的压力突出，严重制约了农业适度规模经营，直接影响着我国农业的效率问题。农业适度规模经营的办法不仅只有土地流转，也可以在经营主体多样化的基础上实现规模化。党的十九大报告中明确提出：实现小农户和现代农业发展有机衔接。生态农业是一种劳动密集型产业，我国农业人口比重大，发展生态农业可以把分散的小农经营纳入产业化轨道，使我国劳动力多的优势充

分发挥出来，从而提高小农户的收入和抵抗市场风险的能力。发展生态农业，小农户、新农人、返乡农民工、家庭农场、合作社和企业一个都不能少，实现了经营主体多元化，解决了农业适度规模化经营发展问题。

## 四、生态农业发展战略与实现路径

实现乡村振兴战略的总体要求已经使社会及政府认识到重视和发展生态农业的必要性和紧迫性。深入探索并创立一条富有中国特色的生态农业之路，实现农村和农业经济可持续发展需要，也是促进乡村振兴的途径。

### 1. 推动教育，提高劳动者素质

乡村振兴的关键在于农民的振兴，没有农民的自我提升就没有乡村振兴。目前，广大农业从业者，受教育程度低、生态意识薄弱、经营能力、市场开拓能力、发展第二、第三产业的能力不强。乡村振兴中推动教育的目的，就是提高劳动者素质，培养其增收致富能力。以生态农业为载体推动乡村振兴，还需要一批能人进行引领，这就需要把村组干部、种养大户、家庭农场主、农民合作社领办人、农业社会化服务组织负责人等作为重点培育对象，广泛吸纳返乡农民工、回乡大中专毕业生和有农业情怀的城市人等，在大力培训现代生态农业生产技术技能的基础上，更加注重职业素养和经营管理能力的提升，充分发挥其带头示范作用。乡村振兴也是农村建设人才队伍的振兴，乡村振兴的主战场在乡镇，各乡镇、街道的工作人员，要带头转变观念、转变作风、提高能力，成为懂农业、爱农村、爱农民的"三农"工作队伍中的一员。同时，通过"四好村"的创建，实现乡乡有标准中心校，使乡级中心校成为乡村振兴最好的人力源泉。

### 2. 创新机制，增强发展活力

发展生态农业，还需进一步完善政府的扶持政策。综合利用税收、金融、价格、补贴等政策杠杆和手段，充分调动农业生产经营主体和社会力量发展生态农业的积极性。出台商品有机肥生产和使用、病虫害物理和生物防治、使用可降解农膜等各相关补贴政策，对涉及绿色产品生产、农产品精深加工、农业废弃物收集处理、生物能源开发、农村沼气管理维护等企业和组织，给予融资便利、贷款贴息和税收减免等相关扶持政策方面的便利。鼓励和引导农业生产经营主体、社会力量参与生态农业开发，逐步建立以主体投入为主导、政府扶持为导向、社会力量为补充的多元化投入机制。深化股份合作制改革，积极引导村（社区）和农户将土地、山林、房屋、农业基础设施等生产生活资料向种植大户、农民专业合作组织、龙头企业流转，促进农业产业走集约化、规模化发展之路。深化金融服务改革，构建多元化农村金融服务体系，切实抓好农村资金互助组织试点工作，创新农村融资担保方式，推动农村产权融资，全面开展扶贫小额信贷及农产品保险工作，扩大财政支持农业保险的品种和覆盖范围。规范发展农民专业合作组织，推进农业经营合作化进程，切实解决农户分散经营缺劳力、技术、资金、市场等难题。

### 3. 保护资源，发展循环农业

大力发展生态循环农业，可实现农业资源节约、环境友好、可持续发展的目标。大力发展循环农业园区，借鉴生态工业园区的经验，将种植业、养殖业、农产品加工业、生物能源业等纳入整个循环农业产业体系中，实现园区内农业不同产业相互依存，减少农业废弃物产量、降低处理成本、节约能源资源，实现农业特色产业发展和农村生态环境保护的良性循环。大力促进农业产业连接转换，强化龙头企业的带动作用，建立"自然资源—农产品—农业废弃物—再生资源"循环机制，使资源得到最佳配置、废弃物得到有效利用，环境污染就能进一步减少。注重农业废弃物的循环利用，则需要将生物质产业和有机肥产业引入整个农业生产的循环路径中。同时，节约利用农业资源，大力发展标准化、规模化生产基地和设施农业，通过利用平衡施肥、水土保持等措施，减少养分投入和流失，切实提高农业资源的利用效率和循环比例。

### 4. 利用资源，发展休闲农业

将做大生态农业和发展生态旅游业结合起来，按照"农业景观化、新村景区化、农居景点化"的思路，通过规划、设计与施工，把农业生产、农艺展示、农产品加工及游客参与融为一体，充分发挥各地区位、生态、自然、文化、旅游等方面的优势，完善配套基础设施和公共服务设施，走农旅结合、文旅互动的特色发展路子。大力发展绿色观光农业，因地制宜地进行科学规划，合理开发绿色观光旅游产品，深入挖掘不同地域农村的自然资源和民俗文化资源，创新开发具有体验性、文化性和教育性的旅游产品。

典型带动，壮大经营主体。做大生态农业，首先要培育、壮大领军企业。要以农产品精深加工企业为重点，逐企问诊，一企一策，尽快形成规模、示范效应。指导企业按照产品质量技术标准要求，引进现代生产设备，加快创新产品、独特产品的研发速度，延长产业链条，扩大市场份额。按照"公司+基地+农户"的发展模式，新建一批现代农业示范园区，巩固提升电商产业园区和食品产业园区等，鼓励引导农业企业进入示范园区或产业园区集中、集聚发展。发展绿色、生态、健康、优质农产品是生态农业发展的希望和潜力所在，因此，各地要强化农产品品牌意识，充分认识建立品牌、创立名牌、提升品牌影响力的极端重要性，以此提高农产品的市场美誉度和商品化程度，帮助农民稳定增收。

### 5. 完善技术与政策支撑体系

生态农业是一种集知识、技术和劳动力密集型于一体的现代农业体系。遵循生态农业特征、利用传统生态农业的间套轮种经验、农业科技和市场经济规律，把提高劳动生产率和资源利用率作为主要目标，以良种良法配套、农机农艺结合、生产生态协同、增产增效并重作为基本要求，促进生产经营的信息化，构建出一套集高产、优质、高效、生态、安全于一体的现代生态农业产业技术体系。利用现代生物科技和生态科技，通过食物链网络化、农业废弃物资源化，充分发挥资源潜力和物种多样性优势，建立良性物质循环体系。利用互联网技术，推动"互联网+生态农业"的发展模式建设，以社会经济信息的输入组织生产，促进产销对接，实现以销定产。

生态农业普及和发展需要政府的支持，政府应秉持可持续发展的理念，建立有效的政策激励机制、保障体系与制度体系。政府应结合当前现实情况，构筑生态农业发展制度体系，一方面，引导石油农业向生态农业转变，通过财税体制提高石油农业的生产成本，加大对农业生产中环境污染、资源浪费和生态破坏行为的惩罚力度；另一方面，鼓励生态农业的发展，将相关法律政策拓展到产前、产中、产后的各个环节中——产前，加强对资源节约型、环境友好型技术的研发支持，鼓励生态化技术和生态型生产资料的应用；产中，实施生态补偿制度；产后，实施生态安全食品消费补贴制度等，逐渐提高农业生态化发展的比较优势。

## 参考文献

[1]　马丽. 乡村振兴背景下高效生态农业发展战略研究[J]. 农业经济，2018（10）：59-61.

[2]　骆世明. 农业生态转型态势与中国生态农业建设路径[J]. 中国生态农业学报，2017（1）：1-7.

[3]　张泽梅. 乡村振兴背景下生态农业发展路径研究[J]. 农家参谋，2018（20）：40-41.

[4]　洪思洁，肖广江，甘阳英. 乡村振兴背景下连平县生态农业发展对策研究[J]. 现代农业科

技，2018（23）：260-263.

[5]　李文华，刘某承，闵庆文. 中国生态农业的发展与展望[J]. 资源科学，2010（6）：1015-1021.

[6]　李安君. 中国生态农业面临的挑战与突破路径研究[J]. 青岛农业大学学报（社会科学版），2017（3）：19-26.

[7]　刘朋虎，黄颖，赵雅静，等. 高效生态农业转型升级的战略思考与技术对策研究[J]. 生态经济，2017（8）：105-110.

[8]　李安君. 中国生态农业面临的挑战与突破路径研究[J]. 青岛农业大学学报（社会科学版），2017（3）：19-26.

[9]　杨政国. 实施乡村振兴　做大生态农业[N]. 四川日报，2018-01-12.

[10]　张新民. 中国低碳农业发展的现状和前景[J]. 农业展望，2010（12）：46-49.

[11]　许广月. 中国低碳农业发展研究[J]. 经济学家，2010（10）：72-78.

[12]　刘涛. 中国现代农业产业体系建设：现状、问题及对策[J]. 当代经济管理，2013（4）：47-51.

# 紫云英还田与氮肥配施
# 对水稻产量及植株氮素养分吸收的影响[*]

王淑彬[**]　钱晨晨　杨滨娟　杨文亭　周　泉　黄国勤[**]

（江西农业大学作物生理生态与遗传育种教育部重点实验室/

江西农业大学生态科学研究中心，南昌330045）

摘　要：本文以冬闲常规施氮 [ 150 kg（N）/hm$^2$ ] 处理为对照，在翻压紫云英 22 500 kg/hm$^2$ 条件下，设置了 90 kg（N）/hm$^2$、120 kg（N）/hm$^2$、150 kg（N）/hm$^2$ 和 180 kg（N）/hm$^2$ 4 个施氮水平，研究了紫云英与氮肥配施对水稻产量、植株养分吸收的影响。结果表明：紫云英翻压还田与氮肥配施具有较好的增产效果。与冬闲处理相比，紫云英与氮肥配施的全年总产量平均增加了 6.93%，其中，紫云英配施 120 kg（N）/hm$^2$ 的增产效果最显著，较冬闲处理增加了 11.01%。紫云英与氮肥配施处理还可提高水稻每穗粒数和有效穗数等产量构成要素。紫云英翻压还田与氮肥配施有利于促进植株对氮素养分的吸收，紫云英配施氮肥各处理的植株氮素积累量较单施化肥相比提高 20.52%~34.70%。氮收获指数表现为紫云英与氮肥配施处理高于冬闲处理，其中，氮收获指数以紫云英配施 90 kg（N）/hm$^2$ 最高。紫云英配施 90 kg/hm$^2$ 氮肥，其养分平衡系数接近于 1，氮肥盈余量最少，养分利用率最高。

关键词：紫云英还田　氮肥　水稻　产量　氮素

---

* 江西省研究生创新专项资金项目（YC2013-B030）和国家科技支撑计划课题（2012BAD14B14）资助。

** 作者简介：王淑彬（1975—），女，讲师，博士，主要从事作物栽培学与耕作学、农业生态学研究。E-mail：shubinwjxau@126.com；通信作者：黄国勤，教授、博导，E-mail：hgqjxes@sina.com。

　　在我国，绿肥的栽培有着悠久的历史，对我国生态农业的生产和发展起到了重要作用。利用冬闲田种植绿肥，不仅可以充分利用冬季稻田的土地资源和光热资源，而且稻田土壤种植绿肥后能够保水保肥，并且绿肥翻压后能够增加后茬作物的养分供应，有利于提高土壤养分含量、增加粮食产量、保障粮食安全、防止水土流失，实现绿色生态农业的可持续发展。绿肥能有效地促进水稻的生长和产量的增加，大量研究表明，绿肥对多种作物的增产效果十分显著。高菊生等研究表明，与冬闲对照相比，绿肥-水稻轮作模式，无论是稻谷产量，还是地上部生物量，都能得到较大幅度的提高。氮素是最活跃的土壤肥力因素，是影响农业生产和农业经济的重要因素，施氮对于作物产量及作物氮素的吸收利用具有非常重要的作用。国内外学者对绿肥还田与氮肥配施进行了研究，张树开认为，在翻压紫云英条件下，减少化肥40%～60%有利于后茬水稻产量的提高，以紫云英配施60%化肥处理的效果最好。卢萍等研究表明，冬季绿肥还田能够提高土壤的供氮能力，在减少无机肥用量的同时还不会影响水稻产量。紫云英与氮肥配施还有利于促进植株氮素的吸收。李昱等研究结果显示，紫云英与化肥配施处理的水稻氮、磷、钾总含量较单施化肥处理提高了13.55%，其中，稻谷氮含量的提高较为显著。谢志坚的研究结果表明，与施用100%氮肥相比，减少氮肥施用量的20%～40%并与紫云英配施能够促进水稻地上部植株对氮素的吸收，提高氮素农学利用率及偏生产力。近几十年来，随着我国农业集约化程度的加深，氮肥用量过大，目前我国水稻平均氮肥施用量为180 kg/hm²，较世界平均水平增加75%，有些地区甚至超过300 kg/hm²。因此，进行科学合理的施肥和养分管理，减少氮肥的施用至关重要。国内外关于作物合理施肥量的研究报道很多，但对于绿肥-双季稻栽培条件下水稻氮肥适宜用量的研究较少。而很多绿肥还田的研究多以紫云英还田与化肥配施（或有机无机肥配施）为重点，对紫云英配施氮肥的研究不够系统。在栽培轮作体系下，进行养分资源的综合管理和合理利用，对于实现水稻优质、高产、高效，减少肥料损失具有十分重要的意义。

　　本文通过小区试验，设置紫云英翻压还田配施不同氮肥施用量，研究其对双季水稻的产量和植株氮素养分积累量的影响，为南方稻区绿肥还田条件下合理施氮量和水稻高产提供一定的理论依据。

# 一、材料与方法

## 1. 试验区概况

试验开始于 2013 年 9 月，在江西农业大学科技园水稻试验田（28°46′N，115°55′E）进行。试验田地处亚热带季风湿润气候区，年均太阳总辐射量为 $4.79 \times 10^{13}$ J/hm²，年均日照时数为 1 852 h。土壤为第四纪红色黏土，为亚热带典型红壤分布区。试验前土壤耕层基本性状如表 1 所示。

**表 1　试验前土壤基本理化性状**

| 项目 | pH | 有机质/（g/kg） | 全氮/（g/kg） | 碱解氮/（mg/kg） | 有效磷/（mg/kg） | 速效钾/（mg/kg） |
|---|---|---|---|---|---|---|
| 值 | 5.59 | 29.48 | 2.17 | 138.69 | 12.22 | 30.31 |

## 2. 试验设计

本试验采取单因素随机区组设计，以冬闲-双季稻种植模式下水稻常规施氮：施氮量为 150 kg（N）/hm² 为对照（$M_0N_{150}$），其他处理为紫云英-双季稻种植模式，且等量翻压紫云英鲜草 22 500 kg/hm²（含水率：88%，干草养分含量：全氮 26.7 g/kg）。各处理施氮量设置为 90 kg（N）/hm²（$MN_{90}$）、120 kg（N）/hm²（$MN_{120}$）、150 kg（N）/hm²（$MN_{150}$）和 180 kg（N）/hm²（$MN_{180}$）4 个水平，早晚稻施氮量相同。共 5 个处理，每个处理均 3 次重复，共 15 个小区，小区面积为 5.5 m×3 m，小区之间用水泥埂隔开，以防止水肥串流。

供试紫云英品种为余江大叶籽，播种量 30 kg/hm²，2016 年早稻品种为"金优 458"，于 2016 年 3 月 27 日播种，4 月 28 日移栽，7 月 23 日收割；晚稻品种为"天优华占"，于 2016 年 6 月 27 日播种，7 月 29 日移栽，11 月 2 日收割。每蔸 3 苗，每小区 325 蔸。各处理氮肥用尿素（含 N 量 46%），磷肥用钙镁磷肥（含 $P_2O_5$ 12%），钾肥用氯化钾（含 $K_2O$ 60%）。磷肥、钾肥各小区施用量均相同，磷肥（$P_2O_5$）50 kg/hm²，钾肥（$K_2O$）120 kg/hm²。化肥施用方法为磷肥、钾肥全部作基肥，氮肥按基肥：分蘖肥：穗肥=5：3：2 施用。分蘖肥在水稻移栽后 5～7 d 时施用，穗肥在主茎幼穗长 1～2 cm 时施用。田间管理措施同一般大田栽培。

### 3．测定指标及计算方法

（1）作物产量

2016 年的冬季作物紫云英成熟期，采用五点法，每点测 1 m²，测其生物量鲜重。水稻成熟期，用平均法在各小区随机选取有代表性的水稻植株 3 丛，风干后作为考种材料，考种项目有穗长、有效穗数、每穗粒数、实粒数、千粒重等水稻经济学性状。水稻收获时，各小区实打实收，测定稻谷产量。

（2）水稻主要生育时期干物重的测定

分别于水稻分蘖期、孕穗期、抽穗期、灌浆期、成熟期，每小区取代表性植株 3 穴（小区边行不取），分成茎鞘、叶片和穗（抽穗后）等部分装袋，105℃下杀青 30 min，80℃下烘干至恒重后称重，并根据种植密度折算成每公顷干重。

（3）水稻主要生育时期氮含量的测定

每时期植株干物质积累测定完成后粉碎混匀，采用 $H_2SO_4$-$H_2O_2$ 消化，以半微量凯氏定氮法测定植株各器官全氮含量。其他测定指标计算方法如下：

氮素积累量（kg/hm²）=该时期地上部干物重×含氮率　　　　　　　①

氮素总积累量（kg/hm²）=成熟期地上部干物重×含氮率　　　　　　②

氮素干物质生产效率=单位面积植株干物质积累量/单位面积植株氮积累量　③

氮素稻谷生产效率=单位面积籽粒产量/单位面积植株氮积累量　　　　④

氮收获指数=籽粒氮素积累量/植株氮素积累量×100%　　　　　　　⑤

（4）养分平衡计算

目前，对于养分平衡如何计算，还没有一个普遍得到广泛认可的标准方法。本文采用的是表观平衡法，即养分投入量与养分支出量的差值，正值表示盈余，负值表示亏损，指标计算方法如下：

盈余量（kg/hm²）=肥料投入量−作物吸收量　　　　　　　　　　⑥

养分平衡指数=肥料投入量/作物吸收量　　　　　　　　　　　　⑦

### 4．数据处理

本研究所有数据的基本统计采用 Microsoft Excel 2010、采用 SPSS 17.0 软件进行统计分析。

## 二、结果与分析

### 1. 紫云英翻压还田与氮肥配施对水稻产量及产量构成要素的影响

（1）水稻产量

由表 2 可以看出，各紫云英还田处理的水稻产量较冬闲处理均有不同程度的提高，说明紫云英还田能够使水稻增产。紫云英还田处理的早稻产量随着施氮量的增加呈现出先增加再减少的趋势，且处理 $MN_{120}$、$MN_{150}$ 的早稻产量显著高于对照处理 $M_0N_{150}$ 的早稻产量，增幅分别达到 10.50% 和 8.56%。晚稻产量总体较早稻产量有所下降，可能是因为晚稻生长过程中出现了较为严重的虫害和病害，从而影响了晚稻产量。相比冬闲处理，各紫云英还田与氮肥配施处理能提高晚稻产量，提高幅度分别为 9.59%、11.82%、3.25%、9.25%，其中处理 $MN_{120}$ 的产量最高，为 6.53 $t/hm^2$，且处理 $MN_{90}$、$MN_{120}$ 与对照处理 $M_0N_{150}$ 存在显著差异。从全年水稻产量累计情况来看，全年产量高低依次为 $MN_{120} > MN_{90} > MN_{150} > MN_{180} > M_0N_{150}$，且各紫云英还田处理与对照处理 $M_0N_{150}$ 差异显著，各紫云英还田处理的水稻产量较冬闲处理的增加幅度为 4.28%～11.09%。

表 2　紫云英与氮肥配施对水稻产量的影响　　　　单位：$kg/hm^2$

| 处理 | 早稻 | 晚稻 | 全年产量 |
|---|---|---|---|
| $M_0N_{150}$（CK） | 7.24±0.08c | 5.84±0.22b | 13.08±0.30c |
| $MN_{90}$ | 7.50±0.10bc | 6.40±0.11a | 13.90±0.21b |
| $MN_{120}$ | 8.00±0.14a | 6.53±0.14a | 14.53±0.28a |
| $MN_{150}$ | 7.86±0.18ab | 6.03±0.33ab | 13.89±0.51b |
| $MN_{180}$ | 7.26±0.88c | 6.38±0.75 ab | 13.64±1.63b |

注：数据为 3 个重复的平均值±标准误；同列不同的字母分别表示差异达 5% 显著水平。下同。

紫云英还田处理的水稻产量随着施氮量的增加呈现出先增加再减少的趋势，这说明在翻压等量紫云英的条件下，水稻的产量与施氮量并不呈正相关。在紫云英-水稻轮作、紫云英还田系统下，以两季总产量计算，处理 $MN_{120}$ 的水稻总产量最高，即减少 20% 的氮肥用量可以保障水稻高产；处理 $MN_{180}$ 的水稻产量最低，也就是说，增加 20% 的氮肥用量反而减少了水稻产量。

（2）水稻产量构成要素

不同施肥处理其产量构成要素表现出一定的差异。由表 3 可知，早晚稻穗长与各处理间无显著差异。在施用化肥的基础上增施紫云英绿肥，水稻的有效穗数与仅施用化学肥料的处理相比均有所增加。就早稻而言，紫云英与氮肥配施的处理随着施氮量的增加，有效穗数呈现出先增加后降低的趋势，其中处理 $MN_{120}$ 与对照处理 $M_0N_{150}$ 存在显著差异，增幅为 29.75%；就晚稻而言，处理 $MN_{90}$、$MN_{120}$ 显著高于对照处理 $M_0N_{150}$，增幅分别为 9.58% 和 11.61%。紫云英与化肥配施各处理的早稻每穗粒数均高于对照处理 $M_0N_{150}$，且分别比对照处理 $M_0N_{150}$ 提高了 15.20%、12.66%、10.25% 和 6.72%，除了处理 $MN_{180}$，其他各处理均与对照处理 $M_0N_{150}$ 存在显著差异；晚稻是处理 $MN_{150}$ 的每穗粒数最高，显著高于对照处理 $M_0N_{150}$。无论是早稻还是晚稻，各处理的结实率和千粒重差异并不显著。因此，翻压紫云英主要提高了水稻的有效穗数和每穗粒数，但对水稻结实率、千粒重的影响规律不明显。

表 3 紫云英与氮肥配施对水稻产量构成要素的影响

| 稻季 | 处理 | 穗长/cm | 有效穗数/（$10^4$/$hm^2$） | 每穗粒数/粒 | 结实率/% | 千粒重/g |
|---|---|---|---|---|---|---|
| 早稻 | $M_0N_{150}$（CK） | 21.73±1.00a | 216.67±22.93b | 88.40±1.99b | 67.68±7.63a | 28.03±1.35a |
| | $MN_{90}$ | 21.25±0.95a | 244.83±7.81ab | 101.84±3.55a | 72.51±4.51a | 28.82±0.58a |
| | $MN_{120}$ | 21.08±0.84a | 281.13±5.55a | 99.59±1.95a | 71.75±4.22a | 29.80±0.42a |
| | $MN_{150}$ | 20.08±1.29a | 256.75±3.25ab | 97.46±3.52a | 74.64±7.60a | 30.12±0.98a |
| | $MN_{180}$ | 21.28±0.68a | 229.12±10.06b | 94.34±2.31ab | 74.38±2.03a | 28.13±0.90a |
| 晚稻 | $M_0N_{150}$（CK） | 21.67±0.56a | 224.33±3.53b | 109.62±5.98b | 85.76±0.56a | 23.79±0.23a |
| | $MN_{90}$ | 21.59±0.42a | 245.83±4.11a | 116.11±5.67ab | 83.67±0.57a | 23.79±0.37a |
| | $MN_{120}$ | 21.94±0.25a | 250.38±5.50a | 120.22±4.83ab | 83.92±0.53a | 24.53±0.55a |
| | $MN_{150}$ | 22.07±0.72a | 235.75±7.25ab | 125.89±0.42a | 84.38±0.77a | 24.62±0.11a |
| | $MN_{180}$ | 21.49±0.40a | 236.13±6.43ab | 116.64±2.31ab | 84.97±0.87a | 25.19±0.37a |

**2. 紫云英翻压还田与氮肥配施对植株氮素养分吸收的影响**

（1）水稻主要生育期氮素吸收积累量

由图 1 可以看出，紫云英配施不同量氮肥条件下水稻主要生育期氮素吸收积累量因生育期不同而有所差异，且呈现出逐渐升高的趋势，均在成熟期达到最大。在分蘖期处理 $MN_{180}$ 的氮素积累量最大，与对照处理 $M_0N_{150}$ 存在显著差异，较对照处理 $M_0N_{150}$ 增加了 27.81%；在孕穗期，各处理的氮素积累总量由大到小依次为 $MN_{120} > MN_{180} > MN_{150} > MN_{90} > M_0N_{150}$，且处理 $MN_{120}$、$MN_{150}$、$MN_{180}$ 的氮素积累量显著高于对照处理 $M_0N_{150}$；在抽穗期，处理 $MN_{180}$ 显著高于对照处理 $M_0N_{150}$，增幅为 28.66%；在灌浆期，处理 $MN_{120}$、$MN_{180}$ 的氮素积累量较高，与对照处理 $M_0N_{150}$ 存在显著差异，比对照处理 $M_0N_{150}$ 分别增加了 24.21% 和 24.82%；在成熟期，紫云英配施氮肥各处理的氮素积累量均显著高于对照处理 $M_0N_{150}$，增幅为 20.52%～34.70%。由此可见，紫云英与氮肥配施有利于氮素的积累。

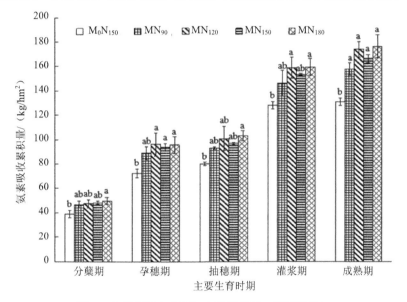

**图 1　水稻主要生育期氮素积累总量（两季平均）**

注：同列不同的字母分别表示差异达 5% 显著水平。

（2）水稻成熟期茎、叶、穗的氮素养分含量及吸收量

由表 4 可知，不同施肥处理在水稻成熟期茎、叶、穗中的氮素养分含量存在显著差异，且不同施肥处理对各养分器官的氮素养分吸收量存在较为明显的影响。从茎的全氮含量来看，处理 $MN_{180}$ 的全氮含量最高，可能是因为在紫云英还田条件下，较高施氮量在一定程度上促进了茎中氮素的累积，且处理 $MN_{180}$ 与对照处理 $M_0N_{150}$ 存在显著差异，处理 $MN_{180}$ 比对照处理 $M_0N_{150}$ 高出 30.4%。从叶的全氮

含量来看，紫云英与氮肥配施各处理间差异不显著，但与对照处理 $M_0N_{150}$ 存在显著差异，较处理 $M_0N_{150}$ 增加了 15.9%～28.4%。从穗的全氮含量来看，各处理与对照并无显著差异，从大到小依次为 $MN_{120} > MN_{150} = MN_{180} > MN_{90} > M_0N_{150}$。从茎的氮素养分吸收量来看，处理 $MN_{180}$ 的氮素吸收量最高，为 22.74 kg/hm$^2$，处理 $MN_{90}$ 的氮素吸收量最低，为 16.56 kg/hm$^2$，各处理与对照无显著差异；从叶片氮素养分吸收量来看，含量从大到小依次为 $MN_{180} > MN_{150} > M_0N_{150} > MN_{120} > MN_{90}$，各处理与对照无显著差异；从穗的氮素养分吸收量来看，4 种紫云英配施氮肥处理均显著高于对照处理 $M_0N_{150}$，分别比处理 $M_0N_{150}$ 增加了 34.29%、46.88%、37.15% 和 41.47%，其中以处理 $MN_{120}$ 的氮素吸收量最高。

表 4　水稻成熟期茎、叶、穗的氮素养分含量及吸收量（两季平均）

| 处理 | 氮素养分吸收量/（kg/hm$^2$） | | |
| --- | --- | --- | --- |
| | 茎 | 叶 | 穗 |
| $M_0N_{150}$（CK） | 17.62±1.52ab | 27.64±3.26a | 85.51±5.95b |
| $MN_{90}$ | 16.56±0.41b | 26.21±1.24a | 114.83±3.54a |
| $MN_{120}$ | 20.59±1.48ab | 27.58±1.60a | 125.60±4.50a |
| $MN_{150}$ | 20.18±1.43ab | 28.59±6.29a | 117.28±1.76a |
| $MN_{180}$ | 22.74±1.86a | 32.47±1.64a | 120.97±7.90a |

（3）水稻氮素养分吸收利用效率

由表 5 可知，不同施肥处理下水稻的氮素养分吸收利用效率存在差异。从氮素干物质生产效率（NDMPE）来看，处理 $M_0N_{150}$ 的氮素干物质生产效率最高，紫云英与氮肥配施处理的氮素干物质生产效率表现出随施氮量的增加而下降的趋势。

表 5　水稻氮素养分吸收利用效率（两季平均）

| 处理 | 氮素干物质生产效率/（kg/kg） | 氮素稻谷生产效率/（kg/kg） | 氮收获指数/% |
| --- | --- | --- | --- |
| $M_0N_{150}$（CK） | 72.00±0.22a | 55.39±0.78a | 65.28±3.34b |
| $MN_{90}$ | 67.63±1.93ab | 47.65±0.96b | 72.87±0.19a |
| $MN_{120}$ | 64.62±2.30b | 46.24±2.20b | 72.31±1.11a |
| $MN_{150}$ | 64.32±1.06b | 47.38±1.98b | 70.68±2.39ab |
| $MN_{180}$ | 64.12±2.00b | 41.58±2.38b | 68.56±1.34ab |

从氮素稻谷生产效率（NGPE）来看，对照处理 $M_0N_{150}$ 的氮素稻谷生产效率最高。

氮收获指数（NHI）反映了氮素在植株营养器官与生殖器官间的分配情况，结果显示，不同的施肥处理对水稻氮收获指数存在一定的影响。4 种紫云英配施氮肥处理均高于对照处理，其中处理 $MN_{90}$ 和处理 $MN_{120}$ 的氮收获指数显著高于处理 $M_0N_{150}$，增幅分别为 11.63% 和 10.77%。

### 3. 紫云英翻压还田与氮肥配施条件下的氮素养分平衡状况

稻田中氮素的变化与平衡，一方面与土壤中的有机质矿化有关，另一方面也与施肥（包括有机肥和化肥）存在很大的关系。从表 6 中可以看出，处理 $MN_{180}$ 的氮素投入过高，养分盈余量最大，为 74.04 kg/hm$^2$，处理 $MN_{90}$ 的养分盈余量最小，仅为 2.59 kg/hm$^2$，其次是处理 $MN_{120}$，养分盈余量为 16.43 kg/hm$^2$，表明处理 $MN_{90}$ 氮素的吸收利用率较高。

**表 6　氮素养分平衡状况**

| 处理 | 肥料投入量/（kg/hm$^2$） | | 作物吸收量/（kg/hm$^2$） | 盈余量/（kg/hm$^2$） | 养分平衡系数 |
|---|---|---|---|---|---|
| | 化肥投入 | 紫云英释放 | | | |
| $M_0N_{150}$（CK） | 150.00 | — | 130.78 | 19.22 | 1.15 |
| $MN_{90}$ | 90.00 | 70.20 | 157.61 | 2.59 | 1.02 |
| $MN_{120}$ | 120.00 | 70.20 | 173.77 | 16.43 | 1.09 |
| $MN_{150}$ | 150.00 | 70.20 | 166.04 | 54.16 | 1.33 |
| $MN_{180}$ | 180.00 | 70.20 | 176.16 | 74.04 | 1.42 |

## 三、讨论

### 1. 紫云英翻压还田与氮肥配施对水稻产量的影响

本研究结果表明，紫云英还田与氮肥配施可以显著增加水稻的全年总产量。与冬闲处理相比，紫云英与氮肥配施的全年总产量平均增加了 6.93%，但随着施氮量的增加，产量呈现递减趋势，紫云英翻压条件下，施纯氮 180 kg/hm$^2$ 的全年水稻总产量仅比单施化肥增加了 4.24%，低于平均水平，说明过度的营养在一定程度上不利于作物生长而未能实现高产。赵冬等认为在施有机肥条件下，过量增施化肥并不能获得最高产量。本研究也表明相比施纯氮 150 kg/hm$^2$ 和 180 kg/hm$^2$，施纯氮 120 kg/hm$^2$ 全年产量更高。张刚等的研究结果也显示，秸秆还田条件下配施一定量的氮肥与单施氮肥相比，水稻产量平均增加 6.3%，其中以配施 240 kg（N）/hm$^2$ 的水稻产量最高。张树开等的研究表明，在翻压紫云英、化肥减量 40%～60% 的条件下，后茬水稻产量高于单施化肥处理，其中紫云英配施 60% 化肥处理水稻产量最高。这与本研究结果基本一致。本研究还发现紫云英与氮肥配施处理早稻的有效穗和每穗粒数增加明显，说明紫云英还田可有效促进水稻有效穗数和每穗粒数等经济学性状的形成，这与田卡、席莹莹等的研究结果一致。紫云英与氮肥配施处理的晚稻结实率均低于冬闲对照处理，这与前人研究的结果存在差异，这可能是由于其有效穗数多，田间密度高，通风透光条件差，影响了水稻籽粒的后期灌浆，从而造成水稻的结实率降低。

**2. 紫云英翻压还田与氮肥配施对水稻植株氮素吸收的影响**

养分吸收是物质生产的基础，氮是水稻生长必不可少的营养元素，氮肥配施的不同处理会对水稻植株地上部的氮吸收量产生明显影响。要文情等的研究结果表明，有机、无机肥的配施有利于提高水稻养分的利用效率，促进氮素吸收。本研究结果表明，紫云英配施不同量氮肥条件下水稻主要生育期氮素吸收积累量因生育期不同而有所差异，且呈现出逐渐升高的趋势，均在成熟期达到最大。抽穗期以前，各处理对氮的吸收差异均不明显。在灌浆期紫云英配施不同量氮肥处理与对照表现出明显差异，而成熟期各处理的氮素积累量均显著高于对照。这可能是因为常用的氮肥是速效肥料，冬闲处理在水稻生长前期供肥过旺、后期供肥不足，而紫云英与化肥的养分释放速率不同，翻压紫云英处理在水稻全生育期都有充足的养分供应。在生育后期（抽穗至成熟）各处理的氮素吸收量增加，这有利于充实籽粒，提高结实率和氮素收获指数。张小莉等的研究结果表明，有机、无机复混肥处理的氮素积累量、氮素利用效率均显著高于化肥处理。本试验中，紫云英与氮肥配施增加了水稻的氮素吸收量，其中紫云英配施 180 kg/hm$^2$ 氮肥处理的氮素吸收积累量最高，这可能是因为该处理本身的施氮量较其他处理偏高，这与孟琳的研究结果类似。徐昌旭等通过研究等量紫云英条件下化肥用量对早稻养分吸收的影响认为，翻压 22 500 kg/hm$^2$ 紫云英后，减少 20% 化肥用量，能够使氮素积累量增加 24.04%。这与本研究结果一致。周春火等认为，水稻产量与氮素干物质生产效率和氮素稻谷生产效率呈显著负相关，表现为冬闲处理这两者的效率最高。本试验显示出相似结果，氮素干物质生产效率和氮素稻谷生产效率均是对照处理表现最高，这可能是因为该处理的植株氮素吸收量较其他处理偏低，导致在干物质和稻谷产量较低的情况下，使得氮素干物质生产效率和氮素稻谷生产效率处于较高水平。同时，比较 4 种紫云英与氮肥配施处理可以发现，氮素干物质生产效率随着施氮量增加呈下降的趋势，施用 180 kg/hm² 氮肥处理的氮素干物质生产效率和氮素稻谷生产效率较低，说明当氮肥过量施用时，会造成水稻对氮素的奢侈吸收，多吸收的氮素并没有增加产量，而是积累在了稻草中，这与前人的研究结果相一致。董作珍等认为，氮素收获指数会随着施氮量的增加呈下降趋势，更多的氮素被留在秸秆当中。本试验研究结果亦显示，氮收获指数表现为紫云英与氮肥配施处理高于冬闲处理，但 4 种配施处理随着施氮量的增加，氮收获指数呈下降趋势，说明紫云英与氮肥配施有利于氮素在植株籽粒中的累积，从而提高作物产量，但过量施氮就会降低氮素养分在籽粒中所占的比例。

### 3. 紫云英翻压还田与氮肥配施的氮养分平衡研究

合理的施肥应该是既能保证作物生长所需要的养分，又不会造成肥料浪费所带来的负面影响。许仙菊的等研究结果表明，不管是不同作物农田还是不同轮作农田，农田氮养分投入量均大于作物氮养分带出量。另外，不同作物农田及不同轮作农田氮养分投入量大于作物氮带走的量，且对土壤速效氮含量有累积效应，还会严重影响农田土壤的可持续利用。本研究的结果显示，氮肥的施用量和作物的吸收量基本持平，说明氮肥使用基本合理，尤其是紫云英配施 90 kg/hm² 氮肥，其养分平衡系数接近于 1，氮肥盈余量最少，养分利用率最高，不会造成氮肥浪费；而紫云英配施 180 kg/hm² 氮肥的盈余量最高，养分平衡系数相对于其他处理较高，说明氮肥施用过多。

## 四、结语

紫云英翻压还田与氮肥配施具有较好的增产效果。其中紫云英配施 120 kg（N）/hm² 氮肥的增产效果最显著。紫云英与氮肥配施处理可提高水稻每穗粒数和有效穗数等产量构成要素。

紫云英翻压还田与氮肥配施有利于促进植株对氮素养分的吸收。紫云英配施氮肥各处理的植株氮素积累量较单施化肥相比提高 20.52%~34.70%。氮收获指数表现为紫云英与氮肥配施处理高于冬闲处理，其中氮收获指数以紫云英配施 90 kg（N）/hm² 氮肥时最高。

## 参考文献

[1] 李子双，廉晓娟，王薇，等. 我国绿肥的研究进展[J]. 草业科学，2013（7）：1135-1140.

[2] 潘福霞，鲁剑巍，刘威，等. 不同种类绿肥翻压对土壤肥力的影响[J]. 植物营养与肥料学报，2011（6）：1359-1364.

[3] Xie Z，Shah F，Tu S，et al. Chinese Milk Vetch as Green Manure Mitigates Nitrous Oxide Emission from Monocropped Rice System in South China[J]. PLoS One，2016，11（12）：e168134.

[4] 徐健程，王晓维，朱晓芳，等. 不同绿肥种植模式下玉米秸秆腐解特征研究[J]. 植物营养与肥料学报，2016（1）：48-58.

[5] 曹卫东，黄鸿翔. 关于我国恢复和发展绿肥若干问题的思考[J]. 中国土壤与肥料，2009（4）：1-3.

[6] 万水霞，朱宏斌，唐杉，等. 紫云英与化肥配施对稻田土壤养分和微生物学特性的影响[J]. 中国土壤与肥料，2015（3）：79-83.

[7] 王允青，张祥明，刘英，等. 施用紫云英对水稻产量和土壤养分的影响[J]. 安徽农业科学，2004（4）：699-700.

[8] 田秀英. 国内外的长期肥料试验研究[J]. 渝西学院学报（自然科学版），2002（1）：14-17.

[9] 高菊生，曹卫东，李冬初，等. 长期双季稻绿肥轮作对水稻产量及稻田土壤有机质的影响[J]. 生态学报，2011（16）：4542-4548.

[10] 齐兴国. 土壤氮素矿化与固定及其影响因素的研究[J]. 安徽农业科学，2014（21）：7005-7006.

[11] Fischer G.，Shah M.，Tubiello F. N.，et al. Socio-economic and climate change impacts on agriculture：An integrated assessment. 1990—2080[J]. Philosophical Transactions of the Royal Society B：Biological Sciences，2005，360（1463）：2067-2083.

[12] 刘英，王允青，张祥明，等. 种植紫云英对土壤肥力和水稻产量的影响[J]. 安徽农学通报，2007（1）：98-99.

[13] 张树开. 紫云英还田减量施用化肥对水稻产量的影响[J]. 福建农业科技，2011（4）：75-77.

[14] 卢萍，杨林章，单玉华，等. 绿肥和秸秆还田对稻田土壤供氮能力及产量的影响[J]. 土壤通报，2007（1）：39-42.

[15] 李昱，何春梅，刘志华，等. 相同紫云英翻压量化肥减量条件下水稻合理施肥方法研究[J].

江西农业学报，2011（11）：128-131.

[16] 谢志坚. 填闲作物紫云英对稻田氮素形态变化及其生产力的影响机理[D]. 华中农业大学，2016.

[17] Peng S B，Tang Q Y，B Z Y. Current status and challenges of rice production in China[J]. Plant Production Science，2009，12（1）：3-8.

[18] 曾研华，吴建富，曾勇军，等. 机收稻草全量还田减施化肥对双季晚稻养分吸收利用及产量的影响[J]. 作物学报，2018（3）：454-462.

[19] 何琼，吕世华. 养分资源综合管理——我国农业发展的必然选择[J]. 四川农业科技，2008（2）：16-17.

[20] 王兴仁，张福锁，曹一平，等. 养分资源管理的理论和技术及其在小麦玉米高产轮作中的应用[J]. 中国农业大学学报，2003（S1）：36-41.

[21] 周春火，潘晓华，吴建富，等. 不同复种方式对早稻产量和氮素吸收利用的影响[J]. 江西农业大学学报，2013（1）：13-17.

[22] 要文倩，秦江涛，张继光，等. 江西进贤水田长期施肥模式对水稻养分吸收利用的影响[J]. 土壤，2010（3）：467-472.

[23] 赵冬，颜廷梅，乔俊，等. 太湖地区绿肥还田模式下氮肥的深度减量效应[J]. 应用生态学报，2015（6）：1673-1678.

[24] 张刚，王德建，俞元春，等. 秸秆全量还田与氮肥用量对水稻产量、氮肥利用率及氮素损失的影响[J]. 植物营养与肥料学报，2016（4）：877-885.

[25] 田卡，张丽，钟旭华，等. 稻草还田和冬种绿肥对华南双季稻产量及稻田 $CH_4$ 排放的影响[J]. 农业环境科学学报，2015（3）：592-598.

[26] 席莹莹. 绿肥种类和种植方式对水稻产量、养分吸收及土壤肥力的影响[D]. 华中农业大学，2014.

[27] 廖育林，鲁艳红，谢坚，等. 紫云英配施控释氮肥对早稻产量及氮素吸收利用的影响[J]. 水土保持学报，2015（3）：190-195.

[28] 谢志坚，徐昌旭，许政良，等. 翻压等量紫云英条件下不同化肥用量对土壤养分有效性及水稻产量的影响[J]. 中国土壤与肥料，2011（4）：79-82.

[29] 张丽霞，潘兹亮，鲁鑫，等. 紫云英与化肥配施对水稻植株生长及产量的影响[J]. 安徽农业科学，2010（25）：13767-13769.

[30] 张小莉，孟琳，王秋君，等. 不同有机无机复混肥对水稻产量和氮素利用率的影响[J]. 应用生态学报，2009（3）：624-630.

[31] 孟琳. 施用有机-无机肥料对水稻产量和氮肥利用率以及土壤供氮特性的影响[D]. 南京：南京农业大学，2008.

[32] 徐昌旭，谢志坚，许政良，等. 等量紫云英条件下化肥用量对早稻养分吸收和干物质积累的影响[J]. 江西农业学报，2010（10）：13-14.

[33] 王建红，曹凯，张贤. 紫云英还田配施化肥对单季晚稻养分利用和产量的影响[J]. 土壤学报，2014（4）：888-896.

[34] 贾东，卢晶晶，孙雅君，等. 氮肥不同运筹模式对水稻生产及氮肥利用率的影响[J]. 西南农业学报，2016（3）：584-589.

[35] 董作珍，吴良欢，柴婕，等. 不同氮磷钾处理对中浙优 1 号水稻产量、品质、养分吸收利用及经济效益的影响[J]. 中国水稻科学，2015（4）：399-407.

[36] 许仙菊，武淑霞，张维理，等. 上海郊区农田氮养分平衡及其对土壤速效氮含量的影响[J]. 中国土壤与肥料，2007（3）：24-28.

# 传统生态农业精华对江西生态农业振兴的启示

戴天放[1*]　徐光耀[1]　麻福芳[1]　魏玲玲[1]　肖运萍[2**]

（1. 江西省农业科学院农业经济与信息研究所，南昌330200；

2. 江西省农业科学院，南昌330200）

**摘　要：**江西农业在历史和现代的中国经济与社会中都占据着重要地位，这是与江西突出的绿色生态优势及其源远流长的生态农业传统与现代发展密不可分的。自宋代以来，江西就出现了许多符合生态学原理的"原始"生态农业模式与技术，明清时期得到进一步发展，现代江西生态农业发展在全国处于领先地位。江西传统生态农业的发展，是与中国古代"三才论""三宜说"、精耕细作、培肥地力、基塘农业、用养结合等传统生态农业的理论和技术精华分不开的，对江西在新时代实施乡村振兴战略中的"产业振兴、生态振兴"，发展高效生态农业，具有深刻的现实启示意义，值得我们继承和发扬下去。

**关键词：**传统生态农业精华　乡村振兴　启示

　　习近平总书记指出：绿色生态是江西的最大财富、最大优势、最大品牌，一定要保护好，做好治山理水、显山露水的文章，走出一条经济发展和生态文明水平提高相辅相成、相得益彰的路子，打造美丽中国"江西样板"。这段话道出了江西的特色与优势，指明了江西的发展方向。江西的绿色生态优势，既来自江西改革开放以来历届政府坚定不移地发展生态农业，也离不开江西深厚的生态农业历史底蕴。乡村振兴战略包括"产业振兴、生态振兴"，其中，生态农业振兴是"产

---

\* 作者简介：戴天放，江西余干人，研究员，历史学博士，理论经济学博士后，硕士生导师，主要研究方向为农业生态经济与农业工程咨询。江西省食用菌产业技术体系加工与经济岗位专家。E-mail：dtflover@163.com。

\*\* 通信作者：肖运萍，女，江西省农业科学院研究员。

业振兴、生态振兴"中的重要内容。因此，在新时代实施乡村振兴战略的进程中，江西应该立足建设绿色生态强省目标不动摇，在发展现代农业体系过程中，挖掘和借鉴江西传统生态农业模式与技术精华，与现代农业科技有机结合，打造出具有"江西样板"效应的高效生态农业。

## 一、江西乡村振兴必须大力发展高效生态农业

江西是农业大省，是新中国成立以来全国两个从未间断过粮食净调出的省份之一（另一个为吉林省），在粮食安全保障和农产品供给保障方面为国家建设作出了重大贡献。这些成绩的取得，很大程度上得益于以中国第一大淡水湖——鄱阳湖及其流域区为代表的自成体系的自然生态与资源优势。然而，考诸江西农业开发和生态环境变迁史，可以发现历史上江西农业开发经历了一个由开发不足、到开发适度再到开发过度和环境治理的阶段。相应地，其生态环境也经历了一个由封闭到平衡，到开始失衡、逐步恶化，再到逐步改善的变迁过程。其农业生态环境问题，在古代突出地表现为由于垦殖过度所致水土流失所带来的频繁的水旱灾害；到现代，除上述历史时期存在的自然灾害外，还有受工业化、农业现代化的影响所带来的环境污染问题，生态环境还是处于变动不居的状态，处于全国大生态环境变动的推动中。农业面源污染、生态环境的恶化已经成为制约江西省当前农业可持续发展的重要障碍。

资源与环境问题是世界性的难题。为化解世界工业化以后"石油农业"发展过程中所带来的生态问题，生态农业在世界范围内迅猛发展。西方生态农业的发展与研究，是与其农业资源（人均土地丰富等）和农业发展阶段（农业人口比例极少、经营规模大、农产品过剩等）相适应的，主张"重生态原理、轻化学投入"的农业技术与模式，配合其"黄箱政策"与"绿箱政策"，在食品质量安全保障、节约资源、减少污染和保护环境等方面已经取得了很好的成功经验。我国国情具有人口众多、人均资源少、资源分布不均等许多特殊性，面临粮食（农产品）安全、生态安全的双重制约，无法照搬西方生态农业发展的成功经验，必须走高效生态农业（或生态高值农业）之路，即集约化经营与生态化生产有机耦合的现代农业，这已成为理论界的共识。

江西在生态农业发展中，有许多成功的历史经验与现代经验。江西传统农业发展过程中产生了许多符合生态农业原理的技术和模式。自改革开放以来，江西

现代生态农业发展历程经历了高产型生态农业阶段、优质型生态农业阶段和持续型生态农业阶段三个阶段，现在正处于高效生态农业发展阶段，创造的"猪—沼—果"模式取得了良好的生态、经济和社会效益，成为我国南方唯一重点推广的生态农业模式，标志着江西生态农业发展在全国处于领先地位。江西省历届政府先后出台了"山江湖"综合开发战略、"三个基地、一个后花园"发展战略、"山上办绿色银行、山下建优质粮仓、水面兴特色养殖""希望在山，潜力在水，重点在田，后劲在畜，出路在工"等一系列立足生态优势、保护生态环境的兴农方针政策；2009 年"鄱阳湖生态经济区"成为国家战略，明确指出大力发展高效生态农业；2017 年江西成为我国首批三个生态文明试验区之一，继续高位推动生态文明建设。因此，江西在新时代实施乡村振兴战略中的"产业振兴、生态振兴"的对策中，应该坚定不移地发挥江西传统生态农业与现代生态农业的发展优势，结合现代农业科技的力量，大力发展高效生态农业。

## 二、江西传统生态农业概况

江西传统生态农业发展历史源远流长，自宋代以来，出现了许多符合生态学原理的"原始"的生态农业模式与技术，明清时期得到进一步发展。这些因地制宜的历史经验，既成为江西现代高效生态农业的路径依赖因素，也是其进一步发展的宝贵财富。

### 1. 水旱轮作、复种和间作模式

这些技术与模式，就是先民利用了生态学上的种群演替规律，从而对自然资源更加充分而持续地利用。江西在宋代时就已经广泛栽种双季稻，如北宋的李觏在描述南城（今属江西临川区）的农事时说："自五月至十月，早晚诸稻随时登收，一岁间附郭早稻或再收。"此处所指的县城附近稻再收，显然是双季稻。南宋的吴泳也积极倡导隆兴府（江西省南昌市）的农民多栽再熟稻，以期再种再收。

宋朝时的江西也普遍实现了稻麦水旱轮作。南宋时江南农村出现"竞种春稼（小麦），极目不减淮北"的兴旺景象。南宋的黄震在任抚州知州时，发布过劝民种麦的文告。

明朝时，江西传统生态农业模式和技术进一步发展，《天工开物》中记载了多种水稻与其他作物之间水旱轮作、复种和间作模式。如稻—麦（菽、麻、蔬菜等）模式，以提高复种指数，从而得到更多的农业收入，以弥补无牛所带来的生产损失；还有稻—绿肥等模式，秋收能使稻谷产量倍增。

明清时期，江西土地利用率的提高还表现在各地利用山地、丘陵、河谷等种植苎麻、蓝靛、棉花、茶叶、油茶、甘蔗、水果和花卉等，发展商品农业。

### 2. 精耕细作模式

宋元时期，江西已逐渐由广种薄收式的粗放经营向精耕细作式的集约经营转变，使农作物的产量得到了较大提高。南宋的陆九渊记录了家乡抚州金溪的"深耕易耨之法""每一亩所收比他处一亩，不啻数倍"。

### 3. 资源循环利用培肥地力模式

上述的水旱轮作、复种和间作等模式的普及与推广，对地力的损耗很大，先民有较深的认识。为了解决收割水稻和其他作物复种出现"土瘦"的问题，除上述稻—绿肥种植模式以培肥地力外，也有农牧结合的方式。另外，更多的是施肥技术的改进，大量使用农家肥，以培肥地力，这样既可以防止地力衰竭，使传统农业保持高土地利用率和高土地生产率，还是废弃物质资源化，实现农业生态系统内部物质循环的关键一环。使地力获得及时的恢复，也在相当程度上消除了生产、生活中的废弃物对环境的污染。

明清时期，江西传统农业生产中的粪源来源于"农家肥"，包括"人畜秽遗，榨油枯饼，草皮木叶"，此外，还有绿豆、黄豆肥田法。至清代仍然存在这种肥田技术，如九江"山乡以豆其未老者肥田"。江西传统农业生产中已经能够区分各种农家肥的肥效等级，如"胡麻、菜菔子为上，芸苔次之，大眼桐又次之，樟、柏、棉花又次之"，也非常讲究因地施肥，如对"土性带冷浆者"就是潜育型水稻土，是一种严重缺磷元素的酸性土壤，用"骨灰蘸秧根"以补充土壤中速效磷的不足，用"石灰淹苗足"以石灰中和土壤的酸性，以改良土壤。现代江西许多地区还有用骨灰和石灰做肥料的习惯，就是对古代施肥法的继承。

### 4. 生物防治病虫害技术

清朝的江西出现了用烟梗肥田及防治水稻虫害新技术，主要施行于赣南。安远"每秋间稻插田，值秋阳蒸郁，多生蟊贼，食根食节。农人以烟骨椿碎，或以烟梗断寸许，撮以根旁，虫杀而槁者立苏，兼能肥禾"。于都"晚稻俗名翻粳，有赤白三种，小暑下种。农人立秋前后登其前禾，而以此下莳，十月点以烟梗，又十日壅以稻灰，信矣"。赣南其他一些县志也有类似的记载。另外，还有将烟与薯芋同种以肥田和防治虫害技术。瑞金"（芋）二三月与烟同种，烟六月收，芋必八九月乃收，亦先后不妨。且烟田肥，故芋繁衍而味尤佳，松脆香滑"。宁都"薯，俗呼为山薯，种出交趾，故又名番薯，山土田土皆种。瑞金多于种烟隙地种之"。

### 三、传统生态农业精华的启示

江西传统生态农业的发展，是与中国古代"三才论""三宜说"、精耕细作、培肥地力、基塘农业、用养结合等传统生态农业的理论和技术精华分不开的，对江西在新时代实施乡村振兴战略中的"产业振兴、生态振兴"，发展高效生态农业，具有深厚的现实启示意义，值得我们继承和发扬下去。

1. "三才论"传统启示：必须注重农业生产与生态环境的协调关系

中国古代将"天、地、人"谓之"三才"，讲究"天时、地利、人和"，强调事物必须保持"三才"之间的和谐关系，这种理论简称为"三才论"。传统农业实践中注重农业发展与生态环境的和谐统一，就是"三才论"在农业中的运用。

夏朝末年的《夏小正》是我国最早运用"三才论"总结农业生产经验的著作，它将一年分成 12 个月，并将每个月的星象、气候、物候等特征与农事活动看作一个有机整体，开始形成了"天、地、人"相统一的农业生态观。《吕氏春秋》（战国）的"审时"篇指出："夫稼，为之者人也，生之者地也，养之者天也。"就是指出了农业生态系统是由：生物有机体（稼）、生物有机体赖以生存的环境和条件（天和地）、人的社会生产劳动（人）等三大要素构成的。从而指出在农业生产中，必须协调生物有机体和外界环境条件的关系，使其保持和谐统一，才能获得农业丰收。

此后的中国古代农业著作如西汉《淮南子》中的"主术训"篇、西汉《氾胜之书》《晋书》中的"食货志"、北魏贾思勰所著的《齐民要术》、南宋陈旉所著的《农书》、元朝的《王祯农书》、明朝马一龙所著的《农说》、清朝张标所著的《农丹》、清朝王晋之所著的《山居琐言》等，都以保持农业生产中的"天、地、人"系统和谐统一为目标，从而形成了中国古代的生态农学。

由此可见，上述"三才论"思想贯穿中国传统农业发展的始终，是中国传统生态农业的理论基础，对江西现代生态农业的建设也具有重要的启示作用。因为古今农业的本质并无根本性的差别，都是人们通过对绿色植物的光合作用加以利用和改进，把太阳能转化成化学能、把无机物转化成有机物的过程。它是农业生物与"三才"即自然环境（天、地）和人类劳动（人）相互结合、相互作用而形成的相互交织的两个再生产过程：一个过程是农业生物与自然环境之间的能量转化和物质转换的过程；另一个过程是人们运用技术、经济等手段对农业生物的生命运动进行干预，生产出所需的农产品的过程。在这个过程中，必须注重农业生产与"三才"之间保持和谐统一的关系。

### 2．"三宜说"传统启示：生态农业模式必须灵活多样

所谓"三宜说"就是指因时制宜、因地制宜、因物（农作物）制宜，是我国传统农业生态思想的精华之一，即认为在农业生产中要根据具体的天时、土壤和农作物种类或品种的不同，而具体安排不同的农业生产技术措施，才能获得好的收成。另外，还强调"因力制宜"。中国古代关于农业生产要讲究"三宜"的农学思想源远流长，如《荀子·王制》《孟子·梁惠王上》《吕氏春秋·士容论·审时》等，都有强调农业生产要因时制宜的论述；而《周礼·地官·大司徒》《管子·立政》等，则有强调农业生产要因土制宜的论述。在具体农业实践中，传统农业中有许多以"三宜"原则为指导的农业生产技术和经验，如北魏的《齐民要术》、元朝的农书、清朝的《马首农言》等总结了许多因时定深浅、耕法和早晚的科学耕作经验。西汉的《氾胜之书》、明朝的《宝坻劝农书》、清朝的《马首农言》《知本提纲》等总结了许多因土质定时宜、耕法以及因地势定耕法、深浅的因地制宜的耕作经验。北魏的《齐民要术》、元朝的《韩氏直说》、清朝的《马首农言》等总结出许多因作物定耕法、深浅和时宜的因物制宜的耕作经验。传统农业生产中还非常注重农作物施肥要注重"三宜"原则，如清朝的《知本提纲》总结了施肥的"三宜"法，指出要根据天时、土壤和农作物的不同而有区别地施用人粪、畜粪、草粪、苗粪、火粪、泥粪、骨蛤灰粪、渣粪（菜籽和棉籽饼）、黑豆粪（黑豆粉经发酵后和泥土拌）和皮毛粪等不同种类的肥料。

传统农业中的"三宜"原则启示我们，在生态农业模式的选择上应"因地制宜、因时制宜、因物制宜"，根据江西各地不同资源的特点，因势利导，创造灵活多样的生态农业技术类型。

### 3．精耕细作传统启示：生态农业生产技术应以劳动集约型为主

我国自古以来以"人口多、耕地少"的特定环境和资源条件，催生了精耕细作农业技术之优良传统，这是一种劳动密集型生产技术，与当代中国的国情也非常吻合。由于精耕细作技术的运用，在2 000多年前的战国时代，中国就出现了"一岁而再获之"的情况，土地利用率之高在世界农业史上实属罕见。如《庄子·则阳》中就提到精耕细作可以提高农业产量；《吕氏春秋·任地》提出深耕要耕到底墒，才能达到"大草不生，又无螟蜮"，并且还能"今兹美禾，明兹美麦"。其后，精耕细作技术得到进一步的发展，西汉的《氾胜之书》指出精耕细作要采取细致

整地、增施粪肥、注意保墒、及时中耕除草、适时收获等一系列综合性技术措施。北魏的《齐民要术》总结了我国北方通过精耕细作以防旱保墒的耕作体系，是我国在土壤耕作技术上的重大成就。我国传统农业在强调精耕细作的同时，反对广种薄收，如北魏的《齐民要术》、明朝的《沈氏农书》、清朝杨屾所著的《修齐直指》等都有相关论述。

中国传统农业中的精耕细作技术，其最大效益就是在人多地少的情况下，有效地提高了单位土地的产出率，非常符合我国现在的基本国情。虽然城市化发展转移了大量的农村劳动力，但相对于发达国家来说，我国农村人均耕地仍然偏少。所以，在乡村振兴战略的实施中，江西生态农业模式的选择，要充分发展现代农业以科技支撑的劳动集约型为主的生态农业生产技术，倡导农业集约生产与精细生产，提高农产品质量，提升生态农业的比较优势。

### 4. 培肥地力传统启示：发展生态农业必须重视土地资源

积极养地，保证"地力常新"是中国古代农作制度在养地上的基本指导思想。春秋战国时期，我国就开始注意养地问题。《礼记·月令篇》中记载了当时已经开始采用沤绿肥的办法来培肥土壤。其后，我国的粪田养地和施肥改土，就逐渐普遍起来。《孟子·万章下》中提到了当时粪田的普遍性。到了战国后期，《荀子·富国》中提道："多粪肥田"，已经成为"农夫众庶之事"。随着"多粪肥田"经验的累积，我国早在战国后期，《吕氏春秋·任地》中就提出了"地可使肥，又可使棘"的理论。及至汉代，王充在《论衡·率性》中提出了"深耕细锄，厚加粪壤，勉致人工，以助地力"的养地理论。西晋的《广志》中总结并提出了绿肥与水稻轮作复种的"美田"之法。北魏的《齐民要术》不仅发展了绿肥美田和施肥改土之说，而且总结了堆肥、厩肥的积造新法——"踏粪法"。南宋的《陈旉农书》将"美田"和"肥田"之法，发展为"地力常新论"，并以之为指导，将作物轮作的生物措施、精耕细作的力学手段以及增施粪肥的生物化学措施，综合应用，构成"熟土壤而肥沃之"的基本措施。元朝《王祯农书》中的"粪壤篇"专门论述施肥改土的理论与技术，明确指出："粪壤者，所以变薄田为良田，化硗土为肥土也。"清朝的《知本提纲》高度概括了用地与养地的关系："产频气衰，生物之性不遂；粪沃肥滋，大地之力常新。"

可见，我国自古以来，在充分用地的同时，是注重积极养地的。这种养地技术可以培肥地力，提高土壤有机质成分和土地生态承载力，对改善农业生态系统环境、减少污染以及对缓解人地矛盾等都是十分有利的。因此，继承和发扬培肥地力的优良传统对发展江西现代生态农业意义重大。

### 5. 基塘农业传统启示：生态农业必须建立循环生态系统

基塘农业又称桑基鱼塘农业，是明清时期太湖流域的杭嘉湖平原和珠江三角洲地区形成的一种粮、桑、鱼综合经营的方式。由于这种方式能使当地的自然资源得到充分利用，又能使动物和植物之间、生物和非生物之间经常处于一个有机的循环过程之中，使农业的生态保持平衡，因而取得了"两利俱全、十倍禾稼"的良好效果。明朝李诩所著的《戒庵老人漫笔》记载了常熟的谈参通过基塘农业模式进行包括农（粮、果、蔬）—畜—鱼在内的综合经营致富的经历，其农田总收入比一般传统农业经营高9倍。明朝浙江湖州基塘农业发展很快，并形成了"农（稻、麦、油、菜）—畜（猪、羊）—桑—蚕—鱼"循环利用资源的综合经营农业方式。到清朝初期，广州地区开始出现以种果养鱼为特点的基塘农业生产，即通过堤埂种果树、鱼池养鱼，形成物质循环。据清初屈大均所著《广东新语·养鱼种》记载了广州许多村落由于发展基塘农业，呈现出一片"桑茂、蚕壮、鱼肥大，塘肥、基好、蚕茧多"的景象。

按照现代生态学的观点，基塘农业所体现的是对自然资源的循环利用，是一种人工生态农业。其突出的优势就是建立了农业循环生态系统，使农业资源得到了充分的循环利用，节约了生产成本，符合协同进化原理，也是现代生态农业应遵循的原则。目前我国现代生态技术模式许多都是按循环经济的原理设计的，尤其是在农业产业结构多元化的当代，也是江西现代生态农业技术上的必然取向。

### 6. 用养结合思想传统启示：保护农业生态资源的重要性

我国古代在保护农业环境和合理利用资源方面积累了丰富的经验。春秋战国时期，我国就开始注意保护生态资源，重视保护生态资源的再生能力，反对过早过滥地损害草木和鱼鳖的生长发育。如《孟子·梁惠王上》中就指出："数罟不入洿池，鱼鳖不可胜食也；斧斤以时入山林，材木不可胜用也"；而《荀子·王制》则进一步强调：春天不入山林砍伐，鱼类产籽时不捕捞。古人不仅从正面阐述了保护生态资源的重要性，也非常反对"竭泽而渔"和"焚薮而田"的错误行为。如《吕氏春秋·义尝》中就写道："竭泽而渔，岂不获得，而明年无鱼；焚薮而田，岂不获得，而明年无兽"；《管子·轻重甲》中有"为人君而不能谨守其山林、菹泽、草莱，不可以立为天下王"；《管子·立政》中有"山泽不救于火、草木不植成，国之贫也"。这些都是从反面阐述了保护生态资源的重要性。

在合理利用生态资源和保护生态资源的实践中，我国春秋战国时期就采取了

"禁发有时"的措施，并从战国时代始就设置了"虞师"等专职保护生态资源的官员。《管子·八观》所说"山林虽广，草木虽美，禁发必有时；……江海虽广，池泽虽博，鱼鳖虽多，罔罟必有正（'正'指规章）"。《管子·七法》有云"人民鸟兽草木之生物，虽不甚多，皆均有焉，而未尝变也，谓之则"。到汉朝开始制定一系列保护生态资源的政策和法令："畋不掩群，不取麛夭。不涸泽而渔，不焚林而猎，……彀卵不得探，鱼不长尺不得取，彘不期年不得食。"

上述我国古代保护生态资源的优良传统，启示我们在面对当前人均农业自然资源相对匮乏，而农产品需求增加与自然资源供给不足的矛盾却不断加剧的情况下，必须继续继承和发扬我国古代有益的经验，建立可持续利用资源的生态农业技术体系，采取多种措施保护农业生态资源，避免掠夺式经营。

## 参考文献

[1] 戴天放. 农业环境变迁与生态农业发展——基于鄱阳湖流域的研究[M]. 北京: 经济管理出版社，2010.

[2] （北宋）李觏. 李觏集[M]. 上海: 中华书局，1981.

[3] （宋）庄绰. 鸡肋编（上）[M]. 上海: 上海书店，1990.

[4] （南宋）黄震. 慈溪黄氏日抄分类古今纪要[M]. 卷七十八//咸淳七年中秋劝种麦文. 北京: 北京图书馆出版社，2005.

[5] 陈荣华，余伯流，邹耕生，等. 江西经济史[M]. 南昌: 江西人民出版社，2004.

[6] 郭文韬. 中国传统农业思想研究[M]. 北京: 中国农业科技出版社，2001.

[7] （秦）吕不韦. 吕氏春秋[M]//高诱. 诸子集成本. 上海: 中华书局，1954.

[8] 郭文韬. 中国农业精耕细作的优良传统//中国传统农业与现代农业[M]. 北京: 中国农业科技出版社，1986.

[9] 闵宗殿. 中国农业技术发展简史[M]. 北京: 农业出版社，1983.

[10] （战国）荀况. 荀子[M]. 太原: 山西古籍出版社，2003.

[11] （东汉）王充. 论衡[M]. 北京: 人民出版社，2005.

[12] （元）王祯. 王祯农书[M]. 北京: 农业出版社，1981.

[13] （清）杨岫. 知本提纲//秦晋农言[M]. 上海: 中华书局，1957.

[14] 闵宗殿. 明清时期的人工生态农业[J]. 古今农业，2000（4）：10.

[15] （战国）孟轲. 孟子[M]. 鲁国尧注评. 南京: 凤凰出版社，2006.

[16] （春秋）管仲. 管子[M]. 孙波注释. 北京: 华夏出版社，2000.

# 绿色兴农：江西绿色有机农业发展的
# 成效、问题及建议

李志萌　　张宜红等*

（江西省社会科学院，南昌 330077）

摘　要：党的十九大报告提出，大力实施乡村振兴战略，提供更多优质绿色生态产品以满足人民日益增长的优美生态环境需要。近年来，江西紧紧围绕绿色生态这一最大的财富、最大的优势、最大的品牌，把打造绿色有机农产品示范基地试点省建设，作为全国生态文明试验区建设的主抓手，坚持产地环境优良与产地生态保护并举、科技创新与种质资源保护并重、传统农耕文化与现代农业生产方式共融、绿色理念与政策机制共推、产品优质与品牌优效共进，取得了明显成效。文章还就示范基地建设过程中存在的问题提出了相应的对策建议。

关键词：绿色有机农产品　示范基地建设　成效问题与建议

　　党的十九大报告提出，大力实施乡村振兴战略，要提供更多的优质绿色生态产品以满足人民日益增长的优美生态环境需要。江西省是全国粮食主产区，是自新中国成立以来两个从未间断输出商品粮的省份之一；柑橘产量居全国第 3 位，水产品产量居内陆省第 2 位，出口居内陆省第 1 位；供沪生猪居全国第 1 位，供港叶类蔬菜居全国第 2 位。近年来，江西紧紧围绕绿色生态这一最大的财富、最大的优势、最大的品牌，努力开展全国绿色有机农产品示范基地试点省建设，取得了明显成效。作为农业农村部全国唯一的试点省，深入推进农业供给侧结构性

* 课题组组长：李志萌，江西省社科院发展战略研究所所长、研究员；副组长：张宜红，省社科院发展战略研究所副所长、副研究员；成员：盛方富，省社科院发展战略研究所助理研究员；马回，省社科院发展战略研究所助理研究员；邱信丰，省社科院产业经济研究所研究实习员。

改革，增加绿色有机农产品供给，打造全国绿色有机农业发展的"样板区"，为全国提供可复制、可推广的经验模式是责任也是使命。近期，江西省社科院课题组深入南昌市、赣州市、万载、婺源、永丰等市县进行实地调研，形成研究报告如下。

## 一、江西省绿色有机农产品示范基地试点省建设成效

### 1. 产地环境优良与产地生态保护并举

优良的产地环境是建设全国绿色有机农产品示范基地试点省的前提。一是绿色资源得天独厚。近五年来，江西省绿色生态空间面积一直维持在 $15\,253.09\times10^3\ hm^2$ 左右，绿色生态空间国土密度达 0.92，稳居全国第二位；《中国省域生态文明建设评价报告》连续五年评价，江西省绿色生态文明指数综合得分均达 78.5 分以上，居全国第二位。二是产地生态建设成效斐然。"化肥零增长"行动成效明显。2005 年以来，全省累计推广测土配方施肥 4.5 亿亩，受益农户 4 647.0 万户（次），年均减少不合理化肥、农药施用量 5 万余 t（纯量）（图1、图2）。三是畜禽规模养殖污染治理取得初步成效。截至 2016 年年底，江西省畜禽规模养殖比重达 65% 以上，畜禽粪污资源化利用率达 70%，年减排 COD 140 万 t。四是示范带动作用不断增强。截至 2016 年年底，江西省已创建全国有机食品生产基地 8 个，一批农业农村部标准化畜禽养殖场、水产健康养殖示范场、菜果茶标准园、绿色食品原料标准化生产基地（表1）。

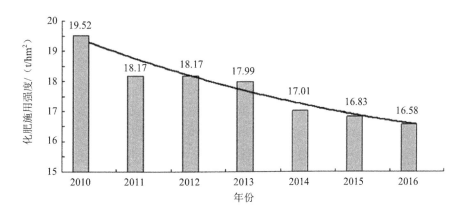

图1　2010—2016 年江西省化肥施用强度

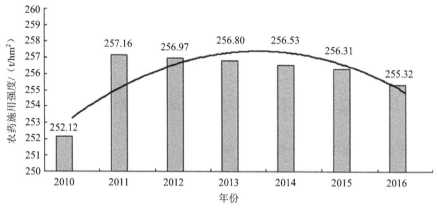

图 2　2010—2016 年江西省农药施用强度

表 1　2013—2015 年江西绿色食品原料标准化生产基地情况

| | 2015 年 | | | 2014 年 | | | 2013 年 | | |
|---|---|---|---|---|---|---|---|---|---|
| | 基地数/个 | 规模/万亩 | 产量/万 t | 基地数/个 | 规模/万亩 | 产量/万 t | 基地数/个 | 规模/万亩 | 产量/万 t |
| 江西 | 43 | 838.6 | 550.6 | 41 | 791.6 | 528.6 | 23 | 408.5 | 328 |
| 全国 | 665 | 16 853 | 10 610.8 | 635 | 16 005.5 | 10 118.2 | 511 | 12 952.2 | 7 867.2 |
| 占比/% | 6.47 | 4.98 | 5.19 | 6.46 | 4.95 | 5.22 | 4.50 | 3.15 | 4.17 |

数据来源：我国绿色食品统计年报（江西人口占全国的 3.25%；国土面积占 1.74%）。

### 2. 科技创新与种质资源保护并重

优良的种质资源，是建设全国绿色有机农产品示范基地试点省的基础。一方面，注重科技创新，推动育种创新突破。2016 年，以颜龙安院士为代表一批科研团队的"江西双季超级稻新品种选育与示范推广"获国家科技进步二等奖，在江西、湖南、湖北、广西、广东等省累计推广 7 178.7 万亩，新增稻谷 43.44 亿 kg，新增社会经济效益 97.76 亿元。"赣无系列"是江西省林业科学院多年选育的优质油茶品种，比传统油茶产量可高出 10 倍以上，成为农村脱贫致富和乡村产业兴旺的经济增长点。另一方面，注重种质资源保护，挖掘地方农业特色。江西拥有优质的地方种质遗传资源，如万年有机水稻、万载百合、婺源鄣山绿茶、永丰茶油、广丰马家柚等优秀的地方种质资源，基本形成"一区一品种，一片一特色"的发展格局。

### 3. 传统农耕文化与现代农业生产方式共融

把植五谷、饲六畜、渔樵耕读、耕织结合的传统农耕文化特色融入现代农业生产中，是建设全国绿色有机农产品示范基地试点省的依托。一是传统农耕文化不断弘扬。江西省拥有优秀的传统农耕文明，如万年的千年稻作文化，为农业发展沉积了一座无可比拟的精神富矿，擦亮了农业的"金字招牌"。二是农业地方标准不断完善。截至 2016 年年底，全省有效的农业地方标准达 314 项，占全省各行业总地方标准的 63%。三是农产品安全监管防线不断筑牢。农业农村部陈晓华副部长连续 3 年向江西省政府分管领导写信，感谢江西省在农产品质量安全方面所做的工作。目前，江西建立了 3 个部省级、11 个地市级和 90 个县级农产品质检机构项目；深入开展农产品质量安全专项整治行动，主要农产品抽检合格率达98.8%，比全国高出 1.3 个百分点。四是农产品质量安全追溯体系不断完善。依托"智慧农业"平台，建立了覆盖省、市、县和生产企业各层级的农产品质量安全追溯信息系统。

### 4. 绿色理念与政策机制共推

理念与政策机制创新是建设全国绿色有机农产品示范基地试点省的推手。一是政策制定的绿色引导。江西省将绿色生态作为农业供给侧改革的方向和路径，开展绿色生态农业十大行动，将打造全国绿色有机农产品试验基地作为国家生态文明试验区农业发展的主抓手，开展省级绿色有机农产品示范县（市）评选，绿色发展理念已成共识。二是创新考核机制。明确了领导责任追究制，将农产品质量安全纳入了市县政府科学发展综合考核。三是强化属地管理。明确地方政府农产品质量安全监管实行属地管理，严格落实生产经营主体责任。将农产品质量安全与政策扶持挂钩，对有不良记录的生产者，列入"黑名单"，实行一票否决。四是持续加大扶持力度。自 2015 年开始，江西省每年安排 1 000 万元奖补资金，鼓励、支持农产品企业开展"三品一标"认证。

### 5. 产品优质与品牌优效共进

农产品优质优价是建设全国绿色有机示范基地试点省的目的。一是绿色有机农产品量质齐升。一方面，优质农产品规模不断扩大。截至 2016 年年底，江西省"三品一标"产品保有量达 3 657 个，有机产品 1 024 个，列全国第 4 位；农产品地理标志 74 个，列全国第 6 位。另一方面，绿色有机农业已成为江西省农业投资"引进来"和"走出去"的引擎。据笔者在万载县调研发现，作为最早进入"全国有机食品生产基地"的茭湖乡、仙源乡已成为吸引外资的金字招牌。截至 2016

年年底，江西省实际引进农业投资 200.82 亿元，增长 14%；成立江西海外农业投资联盟，新增农业对外投资 1.3 亿美元。二是持续加大绿色品牌打造力度。近年来，江西省重点打造"四绿一红"茶叶，鄱阳湖水产品，"赣南脐橙、南丰蜜橘"果业，"泰和乌鸡、崇仁麻鸡、宁都黄鸡"优质地方鸡等品牌，打响了"生态鄱阳湖、绿色农产品"品牌形象保卫战和提升了价值。三是绿色有机农产品品牌影响力不断提高。通过连续在上海、深圳、香港等地举办的江西鄱阳湖绿色农产品系列展销会、推介会、战略峰会，进一步扩大了江西绿色农产品的知名度和影响力。赣南脐橙、南丰蜜橘、马家柚等 10 个农产品区域公用品牌成功入选"2017 最受消费者喜爱的中国农产品区域公用品牌"100 强，其中赣南脐橙以 668.11 亿元高居品牌价值榜首，江西省绿色有机农产品价格均得到了 5%～30% 增长。

## 二、问题和瓶颈

### 1. 农产品产地环境制约明显

一是农业生产主体的保护意识不强。农村劳动力文化素质普遍不高，初中及以下文化水平的居多，根据调研，永丰县、万载县、婺源县等地农民合作社、家庭农场、农业大户等新型农业经营主体中具有高中以上文化的占四成左右，不少种植户和养殖户缺乏对农产品安全方面的知识，对发展绿色有机农产品的重要性、必要性和紧迫性认识不足，对耕地等环境的保护意识不强。二是内源性污染形势不容乐观。许多农户为追求自身短期利益，仍在大量使用农药、化肥，阻碍了绿色有机农产品的健康发展。国际公认的氮肥施用安全上限是 225 kg/hm²，根据《中国农村统计年鉴（2016）》，2015 年全国化肥施用强度为 446.12 kg/hm²，江西达到 465.83 kg/hm²，高于全国平均水平。三是外源性污染数量有增无减。随着城镇化和工业化的不断推进，局部地区城市和工业"三废"对农产品产地的污染程度加大，给农产品质量安全带来严重隐患，制约和影响了优质农产品的生产。四是绿色农产品产地监测面积呈下降趋势。截至 2015 年，江西省绿色食品产地环境监测面积占全国比重仅为 4.03%，比 2011 年降低了 2.36 个百分点，且呈下降趋势。

### 2. 优质农产品总量规模偏小

与福建、浙江、湖南、湖北等地区相比，2015 年江西无公害、绿色农产品的数量差距较为明显，2016 年江西省绿色、有机农产品产量分别处于全国第 27 位和第 21 位，处于较落后水平，其瓶颈障碍主要表现在：一是有机农产品认证机构数量太少。目前，江西只有一家本土的可从事有机产品认证的第三方机构——华中国际认证检验集团有限公司，而全国有62家，这与江西作为"全国绿色有机农产品示范基地试点省"的地位极不相称，与山东（5家）、浙江（4家）、黑龙江（3家）等省份相比有差距。二是企业申报的积极性不高。绿色有机农产品认证环节多，前期认证费用高，加之目前绿色有机农产品价格优势并不明显，同时对"三品一标"认证的补助政策缺乏连续性和长期性，影响了企业申报的积极性。三是缺乏相应的退出机制。有些企业注重当时"三品一标"的申报，而不注重后期品牌的经营管理，缺乏相应的退出机制，不利于江西省绿色有机农产品整体品牌的打造。

### 3．绿色有机产业体系不健全

一是缺龙头企业。2016年10月14日，根据《关于公布第七次监测合格农业产业化国家重点龙头企业名单的通知》的监测结果，江西省有农业产业化国家级重点龙头企业37家，在全国13个粮食主产区中排名倒数第2位，从事绿色有机产业的龙头企业就更少，有机生产规模较少，行业发展受限。二是新型农业经营主体不"强壮"，从而制约了其标准化、科技化、品牌化发展。江西省新型农业经营主体规模偏小、实力偏弱，推动标准化生产、使用现代科技、品牌化建设的意愿和能力不足。三是农业社会化服务供给不足。农业公益性服务机构不完善，基层公益性服务机构人才短缺，缺乏必要的运作经费，难以满足绿色有机农业发展的服务需求。

### 4．食品的"信任危机"，制约了绿色产品销售

一是市场推广力度不够，市场知晓率不高。生态农产品市场营销手段比较落后，市场推广力度不够，市场知晓率不高，大部分农产品以原料及初级产品形式输出，产品附加值低。二是食品安全事件频发，酿成"信任危机"。由于食品安全监管体系不健全，绿色有机农产品市场参差不齐、鱼龙混杂，特别是一些假冒绿色有机农产品等安全事件的出现，使公众对绿色有机农产品产生"信任危机"。三是绿色有机农产品市场信息不对称问题较为突出。由于消费者很难接触到有机农产品的生产加工和销售全过程，造成消费者、生产者、销售者以及政府之间的信息不对称，使得消费者质疑付出的高价格是否能够换来相对安全营养的农产品；同时，环境恶化对有机农产品的质量也是导致消费者产生疑虑的重要方面。

### 5．支撑政策亟待建立健全

一是组织保障亟待加强。绿色有机农产品的建设带有公共产品属性，政府有

效作用的发挥至关重要，相对周边省份来说，当前江西省没有建立高规格、多部门构成的"绿色有机农产品示范基地创建领导小组"或专门的管理机构。二是缺少"三品一标"专项经费。"三品一标"是绿色有机农业的重要抓手，目前江西省没有"三品一标"的专项经费，当前的经费额度是从农产品监管经费中"切"出来的一块。三是经费保障力度偏小。如2015年江苏省级农产品质量安全专项资金达2.35亿元、2016年广西壮族自治区农产品质量安全监管与体系建设专项资金为1.17亿元、2016年福建农产品质量安全专项资金为5.77亿元，而目前江西省的农产品质量安全专项资金只有0.53亿元，相比之下差距甚大；对新认证无公害农产品、绿色食品、有机食品、地理标志产品"三品一标"的补助，江西省分别为0.3万元、1.5万元、1.5万元、2万元，安徽省分别为3万元、4万元、4万元、10万元，补助力度差距较为明显。

## 三、对策建议

### 1. 高位推进，加快出台具体实施方案

强化顶层设计，构建高效的组织保障体系，是推进全国绿色有机农产品示范基地试点省的前提。一是建立强有力的推进领导小组。成立以省政府分管领导为组长，农业、林业、工商、工信、质检、食药、环保、财税、公安、出入境检验检疫等部门负责人为成员的全国绿色有机农产品示范基地试点省建设推进领导小组，定期组织召开推进协调会，协调解决全国绿色有机农产品示范基地试点省建设的重大问题。二是尽快出台《全国绿色有机农产品示范基地试点省建设的实施方案》。建议由省农业厅牵头，按照农业农村部批复精神，尽快出台《全国绿色有机农产品示范基地试点省建设的实施方案》，对推进全国绿色有机农产品示范基地试点省建设的主要目标、重点任务、重点工程、实施步骤等予以确认。

### 2. 强化源头管理，确保绿色有机农产品质量安全

把好农产品质量关，是推进全国绿色有机农产品示范基地试点省建设的基础。一是坚持以源头管控为基础。深入实施农业"十大行动"，继续深入实施农产品质量安全整治，坚决杜绝禁用农（兽）药及其他有毒有害物质流入农产品生产环节，强化农产品质量安全属地管理责任，完善农产品质量安全"不良记录"制度，探索建立农产品质量"合格证"制度，确保江西省农业绿色化发展。二是坚持以标准化生产为引领。支持制定绿色有机农产品生产标准化技术规程，并上升为"国

家标准"，建立健全科学、系统的标准化体系，加快推进绿色食品原料标准化生产基地建设。三是坚持以体系建设为保障。加大"三定向"计划招生力度，尤其要向贫困户倾斜，进一步充实市县两级农产品监管、监测人员；同时，充分依托"智慧农业"平台，健全覆盖省、市、县和生产企业各层级农产品质量全程可追溯体系。

### 3．加强三产融合，做大做强绿色有机农业产业

加强农业与第二、第三产业融合发展，构建绿色有机农业产业体系，是推进全国绿色有机农产品示范基地试点省建设的支撑。一是打造一批全国知名的绿色有机农产品生产基地。立足江西省农业特色优势，因地制宜，积极引导和鼓励农民采取租赁、托管、股份合作等方式，大力发展适度规模经营，高标准、高起点建设一批市场竞争力强、全国一流的绿色有机农产品生产基地。二是大力发展绿色有机农产品深加工。支持鼓励新型农业经营主体兴办绿色有机农产品加工企业，或通过品牌嫁接、资本运作、产业链延伸等方式，引进和培育一批十亿、百亿、千亿元产值的绿色有机农业企业，扶持发展一批具有上市潜力的绿色有机农业企业在"新三板"挂牌上市。三是拓展农业多功能发展。根植于绿色有机农业的生产功能，大力推进"互联网+"，做大做强"赣农保""土购网"等一批本土农产品电商平台，探索"电子商务+智能提货柜"的模式向社区直供绿色有机农产品，降低绿色有机农产品销售成本，扩大销量，提高销售价值；根植于绿色有机农业的生态功能，大力推进"生态+""旅游+"等，与休闲、观光旅游、健康养生等功能融合在一起，打造一批田园综合体。

### 4．重点产品带动，唱响绿色有机农产品品牌

"三品一标"是推进全国绿色有机农产品示范基地试点省的抓手。一要按照《农业部关于推进"三品一标"持续健康发展的意见》要求，积极争取中央财政支持，将"三品一标"工作经费纳入年度财政预算并加大资金支持力度，争取扩大"三品一标"奖补政策与资金规模，不断提高农产品生产经营主体发展"三品一标"积极性。二要通过对获证产品综合检查、质量抽检、标志监管、对不合格产品或企业以"亮剑"等方式加大证后监管力度，建立完善"三品一标"退出机制，进一步规范"三品一标"生产管理，不断提高标准化生产水平。三要充分利用中国国际有机食品博览会、中国绿色食品博览会、农交会地标专展等"三品一标"专业展示平台，宣传展示推介江西名优特色农产品，进一步唱响"生态鄱阳湖、绿色农产品"品牌。

**5．示范创建引领，建立健全政策保障机制**

示范引领，创新政策机制，是推进全国绿色有机农产品示范基地试点省建设的保障。一是设立省级绿色有机农产品发展专项资金。以财政投入为导向，设立省级绿色有机农产品发展专项资金，加大国家农产品质量安全县、省级绿色有机农产品示范县、绿色有机农产品示范基地等创建投入，并将示范创建经费纳入各级财政预算。二是强化政策配套。对于从事绿色有机农产品开发、生产、销售的企业和个人，按环保产业和高科技产业落实各项优惠政策，并在信贷、土地、金融、税收、奖励等方面给予倾斜。三是创新市县领导考核机制。将绿色有机农业列入市县科学发展综合考评，因地制宜地制定相应的考核权重，并根据每年的考核结果进行奖惩。

# 发展稻渔综合种养产业推动乡村振兴

## ——以江西省为例[*]

黄 敏 翁贞林[**]

（江西农业大学经济管理学院，南昌 330013）

**摘 要**：本文是基于乡村振兴战略背景，分析江西省稻渔综合种养发展现状及其所具备的优越条件，以及针对稻渔综合种养产业在发展过程中存在的问题，提出切实可行的对策，以寻求稻渔综合种养更全面的发展。

**关键词**：稻渔综合种养 稻田养殖 生态种养 综合种养现状 乡村振兴

## 一、研究背景

农村稳则天下安，农业兴则基础牢，农民富则国家盛。党的十九大提出的乡村振兴战略"二十字"方针的核心是产业兴旺，最终目标就是要不断提高村民在产业发展中的参与度和受益面，彻底解决农村产业和农民的就业问题，实现农民稳定增收和安居乐业。在农业供给侧结构性矛盾突出，种粮效益下降的背景下，发展稻渔综合种养，各地的实践证明简单易行，且从南到北具有广泛的适应性，尤其是一些贫困地区的稻田资源丰富，非常适宜把稻渔综合种养作为产业扶贫、乡村振兴的有效手段。本文就发展稻渔综合种养产业以推动产业发展来带动乡村

* 国家自然科学基金面上项目（71573111）。

** 作者：黄敏，主要从事农业经济管理学研究，E-mail: 591181484@qq.com。

通信作者：翁贞林，主要从事于农业经济理论与政策研究，E-mail: 2428081301@qq.com。

振兴作为研究对象。

## 二、稻渔综合种养的内涵与意义

稻渔综合种养是水稻种植与水产养殖相结合的循环农业模式，是农业绿色发展的有效途径，是在保障水稻稳产的前提下，利用稻田湿地资源开展适当的水产养殖，也就是将原有的稻田生态系统往更有利的方向发展，构建水稻—渔业共生互利的系统。稻渔综合种养是一种具有稳粮、增效、安全、生态等多功能的现代生态循环农业发展新模式，实现了"一水双用、一田双收"的目标，同时还可以进一步减少农业面源污染和水产养殖尾水污染，促进水稻种植与水产养殖协调绿色发展。稻渔综合种养是促进农业增收，提高农民务农积极性的现代农业发展新模式，也是一种可推广、可持续的现代农业模式。这种现代农业模式在江西省风生水起，生态经济不仅使江西农民的钱袋子越来越鼓，对助力乡村振兴也具有重要意义。

### 1. 发展稻渔综合种养能提高生产效益

发展稻渔综合种养能提高生产效益，促进粮食生产，水稻产量增加，提高农民种粮食的积极性。有效拉动了农村经济，解决近年来农民"低产低效"等实际问题，让农民在立体种养中增收。据统计，从养殖效益看，全国常规单一水稻的平均亩纯收益不足 200 元，通过一定的改造实施稻鳖、稻虾等稻渔综合种养模式，经济效益明显提升。亩平均增加产值 500 元左右，亩均增加产值在 1 000 元以上，每亩平均收入有明显提高。

### 2. 发展稻渔综合种养能促进产业扶贫

发展稻渔综合种养产业可以提供更多的就业岗位，解决农民的就业问题，促进农民增收。发展稻渔综合种养产业，可以让农民就近就业，避免了农民背井离乡所造成的负面影响，同时解决了农村留守人口的就业问题。上饶县锦辉生态养殖有限公司是一家集种植和养殖于一体，与休闲农业相结合的农业企业。通过土地入股和支付田租等形式，流转 600 余亩农田发展"莲—虾"综合种养，带动周边贫困户脱贫致富，目前已有 5 名贫困户与该公司签订务工合同，并以每亩 600 元土地入股的方式参与分红，每月增收近 3 600 余元，实现了就近尽早脱贫，产业扶贫带动贫困户实现"造血式"脱贫。

### 3. 发展稻渔综合种养能促进三产融合

发展稻渔综合种养可以促进三产融合，稻渔综合种养产业链长，价值链较高，具有实现第一、第二、第三产业深度融合的巨大潜能。稻渔综合种养能把水产业和种植业、休闲、旅游等产业有机结合起来，带动旅游业的发展，从而提高稻渔综合种养附加值。而且采用稻渔综合种养模式产出的稻米和水产品符合现在我国农业绿色发展的要求，有利于推动农业产业结构优化升级。

## 三、综合种养的发展现状及所具备条件

江西省集成、创新、示范和推广了"稻虾共作""稻鱼共作""稻蟹共作""稻鳖共作""稻鳅共作""稻蛙共作"6 个典型新模式，并集成创新了多项配套关键技术。尤其是以"稻—虾""稻—鳖"综合种养模式的发展最为迅猛，在全省得到大力推广。据不完全统计，截至 2016 年，全省稻渔综合种养面积已达 49 万多亩，水产品产量近 4 万 t，亩均增效 1 000 元以上，带动农民增收近 5 亿元。于 2018 年农业厅组织有关专家对申请创建整县推进稻渔综合种养示范县的有关县（市、区）进行了考核验收。授予九江市彭泽县、都昌县，上饶市余干县、鄱阳县、万年县，鹰潭市余江区，抚州市南城县，宜春市万载，吉安市吉水县，萍乡市湘东区 10 个县（市、区）"稻渔综合种养示范县"称号。

### 1. 种养基地特色明显

江西稻渔综合种养优势还是非常明显的，水源比较充足而且稻田连片。江西"稻—虾"综合种养面积 11 200 hm²，主要集中在南昌、九江、上饶等环鄱阳湖地区，形成了恒湖垦殖场、都昌、彭泽、永修等万亩连片和余干康山垦殖场千亩连片"稻—虾"综合种养核心示范基地。"稻—鳖"综合种养面积 670 hm² 以上，主要集中在丘陵山区地带，形成了永修云山垦殖场约 134 hm²、余江和南丰千亩连片"稻—鳖（乌鳖）"综合种养核心示范基地。

### 2. 区域位置优势明显

江西北接长三角，南接珠三角，东靠海峡西岸经济区，江西境内京九铁路自北向南，成为沟通南北、承东启西的交通枢纽，而且公路纵横、航空通达，以及优越的水运条件，为江西省稻渔综合种养产业"走出去"插上了翱翔的翅膀。

### 3. 高层次的交流平台

从江西省建立全国首个稻渔综合种养院士工作站，就能充分体现出江西省在

稻渔综合种养产业发展中的重要作用。稻渔综合种养院士工作站的建立也标志着江西省在推动渔业产学研究、教育科研合作、引进高层次人才等方面开拓了新思路、探索了新途径。在重点项目开发、重大技术创新、重要科技合作等方面搭建了"人才强企"的新平台，对江西省渔业、全国稻渔综合种养产业的发展产生深远的影响，在全国起到很好的示范带动作用。同时要充分发挥院士工作站这一重要平台的重要作用，在推进稻渔综合种养产业解决关键性技术问题、开展学术交流、模式推广等方面开展有效的实践探索。

### 4. 经营主体培育势头强劲

以江西省余江县神农氏生态农业开发有限公司（以下简称神农氏公司）为例，江西省余江县神农氏生态农业开发有限公司是一个以稻鳖共生产业为核心，创建了自己的品牌鱼米农夫，并致力于鱼米农夫生态园的开发。神农氏公司是以科技主导农业生产的现代综合型农业园区，园区总体规划面积 5 000 亩，计划总投资1.8 亿元，目前已投入 4 000 多万元建成高标准稻鳖共生田池 1 010 亩，2017 年评为市级龙头企业。2018 年，"全国巾帼脱贫示范基地"在公司成立。"采用公司+合作社+农户"的产业化模式发展生产，缓解了分散经营与大市场之间的矛盾，推动了稻渔综合种养产业的发展。

## 四、稻渔综合种养存在的问题

### 1. 农民增收迅速，面积扩增迅速，但发展规模不大，效益不强

通过近几年的发展，江西省"稻—虾""稻—鳖"等主导模式已日益成熟，其中稻渔综合种养面积达 11 200 hm$^2$，净利润达 21 000～39 000 元/hm$^2$。由于种养规模不够、稻渔品牌薄弱、加工流通滞后、缺乏专业的交易市场等，所以在提高产量和增加收入的同时增效不理想。其现有的稻渔综合种养规模不符合江西省适宜发展的稻田资源与农业大省的地位。江西省连片过千亩、高标准的稻渔综合种养基地仍然屈指可数，还未达到应有的发展规模和发展高度。根据渔业局 2017年的统计数据显示，江西稻渔共作面积仅 45 万亩，而湖北稻渔共作面积达 500万亩，仅仅潜江就达 65 万亩。与湖北等先进省份相比，江西省稻渔综合种养的推广力度还有很大的提升空间。

### 2. 稻渔综合种养产业化发展水平有待提高

稻渔综合种养模式单一，种养模式有待创新，市场开拓、品牌培育等方面还

有待进一步提高。主要还是以养殖为主，三产融合不足，没有形成完整的产业链。稻渔产品精深加工和产业化水平较低，高附加值产品少。与综合种养产业相关的休闲、旅游、观赏、垂钓、娱乐等高标准服务业潜力尚未充分发挥。要以稻渔为载体，带动种养产品生产、加工、销售和旅游业的发展。但是，因为经营分散，组织化、规模化程度不够高，加之对第一、第二、第三产业有机融合度不够，未能发挥出更大的经济效益。

### 3. 稻田养殖产业化配套技术有待进一步提升

龟鳖等养殖基础设施、养殖尾水处理设施、内部环境有待完善。如浙江省德清县充分发挥财政资金的引领作用，统筹县、镇（街道）、业主三方资金共同投入治理，调动各级单位参与的积极性，大力推广生态、高效的养殖技术模式，在主要养殖基地建设养殖尾水处理设施，重点养殖基地达标排放，养殖尾水治理工作全面开展并迅速取得成效。与浙江省相比，江西省在这一方面还有待加强。

### 4. 综合种养的应用基础理论研究与推广普及有待加强

在稻渔一体化种植和养殖的发展过程中，各地根据实际情况和当地情况，形成了"稻—虾""稻—泥鳅""稻—鱼""稻—龟""稻—蛙""稻—蟹"等有效模式，进一步丰富了稻渔一体化种植和养殖的内涵。然而，由于不同地方在理解程度方面的不同，使得这些模式和实践还没有形成典型模式，而且基本上都是基于农民自发的探索和参考。关于在水稻品种的选择、田间病虫害和杂草的防治等方面缺乏基础研究。除稻田资源和水资源等客观因素外，缺乏总结、推广稻渔综合种植和养殖模式已成为各地发展不平衡的重要原因。

### 5. 政府扶持政策有待完善

以永修县为例，永修县已出台对稻渔综合种养的奖励政策，重点奖励 1 000 亩以上大户，但是一般养殖户无法享受到此政策的阳光雨露。而且科研机构对稻渔综合种养的配套技术研究并不完善，如在水稻品种的选择、田间病虫害生态药物推广、不同投入药品对水产品产量及品质的影响等方面都缺乏基础性研究。

## 五、大力发展稻渔综合种养产业推动产业振兴战略

江西省现有稻田近 200 万 hm²，据专家估算，其中适合稻渔综合种养面积保守估计至少占 10%，约 20 万 hm²，具有很大的发展潜力和发展空间。解决稻渔综合种养产业问题，对江西稻渔产业推动乡村振兴有重要作用。因此，应从以下几

个方面抓好解决稻渔综合种养产业发展问题的工作。

**1. 加快稻渔综合种养产业化模式和技术的示范推广**

（1）积极推进产业化示范

创建百亩示范点、千亩示范点和万亩示范点，构建集中连片、规模化发展的新格局。土地的选择应该基于农户参与积极性高、政府支持力度大，以及有稻渔综合种养基础的地方水稻。通过加大财政支持和科技服务，结合高标准农田建设项目，加大农田项目建设力度，完善稻田基础设施和养殖设施设备。组织现场交流活动，充分发挥示范区的带动作用，强化示范引领作用，带动全省稻渔综合种养不断拓展深化。建立大型、生态化、标准化、品牌化、稳定高效的生态循环水稻和渔业综合种植养殖示范基地。加强龙头示范作用，带动周边地区发展水稻和渔业综合种植养殖，促进水稻和渔业综合种植养殖产业快速发展壮大。

（2）加强技术指导和培训

开展技术培训和现场指导，促进水稻和水产品综合种养成果的推广应用。为了提高科技水平，稻渔综合种养是现代生态循环农业的一种新模式，就是要将水稻种植与水产养殖作有机结合。水产研究推广部门应加强各部门之间的合作，因地制宜，推广内容与实际需求相契合。对不同地区、不同稻田和不同种植养殖方式进行针对性地研究，重点培养一批优势育种品种，以重点品种产业为主线，在不同地区发展主要育种技术模式。与此同时，组织编写统一的培训材料，并组织召开产业发展会议。依托科技入户公共服务平台，积极构建"技术专家+核心示范户+示范区+辐射户"的推广模式，提高技术可用性和普及率。促进大规模、标准化、产业化的水稻和渔业综合种植和养殖的发展。发展"互联网+"与稻渔综合种植和养殖产业的融合，利用互联网、大数据、云计算等现代技术改造传统渔业。

（3）加强产业人才队伍建设

习近平总书记指出"要推动乡村人才振兴，把人力资本开发放在首要位置，强化乡村振兴人才支撑"。人才是实现乡村振兴的重要条件，注重培养和引进高层次创新型科技人才，加快建设一支专业技术人才队伍，并鼓励和引导科技人才为稻渔综合种养发展作贡献。建立乡村农业科研基地，吸引科技人员到农村去。企业与高校合作，鼓励高校科研人员到乡村开展农业科学研究，并将科研成果应用于乡村。尽快建立由水产、种植、农机、农艺、农经、农产品加工等多方面专家组成的稻渔综合种养技术协作组，指导解决产业间相互合作、相互协调、相互融合的生产和技术问题。利用开展的各种培训，帮助农民不断更新知识，掌握稻田渔业综合种养的先进技术，逐步建立一批新型职业农民队伍。加快稻渔综合种养重大技术推广应用，推进江西省优势特色产业发展，为进一步推进质量兴农、绿色兴农和品牌强农提供有力支撑。

### 2. 加强稻渔综合种养产业化相关基础理论研究

（1）加强关键技术参数的研究

要对相关技术的应用进行深入地理论研究，在保持水稻持续稳产、水产品高效，以及稻田综合效益最佳的前提下，重点研究水稻品种选择、水稻种植和水产品放养合理密度、沟坑控制面积和养殖尾水排放等方面的技术要点，并在此研究基础上提出技术和模式的优化建议。

（2）加强稻田综合效益评价

认真做好水稻测产工作，对比常规单一水稻稻田和综合种养稻田综合效益并进行分析，同时建立一个关于稻渔综合种养的综合效益评价方法体系。如从产量、农民收入、经营主体技术等方面评价经济效益；从减排、减耗、增绿等方面评价生态效益；从提高农民种粮积极性、农村就业率、推进农村合作经济等方面评价社会效益。

### 3. 完善稻渔综合种养产业化发展体制机制

（1）积极培育新型经营主体

推进适度规模经营，加快建设稻渔综合种养产业化联合体，实现产业链接、要素链接和利益链接。积极培育社会化服务组织，参与围绕稻渔综合种养各个环节参与的公益性服务。扶持龙头企业、专业合作社、种养大户等稻渔综合种养生产经营主体，让农户承担起以转包、转让、入股等多种形式的承包经营土地向稻渔综合种养新型经营主体流转的重任。推进稻渔综合种养适度规模经营，加快形成集约化、专业化、组织化、社会化相结合的稻渔综合种养经营体系。通过统一品种、统一管理、统一服务、统一销售、统一品牌，进一步提高稻渔综合种养组织化、标准化、产业化程度，完善产业化发展的体制机制，集成"科、种、养、加、销"为一体化的产业链。

（2）完善产业化配套服务体系

以水产技术推广体系为依托，建立稻渔综合种养技术创新和服务平台。努力加强与规模化和产业化相关的稻渔综合种养技术和公共服务保障体系，集成一批稻渔综合种养的配套关键技术。加快培育苗种供给、技术服务和产品营销等领域的经济合作组织，建立健全的产前、产中、产后全过程相关社会化服务体系。

### 4．坚持融合与整合结合，释放产业发展活力

（1）创建地方特色品牌

打造一批具有江西特色的知名稻渔品牌，不断提升稻渔综合种养产品质量安全水平，提高稻渔综合种养效益。加强稻渔品牌宣传推广，提升稻渔品牌价值效应。积极引领经营主体创建稻、虾、鳖、蟹等知名品牌，拓宽销售渠道。加快优质稻谷申报无公害、绿色、有机食品的认证，发挥品牌优势。大力发展稻渔电商，扩大市场占有率。

（2）走产业融合之路

促进产业融合发展，提升联合组织程度。稻渔综合种养产业链长，价值链较高，在推动第一、第二、第三产业发展方面具有巨大优势。结合稻渔综合种养发展休闲农业与乡村旅游，不断扩大稻渔综合种养产业功能。第一、第二、第三产业融合是拓宽农民增收渠道和构建现代农业产业体系的重要举措，也是加快转变农业发展方式、探索中国特色农业现代化道路的必然要求。各地要开辟整个供应链、管理、产品加工、品牌营销等生产资源。让农民分享更多的稻渔综合种养发展成果。

### 5．优化稻渔综合种养产业化发展环境

（1）加大政策扶持力度

各地要积极把稻渔综合种养作为稳粮、促进渔业生产、增加收入的重要措施，并将其纳入现代农业发展的重点领域。引导各地区增加对稻渔综合种养产业政策和资金的扶持力度，将其纳入各地区农业发展计划中，积极推动稻渔综合种养产业发展。

（2）扩大工作宣传力度

通过各种媒体广泛宣传，让社会各界深入了解稻渔综合种养在"稳粮促渔，增效生态"中的重要作用和良好发展前景。积极向稻田综合种养相关部门汇报稻渔综合种养新进展与新成果，为带动稻渔种植和养殖产业发展创造更好的环境。

总之，乡村振兴在于产业振兴，产业发展是推动农村发展的主要力量。稻渔综合种养产业必须不断优化自身结构，尊崇整体协调原则、保障粮食安全原则、比较优势原则、保持和改善生态环境原则。使其在全国实施乡村振兴战略的背景下，因地制宜地发展稻渔综合种养，既符合新时代发展要求，又能带动农村经济发展，助推乡村振兴。

## 参考文献

[1] 张显良. 大力发展稻渔综合种养　助推渔业转方式调结构[J]. 中国水产，2017（5）：3-5.

[2] 朱泽闻，李可心，王浩. 我国稻渔综合种养的内涵特征、发展现状及政策建议[J]. 中国水产，2016（10）：32-35.

[3] 吴雪. 将打造区域农业品牌与乡村振兴相结合[J]. 人民论坛，2018（17）：74-75.

[4] 牛立国. 结合我县实际　谈促进全省稻渔综合种养规模化发展的几点看法[J]. 黑龙江水产，2018（3）：6-7.

[5] 王浩. 江西鹰潭挂牌成立全省首个稻渔综合种养院士工作站[J]. 中国水产，2017（12）：27.

[6] 傅雪军，银旭红，李彩刚. 江西稻渔综合种养产业发展思考[J]. 江西水产科技，2018（2）：51-53.

[7] 肖放. 新形势下稻渔综合种养模式的探索与实践[J]. 中国渔业经济，2017，35（3）：4-8.

[8] 杨素玲. 从全省稻田综合种养现场会看"稻渔共作"新模式[J]. 江西农业，2017（18）：26-27.

[9] 陈灿，李绪孟，黄璜. 洞庭湖区"稻渔"融合产业体系发展战略研究[J]. 作物研究，2017，31（6）：602-606.

[10] 李可心，朱泽闻，钱银龙. 新一轮稻田养殖的趋势特征及发展建议[J]. 中国渔业经济，2011，29（6）：17-21.

[11] 李志安. 浅议大力发展稻渔综合种养的措施和建议[J]. 渔业致富指南，2018（4）：15-19.

[12] 孟顺龙，胡庚东，李丹丹，等. 稻渔综合种养技术研究进展[J]. 中国农学通报，2018，34（2）：146-152.

[13] 张桂芳，甘江英. 乡村振兴战略下　稻渔综合种养休闲化发展对策[J]. 渔业致富指南，2018（13）：13-16.

[14] 胡旭升. 发展稻渔综合种养为潢川脱贫致富助力[J]. 河南水产，2018（3）：41-43.

# 基于乡村振兴的背景下
# 上饶市高效生态农业发展对策研究

俞　霞　杨文亭　黄国勤[*]

（江西农业大学生态科学研究中心，南昌330045）

**摘　要：** 20世纪60年代自生态经济被提出以来，国内外学者围绕生态经济进行了大量的理论和应用研究。乡村，自古以来都是欠发达地区，农业、农村是一个完整的自然生态系统，尊重自然规律，科学合理地利用资源进行生产，在获得稳定的农产品供应的同时，也能保护和改善生态环境，改善人民生活，建设美丽乡村。

**关键词：** 乡村振兴　生态农业　上饶市

生态农业是指在保护、改善农业生态环境的前提下，遵循生态学、生态经济学规律，运用系统工程方法和现代科学技术建立起来的现代化高效农业。近年来，随着我国中央政策向乡村倾斜提出乡村振兴战略，2018年"中央一号"文件强调，实施乡村振兴，产业兴旺是重点。

本文以乡村振兴战略为发展背景，以强调产业兴旺为重点，通过对上饶市生态农业发展现状的了解，发现其现阶段制约生态农业发展的因素，并对此进行分析，最后对上饶市的农业发展提出相应的对策。

---

* 通信作者：黄国勤，教授、博导，E-mail：hgqjxes@sina.com。

## 一、乡村振兴背景下发展高效生态农业的重要性

高效生态农业是生态化生产和集约化生产有机耦合的现代化农业，在具有传统中国现代化农业和效益农业的某些优点之外，还具有一些富有时代气息的新功能、新特点。高效生态的多样化经济有经济功能（收入功能，提供就业，取得产业平均利润；吸纳功能，吸收社会资金；产品功能，向国内外市场提供农副产品）；社会功能（休闲旅游功能，为都市居民提供休闲、娱乐、旅游的新场所、新方式；教育文化功能，传承文明，增强环境与科学意识；示范辐射功能）；生态功能（实现农业和农村经济可持续发展；减弱噪声，保护生物多样性，改善生理心理状况；净化空气，涵养水源，调节小气候等）。尤其在乡村振兴背景下，高效生态农业将作为一项发达的现代产业成为一项新兴的"朝阳产业"。

高效生态农业注重人与自然和谐相处、生态资源合理有效利用、农业功能的多样性发展。加快形成农村生态农业的经济发展、促进农村资源合理化利用、改善农村生态环境、培育农村生态文明、推动农村的科学可持续发展新形势。实现产业兴旺、生态宜居、乡风文明、治理有效、生活富裕的可持续发展的现代乡村。

## 二、上饶市区域特征

上饶市地处江西省东北部，信江上游，长江中下游和下游交接处南岸，土地肥沃，气候宜人，是重要的农耕区。自古就有"上乘富饶、生态之都""豫章第一门户"和"八方通衢"之称的上饶，东邻浙江、南挺福建、北接安徽、西濒鄱阳湖，处于鄱阳湖生态经济区、长三角经济区、海西经济区三区交会处。上饶位于北纬 27°48′—29°42′、东经 116°13′—118°29′。全境南北长 194 km，东西宽 210 km。土地总面积 22 791 km²，其中，平原面积 6 013 km²，占上饶市面积的 26.39%；山地面积 2 342 km²，占上饶市面积的 10.27%；丘陵面积 14 436 km²，占上饶市面积的 63.34%。物华天宝，上饶自然资源丰富宜农耕地面积达 90%，质量好的耕地总面积达 430.5 万亩，是粮食产量的要地，分析上饶地区农业生态生产对于上饶市进一步理解发展生态农业有积极的促进作用。

### 1. 社会经济状况

虽然上饶市连接浙江、福建、安徽三省，但是由于上饶市以丘陵地区为主，

且占全市总面积的 63.34%，而上饶市的经济发展相对于江西其他市仅位居中游。表 1 为 2017 年江西省各市生产总值（GDP），2017 年上饶市生产总值为 2 055.45 亿元，在全省 11 个市级地区排名为第四。

表 1　2017 年江西省各市生产总值（GDP）

| 市 | GDP/亿元 | 增长率/% | 财政总收入/亿元 | 人均可支配收入/元 |
|---|---|---|---|---|
| 南昌市 | 5 003.19 | 9.0 | 782.82 | 37 675 |
| 赣州市 | 2 524.01 | 9.5 | 408.32 | 29 567 |
| 九江市 | 2 413.63 | 9.1 | 461.29 | 32 592 |
| 上饶市 | 2 055.45 | 8.8 | 318.67 | 30 372 |
| 宜春市 | 2 021.85 | 9.0 | 354.26 | 29 871 |
| 吉安市 | 1 633.47 | 9.0 | 251.34 | 31 936 |
| 抚州市 | 1 354.57 | 8.7 | 183.64 | 29 463 |
| 新余市 | 1 108.51 | 8.5 | 144.18 | 34 775 |
| 萍乡市 | 1 079.5 | 8.9 | 146.16 | 33 120 |
| 景德镇市 | 8 78.25 | 8.8 | 123.21 | 34 283 |
| 鹰潭市 | 800.8 | 8.6 | 127.7 | 31 696 |

上饶市虽然生产总值在江西省排名第四，但是人均可支配收入排倒数第四。总体来说，江西省的发展相对其他省市来说较为落后。由表 2 可知，上饶市第一产业增加值为 246.6 亿元，第二产业增加值为 976.0 亿元，第三产业增加值为 832.8 亿元。三次产业对经济增长的贡献率分别为 5.9%、46.5% 和 47.5%。可以看出，第一产业对经济增长贡献率相对较低，第二、第三产业对上饶市经济增长的贡献率较高且相对持平。

表 2　上饶市第一、第二、第三产业增加值

| 产业 | 产值/亿元 | 增长率/% | 贡献率/% |
|---|---|---|---|
| 第一产业 | 246.6 | 4.1 | 5.9 |
| 第二产业 | 976.0 | 10.8 | 46.5 |
| 第三产业 | 832.8 | 10.8 | 47.5 |

### 2．生态农业发展现状

上饶市全市农业经济仍以传统农业为主，种植业占主导地位，服务业处于萌芽期，农业服务业产值相对较低。

## 三、上饶市生态农业发展融合发展的优势和制约因素

### 1．优势条件

（1）上饶市被评为国家森林城市，生态环境优美，资源丰富。自然条件良好，其中，山地面积为 2 342 km²，占全省面积的 10.27%；丘陵面积为 14 436 km²，占全省面积的 63.34%。位于亚热带湿润性气候区，降水充足，水资源丰富，森林资源丰富。婺源县成功创建国家生态保护与示范区、国家生态县。铅山县岗东金刚煤矿为省级绿色矿山试点单位等。上饶市具有复杂多变的山区气候特点，高温多雨有利于植物的生长，具备得天独厚的农业生态发展条件。

（2）旅游资源丰富

上饶市旅游资源丰富，有中国最美乡村——婺源；江西省首个世界地质遗产、国家级地质公园三清山；AAAAA 级风景名胜区龟峰有"中华丹霞精品，东方神龟乐园"之美誉；有被道家书列为"天下第三十三福地"的灵山；有世界六大湿地之一、亚洲湿地面积最大、湿地物种最丰富国家级湿地公园、中国科普教育基地、"候鸟的天堂"之称的鄱阳湖等。

两条国家主干线沪昆和京福高铁十字相交，打通上饶市南北、东西走向，交通便利，方便游客出行旅游。2018 年上饶市凭借着得天独厚的自然资源开发旅游资源跻身 2018 年中国旅游城市排行榜第 17 位。带动旅游人数 1.6 亿人，推动了当地的经济发展，创造了巨大的经济效益。

（3）特色品牌产业

上饶市农业为基础产业，多以绿色、无公害形成产业品牌。有万年贡米、弋阳大禾米、余干乌黑鸡、国家级省级优质产品有铅山紫溪红芽芋、广丰白银鹅、黄耳鸡、婺源荷包红鲤鱼、大障山绿茶、瘦肉型猪、烤鳗等为代表的特色品牌农产品。上饶市东西南北跨度面积大，因而产业合理布局成"东柚、西蟹、南红、北绿、中菜"。在政府的相关政策及扶持下进一步发挥产业优势，优化产业结构，大力发展马家柚、红芽芋、虾蟹等特色产业。2018 年实现马家柚产值 2.4 亿元、绿茶产值 60.6 亿元、红芽芋产值 7 亿元、虾蟹产值 30 亿元、蔬菜产值 60 亿元。

（4）产业集约化程度较高

上饶市共有 11 个省级开发区（工业园区），上饶经济技术开发区，以机械、光学仪器、有色金属加工、纺织服装为主；广丰工业园区，以 IT 业、食品、造纸、服装等为主；玉山工业园区，以发展机械、建材、轴承为主；铅山工业园区，以发展化工、食品、建材为主；横峰工业园区，主要以发展有色金属、食品等为主；弋阳工业园区，以发展建材、铜加工、纺织服装为主；余干工业园区，主要以发展农副产品加工、纺织、医药等产业为主；鄱阳工业园区，以发展水产品加工、服装、标准件等产业为主；万年工业园区，主要以发展机械、食品、金属加工等产业为主；婺源工业园区，主要以发展竹木加工、医药、食品等产业为主；德兴大茅山经济开发区，主要以发展有色金属加工、竹木加工、纺织等产业为主。

**2．制约经济发展因素**

（1）人才大量流失，农民积极性缺乏难以保障高效生态农业的发展

上饶市东邻浙江、南挺福建、北接安徽、西濒鄱阳湖，处于鄱阳湖生态经济区、长三角经济区、海西经济区三区交汇处。省外经济发展迅速，虽然吸引大量人才涌进，为缓解上饶市就业压力带来一定的好处，但同时也带走了大量的人才。高效生态农业需要精准地控制农药、化肥等化学产品，减少化肥农药的使用在一定程度上会降低农产品的收获量，提高农产品质量，但农产品质量和市场价格关联度不是很高，因而农民难以获得相应的经济效益。高效生态农业的生态效益明显，但农民很难在短时间内获得生态环境给其带来的经济效益。在既得利益和长远利益中大部分农民选择了眼前的既得利益，因此降低生产高效生态农业意愿。

（2）农业科技水平较低

受区位地理因素的制约，上饶市农业生产仍以传统工作方式为主，农业科技使用推广力度、可行性较低、转化率较低，高效的农业推广体系处于初级阶段，农业科研领域投入较少，生态农业发展受到限制。

（3）耕地面积狭小且分散

全市耕地资源总量丰富，但是人口众多，人均耕地面积少。其中平原面积为 6 013 km²，占上饶市面积的 26.39%。对于大面积使用现代农业机械化来说比较难以实现，这成为制约农业生态最主要的自然因素。

（4）农业基础设施建设落后

上饶市山地、丘陵面积广，基础设施建设发展滞后，政府对重点开发区域加以投资后，部分地区缓解了农业基础设施建设落后的情况，但是大部分地区农业

基础设施仍旧处于落后停滞状态。一是资金来源过于单一，在我国，农村基础设施建设的资金来源主要由农户自主承担及农村集体承担，金融机构贷款、政府投入和外资所占比例较小。二是注重短期效益，轻视长期效益，环境基础设施严重滞后，乡镇基础设施建设主要集中在道路、供电、供水等生产性基础设施建设方面。对于垃圾、污水、废弃物处理等关于生态可持续发展的环境设施极少关注。三是农业生态旅游配套设施滞后，大部分农业生产基地，生态园缺乏相应的休闲娱乐配套设施，如吃、住、行、游、购、娱等一系列项目没有被开发出来，导致许多慕名而来的学者、观赏人员来得快，去得也快，并没有给当地带来多大的经济效益，同时还可能会降低当地的口碑。降低了当地的农业生态旅游资源的利用率，减缓了当地生态农业的发展。

（5）特色产业综合开发程度较弱

上饶市有"东柚、西蟹、南红、北绿、中菜"，铅山紫溪红芽芋、广丰白银鹅、黄耳鸡、婺源荷包红鲤鱼、大鄣山绿茶、瘦肉型猪、烤鳗等为代表的特色品牌农产品。因为这些特色农产品仅在特定区域生产，虽然生产品种较多，但其产业发展都处于较原始的初级输出。生产规模小，产业链短小、单一，导致成为其现阶段难以突破的新问题。另外，当地也没有充分挖掘和发挥出与该地特色农业产业相关的附加产品及产业，未能提升特色产业附加值，推后农业发展前进的步伐。

## 四、上饶市生态农业产业兴旺发展研究

### 1. 发展生态旅游业

上饶市被评为 2018 年度《中国国家旅游》最佳生态旅游目的地，上饶婺源瑶湾被评为 2018 年度《中国国家旅游》乡村振兴目的地，全国共 6 个，江西省仅有一个。对此要树立"全市生态旅游"理念，把全市当作生态景区来规划建设，把乡村当作景点、景观来经营，重点抓好重大旅游项目建设、特色旅游路线整合，完善相应的旅游设施配套建设。以实现处处是农业、处处是旅游业。加快打造现代化生态农业旅游项目的步伐。

以婺源文化与生态旅游区景区为基础，加快推进三清山景区、江湾景区、龟峰风景名胜区、鄱阳湖国家湿地公园、三清山田园牧歌乡村旅游区农业生态旅游示范基地等一大批重大旅游项目的建设。借助乡村振兴战略和特色乡镇的契机，打造一些富有地方特色的农业休闲旅游区，积极培育发展健康、环保的乡村度假、

户外运动、休闲等附加值较高的农业生态旅游项目，推动从自然风光观光旅游向生态农业旅游业转变，促进乡村特色生态经济呈现新发展形势。

例如，婺源文化与生态旅游区景区就通过结合当地拥有的丰厚的徽州文化底蕴为契机，契合时宜地开发出极具历史价值和观赏价值的徽剧、婺源民歌等传统剧目。同时新建鼓吹堂、百工坊、公社食堂等景点，让游人体验旧时手工艺匠人的传统技艺。这对于传承、弘扬中华文化具有极大的意义。因此受到来自五湖四海游客的欢迎，在2018年度还被评为《中国国家旅游》最佳生态旅游目的地。不仅提高了当地的经济效益，还有助于提高当地的知名度，同时也积极响应了国家乡村振兴战略的号召。

### 2．大力发展种植业

进一步调整优化"东柚、西蟹、南红、北绿、中菜"特色品牌的产业布局。东柚：在原有的基础上增加柚子的种植面积，增强马家柚的品质，做好马家柚的牌子，依托马家柚生产基地发展休闲观光旅游。西蟹：推进稻虾（蟹）示范面积建设，在鄱阳湖、万年县等适合发展虾蟹养殖区域加大推广养殖技术，大力发展天然、营养、美味、无公害的水产品，推广水产品标准化生产及产品的分级包装。从养殖源头延长产业链，积极开发生产中的苗种繁育、饲料加工、动物保健、产品销售等每一个环节，使之成为真正的生态农业产业。南红：建立优质蔬菜基地，倡导铅山县积极发展以铅山红芽芋为主导的农产品，开展一系列关于红芽芋的特色文化活动，如吃"芋头大赛""红芽芋现场烹饪大赛""美芋王评选""美芋王拍卖""全芋宴"等。北绿：大力发展婺源绿茶等加工业，选择质量上乘的品种进行培育批量生产，保护绿茶种植园面积。在段莘、溪头、江湾、秋口、大鄣山、沱川、浙源、清华、思口、紫阳、太白、中云、赋春、许村、珍珠山、镇头共16个乡（镇）171个行政村，保护绿茶种植园面积10 333.3 hm$^2$，年产量7 000 t。重点抓好7 000 t绿茶的精深加工和综合利用。加大宣传推广力度，增加其知名度。中菜：发展优质蔬菜园，在上饶市广丰区下溪镇、铅山县陈坊乡荆林、鄱阳县凰岗镇、玉山县三清湖冷水茭白、上饶市东山村马棚饭、上饶市横峰县白沙岭、上饶市弋阳县南岩镇旗山村、上饶市婺源县珍珠山莲子滩、上饶市余干县三塘朱家村、上饶市上饶县湖村乡石咀村等乡镇村发展无公害、绿色和反季节蔬菜，建立蔬菜加工基地，拓宽生产渠道，推广蔬菜产品标准化、集约化生产。

### 3．不断推进三产融合发展

建立高效生态农业生产体系，需要不断推进三产融合发展，积极推进农业与旅游产业融合发展，开展示范园，创建示范基地，拉动休闲旅游生态农业的发展。各地要因地制宜结合当地的发展条件如地势、水源、土壤等合理发展。

### 4．因地制宜

建设美丽乡村、实现乡村振兴要实事求是、因地制宜，而不是一味地照搬城市模式，脱离乡村实际，如福建省永定区村庄绿化采用大量草坪、灌木修剪等城市绿化园艺手法；过度硬化土壤，破坏乡村风貌和自然生态；建设不合实际的观光设施，如修建大亭子、大牌坊、大公园、大广场等。

## 参考文献

[1] 洪思洁，肖广江，甘阳英. 乡村振兴背景下连平县生态农业发展对策研究[J]. 现代农业科技，2018-12-12.

[2] 卓乐，曾福生. 农村基础设施对粮食全要素生产率的影响[J]. 农业技术经济，2018-11.

[3] 陈迪. 大力实施乡村振兴战略　实现农村工作健康发展[J]. 吉林农业，2018（23）：33.

[4] 薛苏鹏. 发展绿色产业　引领乡村振兴[J]. 新西部，2018（27）：87-88.

[5] 姚晓华，刘海治. 实施乡村振兴战略推进农业农村现代化[N]. 衡水日报，2018-11-21（A03）.

[6] 刘小亮，刘兰星. 新时代推动经济高质量发展探析——以江西上饶为例[J]. 经济建设，2017-07-03.

[7] 施敏. 繁荣兴盛农村文化　焕发乡风文明新气象[N]. 楚雄日报（汉），2018-05-09（003）.

[8] 张彦丽. 乡村振兴背景下促进山东省生态经济发展研究[J]. 山东行政学院学报，2018-05-19.

[9] 孔祥智. 生态宜居是实现乡村振兴的关键[J]. 中国国情国力，2018（11）：6-9.

[10] 马丽. 乡村振兴背景下高效生态农业发展战略研究[J]. 农业经济，2018-10.

[11] 苏言. 把生态作为乡村振兴的生命线[N]. 新华日报，2018-04-17（001）.

[12] 杨苹苹. 乡村振兴视域下生态宜居乡村的实现路径[J]. 贵阳市委党校学报，2017（6）：59-62.

# 乡村振兴背景下新余市生态产业发展对策研究

袁嘉欣　　黄国勤*

（江西农业大学生态科学研究中心，南昌 330045）

**摘　要：** 本文以新余市农业和旅游资源为基础，探究了其发展现状，总结了新余市在乡村振兴背景下生态农业和乡村旅游建设的特点和不足，思考了推进乡村建设的途径。近年来，新余市坚持以生态、优质、高效为导向，大力发展生态农业和乡村旅游业，促进三产融合，推动乡村振兴。

**关键词：** 乡村振兴　生态农业　乡村旅游　对策

## 一、引言

生态农业是指在保护、改善农业生态环境的前提下，遵循生态学、生态经济学规律，运用系统工程方法和现代科学技术建立起来的现代化高效农业。生态农业是一个地方或区域现阶段现代农业发展和实现农业转型升级的最佳表现形式之一，是实现社会经济协调发展和生态文明建设的最有效手段。

2018 年"中央一号"文件强调，实施乡村振兴，产业兴旺是重点。必须坚持质量兴农、绿色兴农，以农业供给侧结构性改革为主线，加快构建现代农业产业体系、生产体系、经营体系，提高农业创新力、竞争力和全要素生产率，加快实现由农业大国向农业强国转变。

---

\* 通信作者：黄国勤，教授、博导，E-mail：hgqjxes@sina.com。

本文通过对新余市生态农业与乡村旅游发展现状的深入了解，并对此进行充分剖析，最后针对新余市农业发展的具体情况提出了促进生态农业发展的对策。

## 二、新余市地理气候与资源特点

新余市属亚热带湿润性气候，具有四季分明、气候温和、日照充足、雨量充沛、无霜期长的特点。新余市气候温和，年平均气温 17.7℃，7 月是全年最热时期，月平均气温为 29.4℃，1 月是全年最冷时期，月平均气温为 5.4℃，年平均相对湿度为 80%。人均拥有水资源量约为 2 063 m³。从总体上来说，新余市气候资源较好，具有发展生态农业的气候优势。

截至 2017 年，新余市全年粮食种植面积达 99 943 hm²，比 2016 年增长 0.7%。其中，谷物种植面积达 93 038 hm²，增长 0.6%；豆类种植面积为 4 106 hm²，增长 3.2%；薯类种植面积为 2 799 hm²，增长 1.5%；油料种植面积为 11 217 hm²，增长 1.1%；蔬菜种植面积为 11 720 hm²，增长 2.6%；棉花种植面积为 2 113 hm²，下降 4.6%；甘蔗种植面积为 47 hm²，增长 6.8%。江西省是全国产粮大省，新余市的农业发展一直很稳定。

## 三、新余市生态农业发展现状

据统计，截至 2017 年，新余市农林牧渔业总产值 19.97 亿元，比 2016 年增长 4.1%。其中，农业产值 6.64 亿元，增长 3%；林业产值 0.76 亿元，增长 6.1%；牧业产值 8.09 亿元，增长 4%；渔业产值 1.40 亿元，增长 7.5%；农林牧渔服务业产值 1.08 亿元，增长 6.6%。农业改革创新是现代农业发展的原动力。为此，新余市在三权分置、产权制度改革和农垦改革方面做足了文章。在三权分置方面，新余市在巩固农村土地确权登记颁证成果的基础上，积极引导农村土地有序流转，全市土地流转率达到 42%，高出全省 6 个百分点。在农村集体产权制度改革方面，选择在一县三区 6 个村委开展试点，成效显著。在农垦改革方面，该市按照"垦区集团化、农场企业化"原则推进农垦改革，三个国营垦殖场都组建了国有资本投资营运公司，南英垦殖场生态循环农业小镇和介桥垦殖场麻纺小镇已入选首批省级特色小镇。

同时，以三产融合为模式，结构调整带动乡村振兴。首先，绿色高效水稻得到推广，再生稻面积达 2 万多亩，稻鱼立体养殖已逐渐被农户接受；新余蜜橘品质不断提升，订单遍布"一带一路"沿线十多个国家；高产油茶、麒麟西瓜、中药材、特种养殖已成为农民增收的加速器。农产品加工不断深化，大米等主食产品加工走在全省前列，全市有各类农产品加工企业 75 家，形成了苎麻、粮食、肉类品、油茶、中药材加工五大产业集群，其中夏布产业被列入全省重点发展的 20个示范产业集群之一。凯光田园综合体等如雨后春笋般兴起，良山下保村被评为全国美丽宜居村庄。

全市整合资金 26.8 亿元，抓紧项目建设，实施了一大批农业废弃资源综合利用项目。如因地制宜地利用荒山荒坡、农业大棚、鱼塘等发展光伏农业，建成光伏农业电站 210 MW，形成农、林、渔、光互补发展新模式；围绕秸秆饲料、燃料、基料化综合利用，引进江西中田年产 8.35 万 t 双孢菇生产项目，采取隧道发酵技术，建成后全年可处理农业废弃物 19 万 t；引入第三方治理，以罗坊沼气站集中处理、集中供暖、集中供气、沼肥综合利用为主的循环农业模式成为全国样板。罗坊农民创业园列入 2017 年全国农村创业创新园区目录。

## 四、新余市生态旅游发展现状

2014 年 7 月，新余市出台了"一乡一特""一村一品"文化品牌示范点建设实施方案，以行政区划的乡镇和村组作为基础主体，推进乡村文化品牌战略发展，扶持特色鲜明的优秀乡土文化。新余乡土文化品牌建设不仅是单纯的农村文化建设，更是新时期新农村建设的重要构成，包含三项内容：一是扶持、保护农村特色鲜明的优秀乡土文化；二是以乡土文化品牌建设促进农村思想文化建设；三是以品牌建设为纽带，统筹乡村资源，致力品牌产业延伸，整合提振乡村经济发展与农村整体振兴。

### 1. 新余市生态旅游发展的特点

一是注重对乡土文化元素的挖掘。注重挖掘当地历史文化民俗或特色经济元素，提炼总结"红""古""绿"三条文化品牌脉络和具有浓郁的地域文化特色。

选择乡土文化形象作为品牌标识，形成以"七仙女下凡"为代表的仙女湖风景区旅游产业品牌标识；以"抱石"为代表的书画产业品牌标识等。新余市政府建设仙女湖风景区品牌时，在最大的亚热带树种基因库、青山绿水、上百岛屿、万顷原始森林等多个地域元素中，挖掘了仙女湖是民间传说"七仙女下凡"地这个文化元素作为品牌形象标识。

二是凸显当地地域文化特色。近年来，新余市获得的乡土文化品牌授牌中，也是沿用了当地地域文化特色的做法，如罗坊镇围绕文化名人傅抱石打造的抱石书画文化形象，围绕罗坊会议遗址打造的红色文化、围绕民间艺术打造的罗坊花鼓戏、湖头村围绕荷花种植打造的玉桥仙荷。

三是与当地经济产业形成呼应。乡土文化经历代生长于此的居民传承沉淀而来，记录了当地民众自古以来的经济生活烙印，如夏布文化、夏布刺绣延续至今，在技术层面与文化层面为夏布绣文化产业发展奠定了基础。

### 2. 新余市乡村旅游开发现状

据统计，2017 年新余市乡村旅游接待游客 327 万人次，实现旅游收入 20.8 亿元。新余市共有乡村旅游景点 68 个，全国乡村旅游示范点 1 个，市级乡村旅游示范点 10 个，农家餐馆 260 家，解决就业人员 7 500 余人。新余市渝水区是全国 32 个休闲农业与乡村旅游示范县之一。目前，新余市乡村旅游发展已步入快速发展阶段，乡村旅游呈现出多样化的发展态势，现代休闲观光农业园、森林氧吧、农家乐得到迅速发展。

（1）现代休闲观光农业

新余市现代农业科技园作为江西省十大省级农业科技园区之一，也是新余市观光农业的代表。园区现有江西农科农业发展有限公司、新余蜜橘无病毒良种繁育中心、天工葡萄酒庄等 8 个科技含量高、市场潜力大的项目落户。科技园是集观光农业与高科技研发于一体的综合试验示范区。

（2）森林旅游

新余市是江西省唯一获得"国家森林城市"荣誉称号的城市，森林覆盖率居全国前列。近几年，随着抱石公园、北湖公园等的开发建设，仰天岗国家森林公园的投资改造，新余市的森林旅游持续升温。

（3）农家乐

结合新农村建设的发展思路，新余市以农民家庭为基本单位经营农家乐，这些农家乐通常位于生态环境优美的乡间，利用当地的农耕文化、民俗风情开展休闲体验活动。目前，随着渝水区和孔目江生态开发区农家乐项目的不断增多，新余市发展乡村旅游的整体优势凸显，吸引了大量游客来访。昌坊村位于新余市北部，是国家 AAA 级景区，全国乡村旅游示范点、国家级生态村，政府为了大力发展当地的旅游业，专门从市区修建了一条一级公路通往该村。该村自然风光优美，背靠大山，水清澈见底，草木郁郁葱葱。目前昌坊村正在申报江西乡村旅游示范点和江西省小康红旗村。由于该村地理位置优越、物产丰富、交通便利，所以其经济较发达。经测算，人均年收入达 20 000 余元，全村从事乡村旅游开发等相关工作的村民已经达到 80%左右，年接待游客量达十几万人次，昌坊村已经成为"生态致富"的一个典范。

昌坊度假村旅游产品比较丰富，包括农事体验、田园观光、钓鱼漂流、鲜果采摘等，吃、住、行、游、购、娱等服务样样齐备，目前已开发昌坊天香休闲园、餐饮街、夏布坊、榨油坊、文化广场、水上人家、昌氏祠堂、生态果园、古樟树、锦溪漂流等景点和旅游项目。

昌坊村之所以能成为旅游特色村，是因为这里具有得天独厚的生态旅游资源，游客逐年递增，同时也带动了昌坊村村民致富。昌坊村凭借自身独特的优势资源以及政府层面的大力推动，经历"社区精英发展—企业景区扶持—社区参与"三个发展阶段，现如今，集吃、住、玩于一体的乡村旅游已初具规模，游客数量与日俱增，旅游带来的各种效益逐渐显现。

尽管新余市乡村旅游发展势头较好，也取得了可喜的成绩，但仍然面临许多需要解决的困难和问题。

（1）乡村旅游统一规划滞后。目前，新余市还没有一个统一的乡村旅游专项规划，各县乡村旅游发展规划也基本没有制定，这就使得地方乡村旅游产业发展缺乏有效规范，从而出现了无序开发、重复建设、恶性竞争的现象，一定程度上制约了当地乡村旅游产业的发展。加之旅游景点的分散使得有效整合资源难度较大，从而造成旅游线路单一、旅游吸引力不大的困境。

（2）基础设施及配套建设不完善。由于政府资金投入不足，乡村旅游经营户也没有足够的资金投入到旅游基础建设中，导致不少乡村旅游点道路状况不佳。加上乡村旅游点大多没有公交车可以直达，在一定程度上限制了游客的进入。

（3）旅游产品开发深度不够。新余市乡村旅游大多都是以提供餐饮住宿、生态农业观光、果蔬采摘、垂钓为主的短线经营服务，娱乐、购物环节出现短缺，不能形成完整的旅游产业链条，旅游收入的提高得到制约。活动项目单调，发展规模小，产品雷同现象严重，不能满足旅游者的多层次需求。

# 五、新余市生态产业发展对策

## 1. 走科技创新之路

加大推进农业科技创新，开展关键技术攻关，加快发展现代种业。围绕水稻、生猪、家禽、果蔬等产业培育出一批高产、优质、多抗、广适的动植物优新品种，整合现有育种力量和资源，培育一批规模大、实力强、成长性好的"繁育推一体化"企业。大力推进农业机械化，加快先进适用农机具的推广应用，加快资源节约型农机发展和设施农业与节水农业技术装备建设，推进农机装备更新换代，促进农机装备结构优化。

## 2. 推进绿色生态产业与旅游、教育、文化康养等产业融合发展

要挖掘绿水青山、田园风光、乡土文化等资源禀赋优势，打造一批休闲观光农业特色村庄和精品路线。举办茶叶、油茶、柑橘等特色产业为代表的绿色生态文化艺术节，挖掘农业的生态生活功能，把健康养生孕育于产地、产业、产品中，形成"绿色+旅游""绿色+文化""绿色+康养"等产业融合发展格局。

## 3. 以绿色生态产业为主导，建设一批地域性绿色生态小镇

特色小镇是产业城乡一体化的创新发展模式，鼓励企业、社会组织和群众积极参与特色小镇的投资、建设、运营和管理。保护历史文化古镇，深挖传统文化基因，打造宜居生态环境，推进特色小镇发展。

## 4. 发挥资源优势，推进现代农业示范区向田园综合体转变

现代农业示范区大部分建设在农地里，没有充分发挥其特色优势，而田园综合体以科技创新、绿色生态、特色文化、互动体验等为特色，创造性地把园艺观光、科技博览、娱乐体验、创意设计、文化传承等元素融入农业，形成集现代农业、休闲农业、田园社区于一体的综合发展模式。带动周边农业产业转型发展，增加农民的就业机会。

## 5. 健全生态绿色产业社会化服务体系

健全的社会化服务体系对降低农民生产成本、提升生产效益、加强城乡之间的联系作用明显。要积极培育和发展家庭农场联盟，促进资源要素互联互通，拓宽农民的增收范围。

## 参考文献

[1]　甘阳英,苏柱华,等. 广东连平县生态农业发展规划研究[J]. 中国农学通报,2017,33(17):146-154.

[2]　严福刚,黄水生. 发展现代农业——推动乡村振兴[J]. 江西农业,2017(22).

[3]　赵晓丽. 乡村振兴战略下乡土文化品牌建设分析——以江西新余为例[J]. 老区建设,2018(2):68-74.

[4]　钟珊. 新余市乡村旅游开发的社区参与研究[D]. 南昌:江西财经大学,2016.

[5]　程晖,陈勋洪,等. 乡村振兴战略背景下现代农业转型升级新路径——基于江西的分析[J]. 农林经济管理学报,2018,17(2):227-234.

# 乡村振兴背景下余江区稻渔综合种养发展及对策

张立进[1]　　黄国勤[2*]

（1. 江西省邓家埠水稻原种场，鹰潭335200；

2. 江西农业大学生态科学研究中心，南昌330045）

**摘　要：** 稻渔综合种养是近几年新生的种养模式，秉着科学发展、渔民增收为主线，调优渔业产业结构，进一步加强渔业基础设施建设，加快形成产品优质、渔民富裕、渔区和谐的现代渔业发展新格局，加快乡村振兴的步伐。

**关键词：** 稻渔综合种养　生态养殖　水稻　发展概况　乡村振兴

## 一、余江区地理气候概况

余江区位于江西省东北部，信江中下游，地处北纬 28°04′—28°37′，东经 116°41′—117°09′，东与鹰潭、贵溪接壤，南和金溪相通，西界东乡，北邻万年、余干。全区南北长 75 km，东西宽 28.65 km，总面积为 936 km²，下辖 11 个乡镇和 7 个农垦场。余江区地处赣东北山区向鄱阳湖过渡地段，属于赣东北亚热带湿润季风气候，光、热、水资源丰富，四季分明，日照充足，温差较大，雨水充沛，近 50 年平均气温为 17.6℃，其中 7 月平均气温为 29.3℃，1 月平均气温为 5.2℃，无霜期 258 天，平均年日照时数 1 739.4 h，较适宜农作物生长。

全区现有总土地面积约为 936 km²，其中丘陵山地面积为 731.96 km²，平原面积为 204.04 km²，分别占土地总面积的 78.2%和 21.8%。余江区是江西省环鄱阳湖

---

\* 通信作者：黄国勤，教授、博导，E-mail：hgqjxes@sina.com。

区重要的淡水产品生产基地，在鹰潭市乃至环鄱阳湖区占有重要的地位。加快稻渔种养工作的建设，对于促进农民增收具有十分重要的作用。

## 二、余江区稻渔产业发展现状

余江区水产养殖得到稳定发展，2016 年以来，全区单水产养殖面积达到 48 800 亩、水产品总产量为 1.5 万 t、渔业产值达 5.6 亿元。近年来，随着稻渔综合种养模式的推广，2018 年全年稻渔种养面积扩展到 1.5 万亩。

稻渔综合种养模式已成为余江区农业中发展最快、市场经济特征最为明显、发展潜力最大的富民产业。锦江镇、春涛镇大力发展特种养殖基地，出现一批上规模、效益好的稻渔综合种养示范户，2017 年余江区有稻鳖、稻虾、稻鳅、稻蛙等稻渔综合种养面积约为 1 万亩，亩均效益 2 000～10 000 元，实现"一地双收，一水两用"，对促进农业增效、农民增收和产业持续发展起到了积极的推动作用，并由此带动辐射整个乡镇，积极打造绿色生态种养模式，促进稻渔综合种养产业发展。

目前，余江区稻渔综合种养主要有稻虾、稻鳖、稻鳅、稻蛙等模式。

### 1. 稻鳖共生，以江西神农氏为例

以"稻鳖共生"的生态种养基地，基地面积为 1 010 亩，是江西省内规模最大的"稻鳖共生"生态种养的示范基地。2016 年实施现代农业生产发展水产项目，项目资金 200 万元，2017 年实施渔业信息化项目，项目资金 45 万元。

### 2. 稻虾共作，以江西稻城现代农业为例

位于春涛印畈村境内，总规划面积为 5 000 亩，实行"稻虾共作"模式，在未来三年不断地加强产业的投入，打造周围具有代表性的稻虾养殖基地。目前，稻渔综合种养项目建设面积为 1 000 亩，引领和带动了余江区稻虾产业的发展。

### 3. 稻鳅共养，以余江区宏鑫特种水产养殖为例

位于江西省鹰潭市余江区锦江镇铁山村，从 2006 年就一直研究泥鳅繁殖技术，在 2009 年突破了泥鳅繁育技术的难关。当年便繁育泥鳅苗 1 000 多万尾，发展泥鳅养殖面积 600 亩。产品销往浙江、福建、湖南、湖北、韩国等地。2013 年的销售额已达 1 000 多万元。企业下一个目标是继续扩大生产，和养殖户一起努力，把泥鳅养殖和"稻鳅共养"这个产业做大做强。

### 4．稻蛙共作，以余江区春涛镇、潢溪镇几家合作社为例

自 2016 年以来，先后有几家合作社投入稻蛙养殖基地 100 余亩，还在发展阶段，产量和规模在逐年增长。

## 三、当前存在的问题和困难

近年来，少部分企业或者种植大户稻鱼养殖发展较快，但大部分职工积极性不高。同时，在种养过程中遇到科技成果不足、技术含量较低、商品价格不高等众多问题的影响，也是制约产业发展的因素，主要表现在以下几方面。

（1）群众生产资金匮乏，基础设施资金投入不足。种植和养殖稻渔的农户，大部分资金投入农田的水利基础设施建设，从而导致了一部分能养田鱼的耕地没有被充分地利用，造成了资源的浪费。

（2）粮食价格不高，养殖的鱼虾销售不好，农户的积极性不高。现在水稻价格比较低，结合稻渔综合种养的产量低、程序烦琐、农工价格高等现象，没有太大的经济价值，所以一些农户种养的积极性较低。

（3）缺乏技术指导。现在一些种养户种植比较随意，缺少文化知识，对于稻渔种养了解不多，总体种养水平低下，稻田种植的规范化、标准化程度还不高，渔业养殖防病技术亟须提高。科学养殖技术试验推广不全面，绝大多数农户没有掌握先进的种养技术，出现生长慢、产量低的情况，田间管理粗放、稻渔综合效益还有很大的提升空间。

（4）缺乏销售渠道。更多农户的稻田鱼还是自产自销，无法变成经济效益。由于农户都处于比较偏僻的乡村，消息不灵通，了解信息的渠道少。品牌的包装、宣传、推广欠缺，所以更多农户养殖的稻田鱼还是无法销售出去，发挥不出应有的经济效益，以及物流成本较高，导致稻渔综合种养产业的产品流通难，打击了群众的养殖积极性。

（5）没有优良水稻、鱼虾苗的供给保障基地和科技养殖示范基地，导致水稻、鱼虾品种的参差不齐、良莠不均和科技示范效力的缺失致使水稻、水产品产量低、效益差。

## 四、今后的发展思路及规划

根据"稳粮增效、以渔促稻、质量安全、生态环保"的发展目标，按照产业化要求，提出主导模式的确立标准。重点加强稻—蟹、稻—鳖、稻—虾、稻—鳅、稻—鲤等主导模式的总结和研究，不断集成适应于不同生态和地域条件的典型模式，并形成技术规范。

（1）集成产业化配套关键技术。围绕"一水两用、一田双收"推进农业供给侧改革稳粮增效，拓展农民增收的需要，认真组织实施稻渔综合种养的推广专项，按照规模化、标准化、品牌化的发展要求，利用各种方式对群众要大力宣传稻渔综合种养的经济效益，让更多的农户养殖稻渔，同时打造集培育生态、休闲、观光、营销等为一体的生态与旅游产业项目，吸引更多的外来人员参观和消费。

（2）建立示范的标准体系。加强稻田水利基础设施的建设，结合高标准农田建设项目，把稻渔综合种养纳入具体工程中去开挖，进排水、防逃、机耕道等建设。发展循环高效农业、生态环保、资源保护、面源污染、生态平衡、协调发展，农产品质量安全追溯，提高土地产业的重要途径，把能种养的耕地建设好，并充分利用，为稻渔综合种养提供更多的场地资源。

（3）提升种养品种的品质，从而提高农产品的价格，激发农户种养的积极性。只有价格提高了，才能有更多的人种植、更多的人养殖。稻渔综合种养过程中，减少化肥的施用，增加农家肥、有机肥，不仅可以提升稻米的品质，而且对渔业的生长也能起到促进作用。施用有机肥，减少使用化肥，这种发展模式是生态、绿色的，同时，还可以提高生产效率，节约许多成本。

（4）加强技术指导和培训。组织农民进行培训，夯实产业发展的基础。聘用有经验的专家给农户推广稻渔种养技术，通过培训、手机报、宣传资料等各种媒体大肆宣传，把稻渔综合种养好处宣传开来，把他们培训成稻渔种养的骨干力量，大规模地进行科学种养，富裕农民，以稻渔综合种养产业促进当地农业的经济发展。

**参考文献**

[1]　李嘉尧，常东，李柏年，等. 不同稻田综合养殖模式的成本效益分析[J]. 水产学报，2014,

38（9）：1431-1438.

[2]  张晴丹，马艳霞，徐承旭. 中国稻田综合种养产业技术创新战略联盟成立[J]. 水产科技情报，2016（6）：286-286.

[3]  胡小军. 稻渔共作水稻生态生理特征及优质高产无公害生产技术研究[D]. 扬州：扬州大学，2005.

[4]  胡世然，李正友，龙明珠，等. 实现稻渔综合种养产业可持续发展的思考[J]. 贵州畜牧兽医，2017，41（5）：60-63.

[5]  刘文玉. 我国稻渔综合种养的内涵特征发展现状及政策建议[J]. 农业与科技，2018，38（19）：107-108.

[6]  肖放. 新形势下稻渔综合种养模式的探索与实践[J]. 中国渔业经济，2017，35（3）：4-8.

# 乡村产业振兴的模式与途径

## ——以宁夏回族自治区永宁县原隆村为例

封　亮　王淑彬　黄国勤*

（江西农业大学生态科学研究中心，南昌330045）

**摘　要**：党的十九大报告明确提出，要坚持农业农村优先发展，按照产业兴旺、生态宜居、乡风文明、治理有效、生活富裕的总要求，建立健全城乡融合发展体制机制和政策体系，加快推进农业农村现代化。发展生态宜居乡村也是中国梦的重要组成部分，通过原隆村的发展模式探索出了基本的生态治理办法，旨在发展的同时必须结合自身的实际，采用科学的办法，将农业、工业、养殖业、旅游业紧密地联系在一起，发展优势产业，只有促进经济的全面稳步增长，才能发展乡村振兴。

**关键词**：原隆村　生态宜居　乡村振兴　经济增长

## 一、研究背景

党的十九大的胜利召开，标志着中国进入了一个新的时代。党的十九大明确提出，农业、农村、农民问题，是关系国计民生的根本性问题，必须始终把解决好"三农"问题作为新时代全党工作的重中之重，贯彻新的发展理念，实施"乡村振兴战略"。乡村振兴是现阶段我国发展当中的重要目标，也是我国特色社会主义农村发展的重要体现。在未来乡村工作开展过程中，需要充分做好乡村振兴战

---

* 通信作者：黄国勤，教授、博导，E-mail：hgqjxes@sina.com。

略的研究与落实，最终实现乡村发展目标。

党的十九大报告明确提出，要坚持农业农村优先发展，按照产业兴旺、生态宜居、乡风文明、治理有效、生活富裕的总要求，建立健全城乡融合发展体制机制和政策体系，加快推进农业农村现代化。乡村振兴战略是决胜全面建成小康社会，实现中华民族伟大复兴中国梦的重大战略部署。实施乡村振兴战略，必须坚持农业农村优先发展，牢牢把握产业兴旺、生态宜居、乡风文明、治理有效、生活富裕的总要求，坚定不移地推进乡村振兴。实施乡村振兴战略的总要求也即是目的。其中，产业兴旺、生活富裕指的是经济方面，生态宜居指的是生态文明方面，乡风文明指的是文化方面，治理有效关联到政治和社会两个方面。所以，习近平同志提出乡村振兴战略的目的要求是全面推进农村经济、政治、文化、社会、生态文明等方面的建设，使之达到理想的境界。不难看出，"乡村振兴战略"是社会主义新农村建设的升级版，既有良好的基础，又提出了更新、更高的目标。

在乡村振兴的过程中，生态建设无疑也是更为重要，生态的好坏反映了对环境综合治理的效果如何，也反映了该地对环境保护的意识是否强弱，还反映了当地政府的监管力度到不到位。生态的重要性对我们来说毋庸置疑，习近平总书记也曾说"绿水青山就是金山银山，我们宁愿要绿水青山也不要金山银山，因为绿水青山就是金山银山"。

2018 年"中央一号"文件指出："乡村振兴，生态宜居是关键。良好的生态环境是农村最大优势和宝贵财富。必须尊重自然、顺应自然、保护自然，推动乡村自然资本加快增值，实现百姓富、生态美的统一。"可见，生态宜居在乡村振兴战略实施中具有重要地位，应该尽快推进，使农村面貌迅速改变，习近平总书记强调，实施乡村振兴战略是一篇大文章，要像对待生命一样对待生态环境。建设"生态宜居"乡村，最主要的是以五大发展理念为指导，不断推进乡村生态改善，为农民营造优美舒适的人居环境和文化环境。

在宁夏回族自治区永宁县西部有一个叫原隆村的地方，1996 年，党中央、国务院作出决策：东南沿海 10 个较发达的省市，协作帮扶西部 10 个较为贫困的省区。于是，福建与宁夏结成了"亲家""闽宁"——这个以福建、宁夏两省区的简称组合命名的扶贫移民区，从此开启了两省区携手向贫困发起挑战艰辛而温暖的征程。当时任福建省委副书记的习近平担任对口帮扶宁夏领导小组组长，组织实施闽宁对口扶贫协作。他亲自命名"闽宁村"——闽宁镇的前身，并满怀信心地预言："闽宁村现在是个干沙滩，将来会是一个金沙滩。"

本文以闽宁镇原隆村的发展历程来见证一个乡村的振兴——生态宜居乡村的诞生，目的在于通过原隆村 20 年的发展模式，汲取原隆村的发展经验来阐释如何发展乡村振兴、如何从农业零起步到现在的"沙漠变绿洲"、如何让人民对生活的向往与经济增长联系起来、如何让农民的口袋更加地富余、如何在乡村振兴的道路上少走弯路。意义在于通过了解原隆村的发展历程，可以给其他正在发展乡村振兴的农村提供一个强有力的例证，能更好更快地发展中国经济，为生态宜居乡村提供翔实的参考依据，发展生态宜居乡村，发展乡村振兴。

## 二、发展农业

（1）建大棚，种植菌草、菌菇，发展光伏产业

当时搬迁之初，移民们的思路都还很保守，习惯性地种植玉米和小麦，一年下来收成很少，只够勉强维持自家的口粮。搬迁数年后，闽宁地区的农民人均纯收入也只有 500 多元。初来乍到的移民试着耕种，但在沙地上种田，让他们倍感拓荒之难。自从有了对口帮扶政策，闽宁镇兴起了第一个特色产业——菌草、菌菇产业，是在福建省的支持下，由福建农林大学指导帮助闽宁镇搭建温室大棚。

在宁夏光伏农业科技示范园内，园区创造性地将光伏农业和精准扶贫结合起来，逐步形成"政府引导、企业搭台、农户唱戏"的扶贫模式，以农业设施大棚为依托，目前已形成以花卉、茶叶种植产业为重点，以蚯蚓、蝎子特种养殖为亮点，以食用菌、枸杞种植、有机蔬菜种植为抓手的产业布局。全镇共有 148 户群众投身于发展菌草产业之中，全镇菌菇生产面积达到 45 万 $m^2$，年产鲜菇 500 多 t，实现产值 250 多万元。光伏设施大棚 588 栋，稳定就业移民群众 350 多人，其中移民返租倒包大棚 200 多栋，每栋棚年收入 5 万多元。原隆村的村民利用废旧秸秆、果木枝条、葡萄枝条等加工生产各类食用菌菌包，通过农户承包，进行标准化生产，进入出菇期，出菇环节结束后，废旧菌棒再进行回田、蚯蚓养殖等生产利用。随着农业供给侧结构性改革的推进，农产品生产不断"调优""调绿"，顺应了市场对优质健康农产品的需求，不少农民实现增产又增收。

（2）种植葡萄，推动葡萄酒业发展

闽宁人发现，虽然戈壁滩上的土壤贫瘠，不适宜耕种粮食作物，但是独特的光、热、水、土等条件却适合种植葡萄，尤其利于酿酒葡萄的生长。所以在宁夏流传着一句话："只有在闽宁才能种出中国最好吃的葡萄。"因此酿酒葡萄——成

为闽宁镇另一个特色产业。经过几年的发展，酿酒葡萄产业在闽宁镇逐渐形成规模。如今，宁夏贺兰山东麓葡萄产区被誉为"东方的波尔多"。闽宁全镇葡萄种植面积达到 6.2 万亩，已建成酒庄 13 家，葡萄酒年产量达 2.6 万 t，综合产值 9.3 亿元。更带动了一批农民实现了脱贫致富，拉动该产业移民每人每年增收 3 000 元以上。

## 三、发展养殖业

除了酿酒葡萄，肉牛养殖也是闽宁镇的一大特色产业。闽宁镇养殖大户王瑞刚是闽宁镇的第一批移民。几年前，已经积累了一定资本的王瑞刚涉足肉牛养殖，如今他的养牛基地已经有 2 000 多头的存栏量。在王瑞刚的带动下，越来越多的农民开始尝试"特色养殖"。此外，下一步他计划把这些被遗弃的牛粪变废为宝，生产有机肥料，提供给种植酿酒葡萄的企业和农户。

## 四、发展工业

闽宁人王文辉开始建设"闽宁扶贫产业园"，由福建闽商投资建设的宁夏青川管业有限公司作为第一批落户产业园的企业，实现了当年建设当年投产，全部投产后能够解决 500 多人的就业问题。截至 2017 年年底，闽宁镇注册各类农产品商标 48 个，有 5 家企业已是自治区农业产业化的龙头企业。仅 2017 年，就有 18 亿元的产业项目落户闽宁镇，"造血式扶贫"的内生动力源源不竭。20 年来，闽宁镇农民人均年可支配收入由建设初期的 500 元增长到 2017 年的 11 976 元，比开发建设初期净增加 11 400 多元，增长 22.8 倍。

## 五、发展旅游业

闽宁镇拥有得天独厚的区位优势，下一个颇具潜力的产业领域将是特色旅游。从银川到闽宁只有不到一个小时的车程，完全可以打造成银川市民的"周末花园"。闽宁将再次充分发挥银川西线旅游带和贺兰山东麓葡萄文化旅游长廊核心区的优势，打造"游览、采摘、娱乐、吃住"和"自然有机—生产休闲—游乐"一体化的旅游格局。随着原隆村基础设施建设不断完善，环境综合整治不断推进，乡村面貌焕然一新；特色农业蓬勃发展，农民纯收入不断增加，群众生活水平进一步提高。目前，原隆村依托生态种植园等企业优势，打造休闲旅游示范村，大力发展观光旅游，开通一日游旅游线。

现在的原隆村黄河水滋润着戈壁滩，昔日的荒漠变成了绿洲。闽宁镇已经告别昔日的"干沙漠"，目前全镇产业总值达到 32 亿元，20 年增长 23.7 倍。从"高颜值"到"气质美"的华丽转变，现在的闽宁镇水电路、天然气都通到了各家各户，民生服务大厅服务群众，五级网络畅通，教育体系完备。村里还建起了文化广场和休闲公园，原隆村毫不逊色于城市的美。"晴天一身灰，雨天一身泥""垃圾靠风刮，污水靠蒸发"已成为历史，不复存在。而今天的闽宁镇，已难觅旧时容颜。一个以现代特色农业、休闲观光旅游业等绿色产业为支撑的特色小镇雏形已现。

农业强不强、农村美不美、农民富不富，决定着全面建成小康社会的成色和社会主义现代化的质量。实施乡村振兴战略，是党的十九大作出的重大决策部署，是决胜全面建成小康社会、全面建设社会主义现代化国家的重大历史任务，是新时代"三农"工作的总抓手，也是广大农村群众的热切期盼。因此，我们如果要发展乡村振兴，通过原隆村的例子可看出就必须要发展好三件事：①明确乡村振兴的投资趋势，发展重点投资，用全面发展的目标做好乡村振兴，为可持续发展输入源源不断的新鲜血液。②构建新型农业经营体系，发展生态农业、特色农业，将农业与其他产业紧密结合，筑成经济发展链条，拉动经济增长。③培育职业农民，培养新型农民，引领知识人才进乡。

现如今，农民的钱袋子越来越鼓，城乡居民收入差距不断缩小，这些得益于党和政府坚持农业农村优先发展，采取的一系列的惠民措施，让农民收入渠道越来越多元化。在原有的发展基础上，科学规划乡村振兴战略的方案落地并实施，通过改革和创新发展，让农村资源活起来，让农民腰包鼓起来，让农村环境更加亮丽，让群众生活更加丰富多彩。

**参考文献**

[1] 翟岳琴. 中国改革开放 40 年大事记[J]. 中国经济报告，2018（12）：123-126.

[2] 必须坚持把解决好"三农"问题作为全党工作重中之重[J]. 实践（党的教育版），2016（1）：7.

[3]　陈迪. 大力实施乡村振兴战略　实现农村工作健康发展[J]. 吉林农业，2018（23）：33.

[4]　薛苏鹏. 发展绿色产业　引领乡村振兴[J]. 新西部，2018（27）：87-88.

[5]　姚晓华 刘海治. 实施乡村振兴战略　推进农业农村现代化[N]. 衡水日报，2018-11-21
　　　（A03）.

[6]　赵红. 落实乡村振兴战略　推进泰安特色小镇建设[J]. 环球市场信息导报，2017（32）：
　　　14-18.

[7]　刘晓勇. 深入践行绿水青山就是金山银山理念[N]. 陕西日报，2018-11-24（006）.

[8]　孔祥智. 生态宜居是实现乡村振兴的关键[J]. 中国国情国力，2018（11）：6-9.

[9]　苏言. 把生态作为乡村振兴的生命线[N]. 新华日报，2018-04-17（001）.

[10] 杨苹苹. 乡村振兴视域下生态宜居乡村的实现路径[J]. 贵阳市委党校学报，2017（6）：59-62.

## 第三部分

### 乡村人才振兴

# 基于乡村振兴背景下高校培育乡村人才的研究

姜孟超

（江西农业大学经济管理学院，南昌 330045）

**摘　要：**乡村人才振兴是实现乡村振兴的重要保障，高校作为乡村人才的主要培养地，在乡村人才振兴中扮演着重要的角色。高校在现如今的乡村人才培育中，存在乡村人才转换率低、乡村人才质量低的双低现象。为此，创新改革教育理念、教育模式，拓宽人才来源、人才培养模式，是现如今高校提高乡村人才培养效果的关键之所在。

**关键词：**乡村人才　高校　创新

## 一、引言

### 1. 研究背景

党的十九大提出了"乡村振兴战略"，要求把乡村发展放在重要位置。乡村振兴离不开乡村人才的支撑，在乡村振兴战略下，乡村需要更多数量、更高质量的乡村人才，这也就对乡村人才的主要培养地——高校提出了更高的要求。现阶段，高校在乡村人才的培养中还存在着诸多的问题，本文旨在通过对高校乡村人才培育现状的研究找出存在的问题并提出合理化建议。

### 2. 高校培育乡村人才的类型及意义

乡村人才振兴是乡村振兴的根本，而乡村人才振兴的关键在于对乡村人才的培养。高校作为乡村人才的主要培养地，在乡村人才振兴中起着举足轻重的作用。

（1）培育农业科技人才

产业兴旺是乡村振兴的重点。乡村产业兴旺离不开农业产业的发展，而农业产业的发展最重要的是科学技术的发展。科技的进步推动着农业现代化的发展，而农业科技人才毫无疑问是其中的中坚力量。只有高校培育出高质量农业科技人才可以给乡村产业发展提供坚实的人才支撑，才可以加快推进农业现代化步伐。

（2）培育农业环保人才

生态宜居是乡村振兴的关键。要想留住绿水青山，农业环保人才是不可或缺的。只有高校培育出一批懂得生态保护、懂得发展绿色农业的人才，才能在美丽乡村建设中起到带头作用，才能真正实现乡村生态宜居的美好愿景。

（3）培育乡村文化带头人

乡风文明是乡村振兴的保障。乡风文明需要一批高素质、有修养、有学问的乡村文化带头人在乡村振兴中起到模范作用。以点带线、以线带面，最终促进乡村整体道德素质的提高。

## 二、高校乡村人才教育的现状及原因分析

我国一直以来都十分重视乡村人才的培养教育。由于社会上重工轻农等思想、城乡差异的存在，直接影响了培育乡村人才的数量与质量。在乡村人才最主要的培育地——高校中还存在着种种问题，而这些问题也直接影响着我国乡村人才振兴的进程。

### 1. 人才转换率低

作为一个传统的农业大国，我国对于农业的发展始终十分重视，农科类高校也是占有非常大的比重。多年以来，虽然培育了很多的乡村人才，但实际就业于乡村的人才数目少之又少，导致学而无法致用成了我国乡村振兴中的一个大问题。根据农业农村部最新调查数据，2016 年末全国农村应用人才总量接近 1 900 万人，仅有不足 5% 的人员到乡村就业。人才转换率低，成为阻碍我国乡村人才振兴进而影响乡村振兴的很重要因素。而作为乡村人才的培育者——高校有着不可推卸的责任。从入学到毕业，大多数的学生本着为了得到毕业证去城市工作而非学习知识、振兴乡村的心态。而高校教育中，学校未能积极引导学生从兴趣出发、激发学生对于乡村的热爱。也没能积极与农科类公司、乡村企事业单位展开合作联系，导致大量的乡村人才资源白白浪费。

### 2. 乡村人才培养成效不足

在高校关于乡村人才的培养中，成果始终差强人意。很多学生对于农业的理

解还停留在传统的小农耕作上，没有意识到在时代进步发展之下，农业也可以是一个有趣、新奇的事物。而对于农业理解的偏差也直接影响了学习的热情与动力。学生在知识和技能储备上处于较低的水准，由于缺少接触实践的机会，对于所学知识的应用不够。在知识技能和实践技能双重的缺乏下，学生未来很难在乡村中发挥自己所学，带动乡村振兴。

## 三、高校乡村人才培养的创新路径

### 1. 拓宽乡村人才的来源

乡村人才振兴绕不开"人"本身。要想实现乡村人才振兴势必需要足够基础的乡村人才作为支撑。高校在新形势下，势必要积极拓宽乡村人才的来源，为乡村人才振兴添砖加瓦。

（1）拓宽招生渠道

人才的培养离不开"人"这个基础，高校培育乡村人才第一步就是要招收足够多的、有志于从事乡村工作的学生。在全日制统招生这一块，学校生源是较为稳定的。因此，高校在拓宽招生渠道上，着力点应放在成人教育与远程教育上。对比统招的学生，接受成人教育的学生往往是在乡村工作，并在工作中遇到困难与挑战后，由此才决定接受教育提升自我。此类学生往往目的性强、知识转换率高，能迅速将所学应用到实际工作中。远程教育因为其不受时间、空间影响，受众较为广泛，高校发展远程教育，通过网络授课的模式可以让更多需要学习但受困于时间、空间影响的人参与其中。在拓宽招生渠道上，学校不仅要积极地"引进来"，开放学习的平台，更要积极地"走出去"，通过校企合作、项目培养、乡村宣传等形式吸纳更多有志于从事乡村工作的人前来学习，进而培养出更多的乡村人才。

（2）搭建"人才—乡村"之间的桥梁

高校作为人才的培养者，从某种程度上来说，拥有着广泛的人才脉络基础。我国拥有着众多接受过农业技能教育却没能为乡村服务的人才。因为各种因素，这批人才可能没办法在乡村开展工作。但学校可以积极地搭建其与乡村之间的联系，通过志愿者、挂职、兼职等形式，灵活地将其所学能够用到乡村振兴上。在这种"不求所有，但求所用"的形式下，引导企业家投资兴业，专家学者出谋划策、技能人才分享传授经验，使其成为乡村振兴下乡村人才的重要组成部分。

## 2．创新办学理念

办学理念是一个学校教书育人的灵魂。时代发展之下，乡村对于乡村人才作出了更高的要求。高校作为人才的培养单位，势必要因势利导，在新的要求下，积极创新办学理念，通过理念的创新带动教学实践的创新。新时代下，高校的办学理念需要更符合时代性、更具有前瞻性。

（1）注重综合素质，培育优质人才

对于乡村人才的培养，专业素质、职业技能是最多被提及并在高校教育中贯彻落实的方面。然而仅仅是专业化培养、职业技能教学所培养出来的只能是某方面的专业人才。参照发达国家的道路与经验，我国实现乡村振兴势必对乡村人才提出更高的要求。高校教育中，不仅要注重技能的教学，更重要的是注重人才的可持续发展，培养出全面的、综合的人才；注重对学习能力的培养，"授人以鱼"的同时也要"授人以渔"，培养学生终身学习的意识，以期适应农业学科不断地发展变化；注重多学科交叉培养，培育出掌握现代农业全产业链流程的复合型人才，适应现代农业从第一产业转向第一、第二、第三产业协同发展。

（2）紧跟时代步伐，创新教育教学

现代科技日新月异，农村产业发展的思路也发生了深刻的变化。从"互联网+"到大数据，从无人机到 AI 人工智能，一个个崭新的概念不断地出现在公众的视野中。对于乡村人才的培养，紧跟时代步伐是必要、也是必需的。紧贴社会热点，把握时代发展的脉搏，不断创新教学教材。聚焦关注农村产业与时代发展新事物的结合，以期培养出适应现代化发展、能抓住时代机遇、为农村发展作出贡献的乡村人才。

（3）加强校企合作，提升实践能力

教育服务社会，这是社会发展下的必然成果。随着教育理念不断地创新发展，把学科教育与社会实践、与企业工作相结合成为越来越多学校培养学生的新选择。边学边用、边用边学是校企合作模式带来的效用。基于乡村人才动手性强、重实践，校企合作带来的效果尤为明显。通过建立学校—农业企业的合作，让学生与企业人才之间相互流通、互相交流，无论是对学生的培养，还是对企业的发展，都是大有裨益的。

## 3．拓宽乡村人才的培养模式

培养模式是高校对学生系统教育的方式方法的总称，培养模式是教学实践的一个总体的大框架，它直接影响着人才培养的成效。作为要和土地、农林牧副渔打交道的人才，乡村人才有着其特殊性，它表现在乡村人才。因此，在高校对乡村人才的教育培养中，要注重对培养模式的创新。

（1）实践育才

乡村人才尤其是农业技术类人才，具有很强的社会实践性，有着很强的经验导向。在传统的教师说教授课模式下，学生对于农业技术始终停留在纸面，很难有深入的理解。而通过动手实践的教育模式，让学生亲身投入农业的生产之中，不仅可以加深学生对于农业技术的理解，提升学生在农业技术上的应用实践能力，还可以培养学生对于农业的兴趣，提高学生扎根乡村、投身农业的意愿。在农业技术教学中，学校可以调整教学计划，把学生的实习实训与农业的生产周期相结合，实现从种到收、从养到收的全过程、全周期的实习实训，让学生在"干中学、学中干"，不断提高自身实用性技能，成为出了校门就能投身实践、投身乡村建设的人才。

（2）交流育才

乡村与农业一直以来都是古老而又稳定的存在。而随着近代科学飞速的发展，农业技术的不断推出，农村社会研究的不断深入，与乡村相关的知识也在不断地推陈出新，乡村与农业已经成为一个时髦的、不断变化发展的话题。在这样的大背景下，积极投身学术交流、不断学习最新农业发展成果才能保证走在现代农业技术的前端。一方面，高校在对乡村人才的培育模式上必须本着"走出校门、走出书本"的原则，积极开展各类农业科学、农村社会类学术交流，共享理论成果、共享实践经验。通过对农业科技成果、农村发展经验的交流，提升学生的知识与技能储备。另一方面，学生在学术交流中分享自己的观点与经验，有助于提高其传授知识的能力，作为要走向乡村的人才，拥有良好的教学能力可以在日后的工作中、在乡村中传授自己所学，起到以点带线、以线带面的核心作用，带动并培育更多的乡村人才。

（3）项目育才

在乡村人才的培养中，项目育才是非常重要的组成部分。通过成立项目的形式，专项专攻。以更强的目的性培育人才。在项目育才中，有拓宽乡村人才来源的，如江西农业大学的"一村一名大学生工程"，通过政府财政补助、高校培育，最终回报乡村的形式，吸纳大量的乡村人员进行培养。该工程培育了一大批乡村人才，并最终回到乡村成为乡村振兴的中坚力量。也有培育乡村人才实践能力的，如各种大学生下乡项目，通过让长期在校园生活的学生与社会接触，锻炼其实践能力。

（4）以才育才

一个人知识技能的提高离不开指导和点拨，在学习的道路上，有一个好的导师指导往往可以起到少走弯路、事半功倍的效果。在乡村人才的培育中，通过专家培养，"带人"教学的模式，学生得以快速地进入学习的角色，得到更好的效果。

## 四、结论

时代发展之下，乡村产业也在不断地更新变化。高校只有不断适应时代的发展，积极创新改革教育方式方法，才能培养出知识储备丰富、实践能力出色的乡村人才，为乡村振兴添砖加瓦，建设成产业兴旺、生态宜居、乡风文明、治理有效、生活富裕的社会主义新农村。

**参考文献**

[1] 赵哗. 人才振兴是乡村振兴战略的关键[J]. 中国县域经济，2018，18（3）.

[2] 沈高峰. 乡村振兴战略背景下农业高校人才培养的新要求[J]. 安徽农学通报，2018，24（16）.

# 新时代大学毕业生推动乡村振兴战略的
# 作用和意义

张　鹏　　黄国勤*

（江西农业大学生态科学研究中心，南昌 330045）

**摘　要：** 在乡村振兴战略布局下，接受高等教育的大学毕业生服务于乡村建设中，一方面能为振兴乡村注入新生力量，充分发挥自己的理论知识，并在乡村振兴工作中积累实践经验；另一方面可在一定程度上缓解大学毕业生的就业压力，通过创业等措施有效促进农村经济的和谐健康发展；此外，大学生在乡村教育、文化传播等方面也发挥着积极重要的作用。因此，政府要充分发挥大学生的潜在能力，让其为我国乡村振兴贡献力量。

**关键词：** 乡村振兴　大学生　创业　文化　教育　乡村

　　习近平总书记在党的十九大报告中强调，实施乡村振兴战略，要有新型农业经营主体，要努力培养造就一支懂农业、爱农村、爱农民的"三农"工作队伍。当前，全面建成小康社会进入决胜阶段，大学生应当自觉担当，为实施乡村振兴战略服务，肩负起社会发展的崇高使命，助力全面建成小康社会，为实现中华民族伟大复兴的中国梦而贡献自己的智慧和力量。随着经济的崛起，我国服务业和制造业得到快速发展，与之相比，农业发展依旧滞后，乡村振兴战略就是在这种背景下提出来的。实施乡村振兴战略，促进地方经济发展，人才是关键的要素。农村发展的主力军是人才，一方面这些人才来自农村，大学生自愿回乡创业；另一方面要让更多有想法、有情怀、有理想的年轻人去服务农村。这就需要打破目前的城乡二元结构，形成以

---

\* 通信作者：黄国勤，教授、博导，E-mail：hgqjxes@sina.com。

工促农、以城带乡、工农互惠、城乡一体的新型工农城乡关系，建立健全相关机制，使农民和更多的返乡创业大学生能够平等参与到现代化进程中来。

## 一、乡村振兴战略的背景

乡村振兴战略可追溯到早先的新农村建设，2005 年党的十六届五中全会提出了新农村建设的二十字方针，即按照"生产发展、生活富裕、乡风文明、村容整洁、管理民主"的要求，扎实推进社会主义新农村建设。新农村建设是在我国社会进入工业反哺农业阶段、以工促农的语境下提出的，旨在快速推进农业农村发展，扭转农业长期落后于城市发展所造成的迟滞局面。乡村振兴战略则是在我国进入新时代，社会主要矛盾发生根本变化的基础上提出的。党的十九大报告指出，当前我国社会的主要矛盾为"人民日益增长的美好生活需要和不平衡不充分的发展之间的矛盾"，这一主要矛盾的变化说明我国的发展已经从过往的"如何更快发展"转变为"如何更好发展"。而发展的不平衡在很大程度上表现为乡村和城市之间的不平衡；发展的不充分更多地表现为乡村发展的不充分；发展质量问题更多地表现在发展过程中出现的诸多问题。党的十九大报告进一步明确提出要"实施乡村振兴战略"，具体体现在"产业兴旺、生态宜居、乡风文明、治理有效、生活富裕"这一总体要求上。可以说，党的十九大提出的乡村振兴战略，既是对党的十六届五中全会提出的"社会主义新农村建设"的延展和深化，又是中国特色社会主义进入新时代背景下国家对"三农"工作的新要求、新部署与新战略。

## 二、新时代大学毕业生就业问题

首先，《2017 年应届毕业生就业力调研报告》显示，2017 年我国应届毕业生异地就业率为 45.4%，较 2016 年下降 4.7%，表明大学生回家乡工作的意愿有所提高，但应届毕业生就业意向仍以就业为主，"创业"热度呈现回落，应届毕业生自主创业率仅占 6.3%，远低于发达国家 20%～30%的比例。其次，相关数据显示，近年来进入社会工作的大学毕业生呈现高速增长趋势，2013 年大学毕业生 699 万人，2014 年大学毕业生 727 万人，2017 年达到 795 万人，毕业前没找好实习机会和工作岗位的应届毕业生平均每人要投出 28.1 份简历。当前，大学毕业生总体上供大于求，学生就业期望过高，而且就业方向过于集中，更多的大学毕业生倾向发达地区；刚毕业的大学生各项社会实践能力不足，在就业中达不到用人单位的要求，这也是大学毕业生在就业初期所不可避免地面临的问题之一。在就业过程中应更加注意市场的问题，就业市场的不完善将是毕业生面临的主要问题。总体来说，大学毕业生就业难既有社会和学校方面的原因，家庭观念在一定程度上也占有相当大的因素，限制学生内心真实的就业动向，当然也有学生个体因素的不足。

## 三、新时代大学毕业生在乡村振兴中的作用

### 1. 教育方面

教育是乡村振兴战略的治本之策。中国要富、要强、要美，离不开广大中国农村的振兴和发展；而农村要富、要强、要美，离不开新型乡村建设者的劳动；农村新型人才的培养，则离不开乡村教育的发展。而在乡村振兴战略背景下，大学毕业生对乡村教育可以产生积极重大的影响。首先，接受了高等教育的大学毕业生，有助于拓宽当地学生和村民的视野和知识面；其次，高校大学毕业生有较为丰富的课内外知识和学习方法，不仅可以传授学生课本知识，还可以激发学生们的兴趣爱好，如演讲、电脑操作、音乐等，这样有助于提高学生的学习兴趣和能力；再次，一些常年在外打工的父母，造成孩子们缺乏关爱和管教，大学生可利用自己心理学等方面的知识对其进行疏导与交流，这将有助于孩子们的心理健康；最后，高校大学毕业生以自己的实际情况可以树立榜样作用，正确引导当地学生和家长们的人生观和价值观。

### 2. 文化方面

我国一直以来都比较重视"三农"问题，乡村社会不断发展，村民无论是在生活质量方面，还是在政治思想素质及道德文明方面都有了很大的提高。又因为农村教育的普及，村民的科学文化素质不断得以提高、法治观念和民主意识不断得到重视与增强。但也出现了一些值得关注的问题，具体而言，主要表现在以下几个方面：在价值观方面，村民不再崇尚乡村价值观，原来我国勤劳、淳朴、团结友爱、互帮互助的传统价值观逐渐被追求金钱和利益的文化价值观所代替；在生产生活方面，原本的生产生活方式被大部分的村民所否定，生产生活方式变得复杂化；在乡村文化方面，乡村文化的建设主体的空心化，使得农民缺少对乡村文化的认同感，认为城市文化优越，乡村文化落后，以自己是农民的身份为耻，对乡村文化缺少自信。总之，乡村文化陷入了混乱与迷茫的困境，原来的文化受

到破坏与挤压，原有文化秩序崩溃的同时又没有新的文化秩序过来补充，乡村文化进退无所，乡村文化自信缺失的问题愈来愈严重。

目前，中国特色社会主义文化是我国的主流文化，也是新时代乡村振兴所必须遵循的先进文化。中国特色社会主义文化，源自我国五千多年文明历史所孕育的中华优秀传统文化。作为大学毕业生，尤其在乡村振兴战略背景下，为了解决乡村文化发展的迟缓性，并保证乡村文化的发展方向和价值取向，必须要传承弘扬中国优秀传统文化。中华优秀传统文化就是我们坚定文化自信的坚实根基和底气所在。在农业文明向工业文明过渡的过程中，根植于农业文明的具有民族特色的中华优秀传统文化是增强乡村文化自信的关键所在。因此，我们要增强乡村文化自信，就要传承并坚持优秀的传统文化引领。"乡村文化是植根于农业社会的传统文化，集礼治文化、家族文化、安土重迁文化于一体"，中国优秀的传统文化在乡村中是大量存在的，他们不仅有着深刻的思想内涵，而且文学和艺术价值也很高。例如，农民与困难抗衡的艰苦奋斗的精神，人们对乡土的爱国爱乡情怀，以及人与人之间形成的团结协作、尊老爱幼、与邻为善、诚实守信等一些优秀品质是我们应该传承下去的。这需要从以下几个方面努力：首先以家庭教育为基础，注重文化传承者的培养；其次以学校教育为核心，提高文化传播者的水平；最后大学毕业生可以乡村教育为辅助，优化文化传承外部环境，最终建立三位一体机制，彰显有机结合联动协同效能。

## 3. 创业方面

在乡村振兴战略背景下，农村将会获得更多的社会支持和政策倾斜，现代化农业体系建设将会加快，农村将会产生大量的创业机会，同时也为大学生返乡创业带来了前所未有的良好机遇。大学生自身方面，在校期间不仅要学习好专业理论与创业知识，还要注重管理、沟通、社交、抗压等能力的培养。创业能力的提升不是一蹴而就的，而是不断学习与累积的过程。大学生在创业之前需要不断深入实践和思考，了解相关创业政策，切实提升学习能力与创业能力，做好创业前期的积累和准备。在创业过程中，新时代大学毕业生要结合当前乡村创业情况，发展多种创业模式。例如，构建乡村特色服务网络平台、创意农业、生态农业、乡村旅游、乡村金贸等创业模式。首先，不可否认传统农民在实践操作中的丰富经验，而新时代大学生也具有学习能力较强、知识储备较传统农民丰富的优点，因此在学习、理解国外创意农业方面具有相当大的优势。其次，生态农业对于农业结构有优化调整功能，提高了农产品的性价比。大学生返乡创业中可以建立、经营生态产业公司，依托政府支持、政策倾斜，还可以向养殖功能区、农业参与功能区、农业休闲度假功能区、农业知识普及功能区等外延拓展，这些都是大学生返乡创业的大好机遇。再次，农村的天然资源是旅游业发展最好的基石，乡村旅游的特色以及丰富多彩的内容能够为人们提供更多的休闲娱乐活动，淳朴的、恬静的、原生态的自然环境令人心旷神怡。大学生可以利用其发散的创新思维、丰富的专业知识设计出更好的农业景观，吸引更多的游客，进一步推动乡村旅游产业的发展。最后，在乡村金贸产业中，着力推进农业现代化，通过建立数据平台和云计算技术来对农作物进行各种数据分析，调控农业生产，将信息技术、喷灌技术、农作物的检测技术等贯穿到农业的日常劳作中，加快农业技术创新步伐，畅通农产品产销渠道，加快鲜活农产品冷链加工、物流配送建设，加大产销对接的信息化建设，建立高产优质的高效农业生产体系，对这些资源实现进一步整合，走出一条集约、高效、安全、持续的现代农业发展道路。一方面可以扩大农民消费、刺激农村消费需求；另一方面也可以改善农村生产生活环境，助力农村和谐发展，加快改变农村经济社会发展滞后的局面，扎实稳步推进社会主义新农村建设。

## 四、发挥新时代大学毕业生在乡村振兴战略中的意义

乡村振兴战略的实施有非常显著的意义，从小的方面来讲，能够提高农村总体的生活水平，提高农民人均收入，使得他们不用再背井离乡，而且还能为家乡的建设出一份力；从大的方面来讲，乡村振兴战略的实施有利于社会的和谐与稳定，缩小贫富差距，让农民能感受到国家对乡村经济发展的决心，进一步提高农民对党和国家的认同感。目前，农村仍然是全面建成小康社会的短板，而乡村振兴战略的实施能够在一定程度上弥补这块短板带来的不利影响。决胜全面建成小康社会首先要完整补齐农村这块短板，振兴农村经济，提高农民收入；广大农民群体能否同步满足小康社会的要求，事关全面建成小康社会的格局；借助于乡村振兴战略，促进农村全面发展和繁荣，是决胜全面建成小康社会所要完成的任务之一。因此，在乡村振兴战略的大背景下，需要各方面力量的大力支持、政府的扶持，而接受高等教育的大学毕业生更要重视祖国乡村的建设，贡献自己的力量，在乡村振兴战略中发挥积极作用。

首先，大学毕业生可在乡村振兴的背景下发挥自主创业能力。乡村振兴需要融合农村产业共同发展，显然具备一定知识结构的大学生正是推动产业发展的人

才资源群体。作为知识青年，大学生群体能充分了解国家的扶持政策，通过项目帮扶、项目引导等将农村产业和城市产业进行对接，将农村产业扩散与转移到城市产业的价值链中，促进农村经济和城市经济的共同繁荣。另外，大学生群体具有文明程度高、感染力强等特点，农村产业经济繁荣的过程也是农村文明发展、传播城市文化的一个过程。因此，大学生在农村创业过程中能够潜移默化地对农民的思想观念和生活方式的改变产生积极的影响，从而实现以人为本的发展理念与要求，这从另外一个层面来讲，将可在一定程度上缓解大学毕业生的就业压力。其次，大学生是青年人中的优秀代表，是民族的希望、祖国的未来，大学生应该以有理想、有本领、有担当为根本要求，夯实综合素质基础，逐渐成长为中国特色社会主义事业的合格建设者和可靠接班人，成为走在时代前列的奋进者、开拓者、奉献者，而实现人生价值的方式多种多样，大学毕业生也可以在乡村振兴中用积极进取的实际行动去实现自身的人生价值，并且在乡村振兴中，大学毕业生可以充分发挥自己的理论知识，在学习经验丰富农民的实践过程中，充分结合理论与实践的关系，将理论知识最大化地发挥在乡村振兴的工作中。最后，大学毕业生的加入，将为我国乡村振兴战略注入新生力量，其中，大学生村官就是一个典型的例子。乡村振兴战略提出了"产业兴旺、生态宜居、乡风文明、治理有效、生活富裕"的总体要求，而要实现乡村的振兴，就需要人才作为保障，就要培养造就一支懂农业、爱农村、爱农民的"三农"工作队伍，大学生村官是社会主义振兴乡村的直接推动者与实施者，担负着组织和领导农民群众实施乡村振兴战略的重要任务，在实施乡村振兴战略过程中起着最强有力的作用。大学生村官作为广大村民的贴心人，不仅可以带领农民群众脱贫致富，而且有助于加快推进农业农村现代化建设，实施乡村振兴战略，实现农业强、农村美、农民富的新局面。

## 五、结语

在乡村振兴中，大学毕业生参与乡村建设，对于自身和乡村发展的促进是双向互动的。首先，大学毕业生通过智力扶持与实际参与乡村建设，自觉践行了创新驱动发展战略，并有利于农村基础教育发展，服务于科教兴国战略，可以不断地夯实社会发展内在驱动，为打造"美丽乡村"奠定基础；其次，大学毕业生也能够在乡村建设中不断提升自身的能力与担当，与乡村振兴战略融为命运共同体，大学毕业生在走向基层的过程中克服困难和障碍，通过在基层的实践锻炼中强化技能、积累经验、体现价值；最后，大学毕业生返乡一方面可以缓解就业的压力，另一方面可以创造更多的社会价值，更为重要的是，当代大学毕业生返乡创业，其创新思维助力乡村振兴，可以进一步加快推进农业农村现代化的步伐。

## 参考文献

[1] 夏红莉. 党的十九大关于懂农业、爱农村、爱农民的"三农"工作队伍建设研究[J]. 沈阳干部学刊，2018（1）.

[2] 宇伟忠. 实施乡村振兴战略的哲学思考[J]. 新西部，2018，（18）：7-8.

[3] 朱琪. 乡村振兴战略背景下大学生返乡创业的机会与实现路径研究[J]. 乡村科技，2017（31）：32-33.

[4] 王亚华，苏毅清. 乡村振兴——中国农村发展新战略[J]. 中央社会主义学院学报，2017（6）：51-57.

[5] 习近平. 决胜全面建成小康社会　夺取新时代中国特色社会主义伟大胜利——在中国共产党第十九次全国代表大会上的报告（2017 年 10 月 18 日）[M]. 北京：人民出版社，2017.

[6] 张秀娥，李清. 乡村振兴战略背景下吉林省大学生回乡创业研究[J]. 农业与技术，2018，38（17）：180-182.

[7] 陈成，逄博. 大学生就业形势及政策分析[J]. 职业，2012（8）：72-72.

[8] 董丽娟，乡村振兴　教育先行[J]. 文化学刊，2018（11）：134-136.

[9] 张文斌，侯馨茹. 乡村文化自信的缺失与培养路径探析[J]. 现代中小学教育，2016，32（1）：1-4.

[10] 李维，张体敏. 新农村建设背景下的乡土文化传承研究[J]. 传承，2013（7）：136-137.

[11] 赵雪，李丽丽. 新时期大学生在乡村振兴战略中的责任与使命[J]. 中国报业，2018（22）：38-39.

[12] 潘伟男，邓水秀，张燕琴，等. 乡村振兴战略背景下大学生返乡创业模式探究[J]. 智库时代，2018（23）.

[13] 刘合光. 乡村振兴战略的关键点、发展路径与风险规避[J]. 新疆师范大学学报（哲学社会科学版），2018（3）.

[14] 邱级胜，金鑫. 论新时代大学生成长成才过程中人生价值的实现[J]. 人力资源开发，2018，（12）：55-56.

[15] 黄治东. 乡村振兴战略视阈下大学生村官的作用发挥[J]. 淮海工学院学报（人文社会科学版），2018（5）.

# 江西省乡村人才现状分析与振兴建议

余达锦*

（江西财经大学统计学院，南昌 330013）

**摘　要：** 乡村振兴战略的实施，关键在于人才。要促进江西省农村全面发展和繁荣，实现绿色崛起，打造美丽中国"江西样板"，就必须振兴乡村人才。本文通过历时一年半对江西省100个自然村的调研分析发现，江西省乡村人才队伍呈现出总量偏小、队伍结构欠妥、分布失衡、品质较差、管理失范等特征。在此基础上，提出相关乡村人才振兴建议，为推进乡村高质量、跨越式发展，真正建成富裕、美丽、幸福、现代化的江西提供理论支持。

**关键词：** 乡村人才　现状分析　振兴建议　江西

## 一、引言

　　党的十九大报告提出"实施乡村振兴战略"。如何振兴乡村，关键在于人才。江西省作为农业大省，人才兴则事业旺，人才强则乡村美。要促进江西省农村全面发展和繁荣，实现绿色崛起，打造美丽中国"江西样板"，就必定要"培养造就一支懂农业、爱农村、爱农民的'三农'工作队伍"，着力振兴乡村人才队伍建设。

　　乡村人才扎根在农村，起致富带头和引领作用。现有研究一般认为，乡村人才既包括有"土专家""田秀才"等之称的有一技之长的乡土人才，又涵盖了返乡回村的创业人才，可大致分为规模农业经营者、能工巧匠、小企业经营者和民间

---

* 作者简介：余达锦（1976—），男，江西奉新人，教授，管理学博士，硕士生导师，研究方向为区域发展管理、数量经济、管理科学等。

艺术人才四类。调研发现，乡村人才具备一定的现代科学文化知识和管理才能，多数人见过世面，经历过风雨，特别是返乡回村创业人才和引进的乡土人才，在乡村振兴进程中能当主角、能唱大戏，在推进乡村高质量、跨越式发展进程中的作用更大。

## 二、江西省乡村人才的现状与分析

江西省拥有较好的人力资源基础。近年来，调研发现，随着相关政策的实施，特别是《2017 江西省关于进一步支持返乡下乡人员创业创新促进农村一二三产融合发展的实施意见》等的出台，江西省乡村人才呈逐年上升趋势，并由单一的种植业、养殖业和林业等向农产品深加工业、小企业经营、农村专业合作社、休闲农业等方向发展，为乡村经济高质量发展、农业增效增收和美丽乡村建设作出了较大贡献。但由于种种原因，乡村人才紧缺现象没有得到根本缓解，严重制约了江西省乡村振兴的步伐。

课题组从 2017 年 3 月—2018 年 8 月随机调研了江西省 100 个自然村（有 3 个为少数民族自然村），其中南昌、九江、萍乡、新余、宜春、上饶、吉安、抚州 8 个设区市各选 1 个县（区），赣州选 2 个县（区），从中又选 2 个乡镇，再分别调研 5 个自然村。这 5 个自然村的选择参照以下要求：户籍人口约有 300 人（实际调研在 243～439 人），交通便利自然村 1 个，经济较好自然村 1 个，乡镇附近自然村 1 个，偏远自然村 2 个。数据显示，100 个自然村户籍总人口 28 534 人，常住人口（晚上住村人员，不含离家外出务工人员）15 123 人，乡村人才总数 317 人（表 1）。

### 表 1　100 个自然村乡村人才分类统计

| 类型 | 规模农业经营者（含农民专业合作社组织带头人） | | | | | 能工巧匠 | 小企业经营者 | 民间艺术人才 | 合计 |
|---|---|---|---|---|---|---|---|---|---|
| | 种植业 | 畜牧业 | 林业 | 渔业 | 农业服务业 | | | | |
| 人数/人 | 203 | 8 | 22 | 13 | 7 | 19 | 36 | 9 | 317 |
| 占比/% | 64.04 | 2.52 | 6.94 | 4.10 | 2.21 | 5.99 | 11.36 | 2.84 | 100 |

　　通过分析可以发现，江西省乡村人才的现状特征主要表现在以下几方面。

　　（1）乡村人才队伍总量偏小，影响乡村振兴的"原动力"和"初速度"，亟待充实

　　江西省乡村人才总量不足，特别是具有现代科学文化知识、掌握现代农业生产技能、具备一定经营能力的新型职业农民以及农村电商人才较为缺乏，远远不能满足江西省乡村振兴战略高质量实施的需要。100个自然村的调研数据表明，乡村人才总数较低，仅占常住人口的2.1%。当前乡村人口主要以中老年和青少年为主，其中空巢老人、留守儿童占比69.33%。乡村人才中引进人才共8名，占人才总数的2.52%，其中3名为外来种养大户，5名为外来创业经营人才。交通便利、经济发达些的乡村还能看到一定数量的青壮年，经济欠发达些的偏远乡村，青壮年基本都外出务工。而不少青壮年是有一技之长的，这也更加造成乡村人才队伍总量小，影响了乡村振兴的"原动力"和"初速度"，加大了乡村振兴的难度。

　　（2）乡村人才队伍结构欠妥，影响乡村振兴的"稳定性"和"辐射度"，亟待优化

　　江西省乡村人才队伍结构不合理，带动辐射能力弱。表1数据显示，江西省乡村人才中规模农业经营者占79.81%，比重较大，其中64.04%从事种植业。近年来，随着经济发展和城镇化的深入推进，农村劳动力大量转移，规模农业经营者大量涌现。调研中，村村都有种植大户，家庭承包耕地流转面积超过承包耕地总面积的四成以上，3个邻近县城或乡镇的经济发达些的自然村耕地，流转面积100%。规模种植大户以种植水稻为主，玉米、大豆、花生等次之，共占九成多；蔬菜、水果、苗木、茶叶、烟叶等占比不足10%。养殖业、农业服务业等人才较少，小企业经营者占比也比较低，产品市场参与度小，易受到市场冲击，乡村振兴的"稳定性"和"辐射度"弱。

　　（3）乡村人才队伍分布失衡，影响乡村振兴的"全局性"和"协调度"，亟待调整

　　一是年龄性别分布失衡。乡村人才中以40～55岁中年人才为主，占人才总量的59.62%。超过55岁的占30.28%，老龄化特征明显；40岁以下青年人才缺乏，仅占10.09%。此外，女性占比也较低，仅17人，占人才总量的5.36%。

　　二是空间分布失衡。调研中发现，乡村人才在交通便利、经济发达些的自然村中占比远高于经济欠发达的偏远自然村，且在人才队伍培养和传承上，经济发达些的自然村做得更好。强者恒强、富者愈富原理在这里也得到充分体现。一些

传统技艺更是面临后继无人的尴尬地步。

三是技能分布失衡。能工巧匠、小企业经营者、民间艺术人才和农业服务业多以家族式分布，相对集中，技能传承保守。如调研中发现的 9 名民间艺术人才中有 8 人集中在调研的全部 3 个少数民族自然村中。

（4）乡村人才队伍品质较差，影响乡村振兴的"加速度"和"持续度"，亟待提升

调研数据显示，乡村人才队伍品质不容乐观。文化程度偏低，技能比较单一，专业深度不够，种植养殖人才多，服务型、管理型等人才少，有一定影响、带动能力强的拔尖型人才和科技致富型领军人才更是寥寥无几。乡村人才学习新技能、新知识能力欠缺，信息渠道不畅、信息意识不强、生产经营理念还很落后，严重阻碍了乡村振兴的步伐。例如，规模农业经营者规模偏小，近八成还只是刚刚达到入门级，种植养殖大多还是家庭式开展，经营理念落后。调研中其至还发现几例种粮大户全家男女老少齐上阵收粮的场面。又如，江西省各地乡村结合旅游的现代农业经营得如火如荼。截至 2018 年 8 月，江西省共有各类休闲农业规模经营企业超过 5 000 家，全省休闲农业从业人员超过 110 万人，1—8 月休闲农业和乡村旅游总产值超过 730 亿元。调研发现，乡村人才经营的休闲农业占比不足一成，经营素质不高，欺客、宰客等经营乱象时有发生。

（5）乡村人才队伍管理失范，影响乡村振兴的"发展度"和"创新度"，亟待改进

乡村人才队伍管理在培养、引进、激励、保障机制等上存在着诸多问题。调研发现，乡村人才管理流于形式，基本上处于停滞状态，各地乡村人才队伍数据老旧或是缺失。乡村人才的培训体系和保障体系不健全，交流学习渠道不通畅，相关发展平台少。这些问题造成乡村人才对国家信贷、农业保险、技术支持、税收优惠等有关涉农优惠政策不了解，自身发展尚缺乏资金、技术、信息等方面的进一步扶持，造成相关农业生产或经营规模小，技术水平落后，抗风险能力差，乡村振兴的"发展度"和"创新度"不高。

## 三、江西省乡村人才振兴建议

习近平总书记提出人才是第一资源的重要论断。江西省作为农业大省，乡村振兴战略任务艰巨。乡村人才振兴是江西省乡村振兴的必然选择。没有乡村人才，

乡村振兴将成为无源之水、无本之木。只有抓住乡村人才这个"牛鼻子"，才能蹚出一条乡村振兴的"新路子"。

**1. 思想再解放一点，办法再多一点，让乡村人才有奔头**

各地在乡村人才顶层设计上应解放思想，跳出原有的条条框框，振兴乡村人才队伍。应将乡村人才队伍建设写入政府工作报告中，出台发展规划和行动纲领，制定相关法律文件和实施细则，为乡村人才队伍建设提供制度保障。乡村人才队伍建设是一件创新性的工作，是乡村振兴战略的关键，应当通过"制度创新"途径来保障其实施，让乡村人才真正有奔头。

制度创新应当包含两个层面：一是政府行为创新，即合理规划，积极引导，充分发挥政府政治权力在乡村人才创新管理中的功能和作用，鼓励外出务工人员、中高等院校毕业生、退役士兵和有公职的科技人员等下到乡村创业创新，推进乡村第一、第二、第三产业融合发展；二是激励机制创新，即在政策和待遇上要给予乡村人才充分的倾斜，健全乡村人才职称评审制度，选拔德才兼备的乡村人才担任乡镇、村委干部，充分调动他们的积极性，以便更好地带动广大群众共同致富。

**2. 学习再深入一点，思维再新一点，让乡村人才有想头**

政府相关部门要多渠道、多途径、多方法组织乡村人才学习，一是学习相关文件精神，让国家"三农"相关政策入脑入心，落实到农业生产生活中；二是学习新技能、新方法、新思想和新理念。要让乡村人才看到未来的美好愿景，激发他们的创新创业热情。

乡村振兴需要新思维。要利用大旅游思维，充分挖掘农业、农村的新功能，打造田园综合体项目，建设生态休闲农业，将江西省乡村绿色资源生态优势转化为经济优势；要利用大数据思维，使农业生产从"靠经验"走向"靠数据"，从粗放式经营迈向精准化的变革，建设"智慧农业"和"智慧乡村"；要利用大电商思维，加速农产品品牌建设，推进农业标准化，把更多的农产品由商品变为网货，进一步探索乡村电商扶贫，扩大电商就业创业、旅游电商、消费扶贫的力度；要利用大区域思维，"引进来"和"走出去"，合理配置区域间的土地、资金、技术、人才等农业生产要素，让乡村人才获得更大的发展空间，助力乡村振兴。

**3. 投入再大一点，平台再造一点，让乡村人才有盼头**

要加大乡村人才队伍建设的投入，打造更多的发展平台。各地要从本级财政安排专项资金，加大乡村人才队伍培训经费投入和相关基地建设，着力培育适应农业产业化、标准化和现代化建设需要的种植养殖大户、农村经纪人等，依托相关国家农村创业创新园区（基地）和全国农村创业创新人员培训基地，实施乡村人才"提升计划"，激发人才潜力。

要设立专项经费，专门用来乡村人才的引进。要通过项目培育、薪津补贴发放、健全体制机制和优化政策环境等，真正把人才引得来、留得住、干得好。要根据乡村人才发展类别，邀请高校和科研院所专家、教授或农业示范基地带头人，组建"导师团"，与乡村人才建立帮扶对子，变"单打独斗"为"联合攻关"，通过协同创新，让各类创新创业项目在乡村落地生根，做大做强农产品品牌，延长产业链，真正带动农民增收致富。

### 4. 步伐再快一点，路子再宽一点，让乡村人才有干头

近年来，全国范围都发生了抢人大战，江西省也在其中，希望"才聚江西、智荟赣鄱"。但与发达省份和地区相比，江西省还存在着较大差距，经济环境和制度环境对人才的吸引力不足，愿意扎根乡村、服务"三农"的人才更是少之又少。

要高效出台相关文件，加快人才特别是乡村人才的引进步伐。要依托江西农业大学等农林类高校和科研院所，扎实推进现有"一村一名大学生"工程和"草根人才"工程等，进一步落实乡村人才服务工作，通过"引资金、借技术、跑项目、出政策"系列举措，加强对"土专家""田秀才"的关注、培养和使用，做好返乡回村创业人才和引进乡村人才的引导安置工作。要搭建好干事舞台，让乡村人才人尽其才，真正发挥实效。要鼓励乡村人才通过聘用、入股、承包等方式，加入发展壮大村级集体经济的行列。要积极组建各类涉农产业协会，如农业专业合作社、建材行业协会、农业电子商务行业协会等，让乡村人才在其中发挥传帮带作用，实现规模化生产和经营，帮助小农户对接大市场，推进乡村高质量、跨越式发展。

总之，要强化乡村振兴的人才支撑，把乡村人才队伍建设放在首要位置，打造出一支强大的乡村振兴人才队伍。让愿意留在乡村、建设家乡的人留得安心，让愿意上山下乡、回乡归村的人更有信心，激励乡村人才在农村的广阔天地中大施所能、大展才华、大显身手和大有作为。只有让乡村人才有奔头、有想头、有盼头和有干头，江西省的乡村才有看头，才能真正建成富裕、美丽、幸福、现代化的江西。

# 基于混合地理加权回归的农村人口空间分布研究

## ——以江西省县域农村人口为例

罗　适　　张利国

（江西财经大学生态经济研究院，南昌330013）

**摘　要**：厘清影响因素的空间均质性或空间非平稳性成为当前人口分布研究的新视角。本文以此为切入点，运用 OLS 模型、混合地理加权回归（MGWR）模型探讨江西省县域农村人口的空间分布特征及其影响因素。研究发现：区域农村人口分布存在一定程度的空间正相关；社会经济因素的影响要大于气候因素的影响；气候因素（全局常参数）对区域人口分布具有空间均质性，其中，年均降水量上呈现出与一般预期相反的显著负向影响，并解释了成因；局域变参数人均国民生产总值（pcGDP）、粮食单产（paGCY）、中小学师生比（TSR）、第一产业产值占比（RPI）对区域农村人口分布影响呈现出：条件越好（东北部平原），负向影响越大；条件越差（西南部山区），负向影响越小（paGCY）或正向影响越大（pcGDP、TSR、RPI）。因此，"差异化地制定城镇化建设规划；因地制宜地做好人口分布顶层设计；加强生态移民、保护资源环境"是江西省农村人口合理布局的政策基础。

**关键词**：农村人口空间分布　混合地理加权回归　空间均质性　空间非平稳性

## 一、引言

人口分布研究一直是人口学界的热点问题，随着城市化进程的不断加速和区域经济发展不平衡性的逐渐凸显，加之气候环境不断恶化、自然灾害频发，人口分布研究逐渐引起学者和政府的重视，并取得了丰硕的研究成果（贾占华，2016；

王婧，2018）。然而，在早期"重城市、轻农村"的背景下，学者侧重于对总人口（张海霞，2016；邓楚雄等，2017）和城市人口的分布研究（杜国明等，2007；邓智团等，2016），而针对农村人口分布的研究较为少见。事实上，中国作为一个农业大国，农村人口占比较大，2016年中国农村人口占比达42.65%。农村人口变化深刻影响着社会经济发展，已然成为农村人口发展的主要矛盾和基本国情（赵周华，2018），是脱贫攻坚不断深入的重要推手，也是影响乡村振兴进程和成效的重要因素。

纵观现有的人口分布研究，主要从两个角度进行实证分析：一是传统的线性回归分析（王亚辉等，2016；谷缙等，2018），假设各影响因素对不同区域农村人口分布的影响是均质的，不存在空间差异性。然而人口分布具有空间特征，其在空间上的分布不是随机的，而是呈现出一定的空间相关性，其影响因素也具有一定的空间特征。二是地理加权回归分析（张耀军等，2012；沈思连，2014），假设所有影响因素均随空间位置的变化而变化。然而人口分布的影响因素众多，部分因素对人口分布的影响在空间上是均质的，适合传统线性回归分析；另一部分因素对人口分布的影响具有明显的空间非平稳性，适合地理加权回归分析。混合地理加权回归模型是传统线性回归模型和地理加权回归模型的有机结合，能够很好地解决传统线性回归"空间均一化"过高和地理加权回归"空间差异化"过度的问题，然而运用混合地理加权回归分析人口分布的研究较为罕见，因此本文拟采用混合地理加权回归这个全新视角来探究农村人口分布规律。其次，现有人口分布研究多选择社会、经济、地形等因素作为影响因素（王国霞等，2013；王学义，2013），少有研究将气候因素纳入考量，而气候条件为人口分布提供了地理框架（叶东安，1988），其对人口分布的影响不容忽视。

江西省是传统的农业大省，其农村人口占比较大。鉴于此，本文选取江西省农村人口作为研究对象，以县（市、区）为研究尺度，将相关气候因素纳入考量，运用混合地理加权回归模型，充分厘清各影响因素的空间均质性或空间非平稳性，深入剖析相关影响因素对农村人口分布的影响，力图全面认识农村人口的空间分布规律，为脱贫攻坚的持续深入和乡村振兴的贯彻落实提供微观支持。

## 二、研究方法与数据来源

### 1. 研究方法

（1）空间自相关分析

地理学第一定理（Tobler's First Law，TFL）强调，空间关联性现象普遍存在，且近处比远处关联性更强（Tobler W R，1970）。学界常用空间自相关来探测变量是否存在空间关联性和空间集聚现象，一般用 Moran's I 指数（Moran，1950）和 Geary's C 指数（Geary，1954）进行判别。本研究运用最常用的 Moran's I 指数进行空间自相关分析，其计算公式如下：

$$I = \frac{n\sum\limits_{i=1}^{n}\sum\limits_{j \neq i}^{n} w_{ij}(x_i - \overline{x})(x_j - \overline{x})}{\sum\limits_{i=1}^{n}\sum\limits_{j \neq i}^{n} w_{ij}\sum\limits_{i=1}^{n}(x_i - \overline{x})^2} \tag{1}$$

式中，$n$ 是研究区域空间单元总数；$w_{ij}$ 表示空间权重矩阵；$x_i$、$x_j$ 分别表示空间单元 $i$ 和空间单元 $j$ 的属性值；$\overline{x}$ 表示指标所有属性值的平均值。Moran's I 指数的取值范围为[-1，1]，数值（大于 0）越接近 1，空间正相关性越强，表明具有相同属性的空间单元集聚（高值与高值相邻或低值与低值相邻）；数值（小于 0）越接近-1，空间负相关性越强，表明具有相异属性的空间单元集聚（高值与低值相邻或低值与高值相邻）；越接近 0 表明空间单元不相关。

（2）混合参数地理加权回归（MGWR）分析

传统的线性回归模型假设样本点的空间分布不存在显著的空间相关性，而呈现出随机分布的特点，各自变量对因变量的影响均一化，此时自变量被称为全局变量（Global Variable），回归参数被称为常参数，通常采用最小二乘法（OLS 模型）进行参数估计。其计算公式如下：

$$y_i = \beta_0 + \sum\limits_{j=1}^{m} a_j x_{ij} + \varepsilon_i \tag{2}$$

式中，$y_i$ 和 $x_{ij}$（$i = 1,2,\cdots,n; j = 1,2,\cdots,m$）分别为可观测的因变量和自变量，自变量个数为 $m$，样本量为 $n$，$\beta_0$、$a_j$ 为回归（常）参数，$\varepsilon_i$ 为随机误差项。

然而，如果自变量为空间数据且存在空间相关性，那么传统回归模型（OLS 模型）残差项独立的前提假设将不再成立，其回归得出的常参数系数也不能反映出变量的空间非平稳性。因此，Fortheringham 等基于局部光滑思想提出了地理加权回归模型（Geographically Weighted Regression，GWR），将样本点数据的地理位置二维坐标（$u_i$, $v_i$）嵌入回归参数中，用以量化处理解释变量的空间非平稳性，此时自变量是局部变量（Local variable），回归系数是基于空间位置的变参数。其计算公式如下：

$$y_i = \beta_0(u_i, v_i) + \sum_{k=1}^{m} \beta_k(u_i, v_i)x_{ik} + \varepsilon_i \quad\quad （3）$$

式中，$\beta_0(u_i, v_i)$ 和 $\beta_k(u_i, v_i)$ 是基于地理二维坐标（$u_i$, $v_i$）的回归（变）参数。

地理加权回归假设各个变量的参数均与其空间单元地理位置有关，而在实际问题中，解释变量往往同时包含全局变量和局部变量：部分变量对被解释变量的影响具有明显的空间非平稳性，适合使用地理加权回归建模；另一部分变量对解释变量的影响在空间上是均质的，或其空间非平稳性非常小可忽略不计，宜用传统线性回归模型。为此，Brunsdon 等在 GWR 模型的基础上提出了混合地理加权回归模型（Mixed Geographically Weighted Regression，MGWR），同时包含了常参数系数的全局变量和变参数（随地理位置变化）系数的局部变量。其计算公式如下：

$$y_i = \sum_{j=1}^{h} a_j x_{ij} + \beta_0(u_i, v_i) + \sum_{k=h+1}^{m} \beta_k(u_i, v_i)x_{ik} + \varepsilon_i \quad\quad （4）$$

式中，有 $h$ 个全局变量和 $m-h$ 个局部变量，$a_j$ 和 $\beta_k(u_i, v_i)$ 分别表示常参数和变参数。

混合地理加权回归实际上是普通线性回归模型和地理加权回归模型的有机结合。能够解决多个解释变量不同空间平稳特性共存的问题。相较于 OLS 模型和 GWR 模型，MGWR 模型能够更准确地反映出变量间的空间变化关系，有效提高模型的拟合程度和解释力度。

### 2. 数据来源

本文数据主要来源于两个方面：一方面是江西省县域相关气候数据来源于地理系统科学数据平台，是运用 ArcGIS 软件从 shp 格式地图中提取出来的；另一方面是其他的社会经济因素，由 2014—2017 年《江西统计年鉴》和江西省各设区市统计年鉴获得，实证部分各变量统计值为 2013—2016 年变量值的平均值。

## 三、江西省县域农村人口分布空间特征

### 1. 农村人口空间分布特征

截至 2016 年年底，江西省所辖 100 个县（市、区）总人口共计 4 592.26 万人，其中城镇人口 2 438.49 万人、乡村人口 2 153.77 万人，城镇化率达到 53.10%。考虑到浔阳区、珠山区、西湖区和青云谱区 4 个区城镇化率达到 100%，没有农村人口分布，因此本研究共有 96 个空间分析单元。如图 1 所示，江西省县域农村人口在规模和密度上均存在较大差异。农村人口规模最大的丰城市人口达 90.50 万人，而最小的安源区仅有 2 269 人，前者约为后者的 400 倍；农村人口密度最高的青山湖区达到 759.34 人/km²，最低的安源区仅为 10.67 人/km²，前者约为后者的 70 倍。

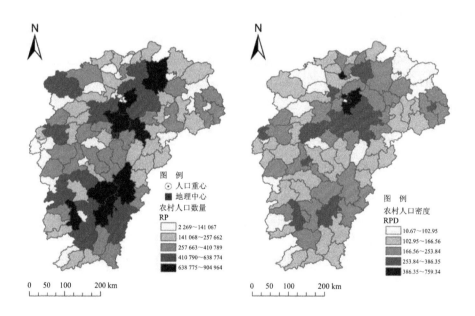

图 1　江西省县域农村人口规模及密度空间分布

总体而言，江西省县域农村人口空间分布呈现出以下特征：①鄱阳湖生态经济区大部和赣南地区（赣州）是高人口规模集聚区，其余地区人口规模相对较小；②赣南地区（山区为主）、鄱阳湖生态经济区大部（湖泊区域）及周围地区农村人口密度水平普遍较高，呈集中连片特征，其余地区农村人口密度相对较小；③位

于地理中心西南部地区的农村人口略多于东北地区的农村人口。研究区域地理中心位于东经115.756°、北纬27.791°，农村人口重心位于东经115.735°、北纬27.737°，向西南侧偏离地理中心，说明西南部地区的农村人口分布较多。

### 2．农村人口空间关联特征

本文以反距离设置权重，运用 ArcGIS 10.1 对县域农村人口密度进行空间自相关分析，结果如图 2 所示。Moran's *I* 指数达到 0.327 的较高水平，且 *Z* 值等于 4.356，在 0.01 的显著水平下通过显著性检验。表明研究区域县域农村人口分布存在一定程度的空间正相关，其农村人口在空间分布上并不是随机的，而是呈现出一定的空间集聚性。那么，其主要影响因素在空间分布上也可能存在一定的空间相关性。

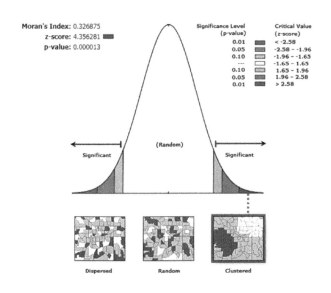

图 2　江西省县域农村人口密度 Moran's *I* 结果

## 四、江西省县域农村人口分布的实证分析

### 1．变量选取

人口密度是最常用于社会科学研究、最为学界认可的指标（朱瑜馨等，2011），因此本文选取农村人口密度作为衡量江西省县域农村人口分布的因变量。

　　影响人口分布的因素众多，根据本文需要，将影响因素分为气候因素和其他因素两大类。根据已有研究（窦以文等，2018；李妮燕等，2018），气候因素上选取了年均气温（AT）和年均降雨（AR）两个最为常见的气候指标；在参考已有研究（孟向京等，1993；张耀军等，2012；唐楠等，2015）并充分考虑江西省实际情况和数据可获取性的基础上，其他因素上选取了单位面积农林牧渔业产值（PaOV）、单位面积农村用电量（PaREC）、人均国民生产总值（PcGDP）等六个变量（表1）。

表 1　江西省县域农村人口分布指标体系

| 变量 | | 指标 | 简称 | 单位 |
|---|---|---|---|---|
| 因变量 | | 农村人口密度 | RPD | 人/km$^2$ |
| 自变量 | 气候因素 | 年均气温 | AT | ℃ |
| | | 年均降雨 | AR | mm |
| | 其他因素 | 单位面积农林牧渔业产值 | PaOV | 万元/hm$^2$ |
| | | 单位面积农村用电量 | PaREC | kW·h/km$^2$ |
| | | 人均国民生产总值 | PcGDP | 元/人 |
| | | 中小学师生比 | TSR | |
| | | 第一产业产值占比 | RPI | % |
| | | 粮食作物单产 | PaGCY | kg/hm$^2$ |

## 2. 全域常参数回归及分区回归（OLS）

　　运用 Stata 14.0 软件进行普通最小二乘法分析，估计传统经典的常系数回归模型。同时，将湖泊区域（鄱阳湖生态经济区 34 个县）和山区区域（40 个县）分离出来进行分区回归（图3），分析不同区域农村人口分布差异（表2）。

　　从回归结果来看，三个模型的拟合效果均较好，模型的拟合优度分别达到 0.474、0.848 和 0.872，均通过多重共线性检验，湖泊区域和山区区域通过异方差检验。比较三个回归的系数大小及显著水平，可以发现：①三个模型均显示出气候因素的系数（弹性）要明显大于其他社会经济因素的系数。②湖泊区域的气候因素系数绝对值要明显大于全局回归，山区回归的年均温度（AT）系数绝对值略小于全局回归，但年均降雨（AR）系数绝对值要明显大于全局回归。③各影响变量在不同区域的显著有无尽相同，除年均气温（AT）、单位面积农林牧渔业产值（PaOV）和第一产业产值在三个区域均显著外，其余影响因素只在局部区域显著。如年均降雨（AR）在湖泊区域和山区区域显著、单位面积农村用电量在湖泊区域显著等。

④从系数正负来看，中小学师生比（TSR）对湖泊区域和全局、山区区域的正负向影响不同，在湖泊区域呈现出负向影响，在全局和山区区域呈现出正向影响。

综上分析，各影响因素对不同区域农村人口分布的影响显著性、影响方向上及影响程度上均存在较大差异。

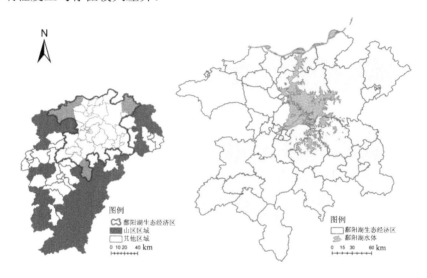

**图3　江西省县域行政区划**

**表2　全区回归与分区回归参数估计及检验结果**

| 变量 | 全局回归 | | | 湖泊区域 | | | 山区区域 | | |
|---|---|---|---|---|---|---|---|---|---|
| | 系数 | $t$ 统计量 | VIF | 系数 | $t$ 统计量 | VIF | 系数 | $t$ 统计量 | VIF |
| lnAT | 2.177** | 2.00 | 1.36 | 5.731** | 2.46 | 2.78 | 1.966*** | 3.76 | 1.54 |
| lnAR | −0.615 | −0.84 | 1.30 | −4.133*** | −3.21 | 1.93 | −1.267*** | −2.76 | 1.55 |
| lnPaOV | 0.492*** | 3.60 | 2.68 | 0.366** | 2.76 | 3.04 | 0.645*** | 6.75 | 2.26 |
| lnPaREC | 0.104 | 1.08 | 3.84 | 0.285*** | 3.37 | 2.96 | 0.026 | 0.41 | 2.16 |
| lnPcGDP | −0.424** | −2.21 | 3.74 | −0.260 | −1.54 | 5.02 | −0.897*** | −5.66 | 3.68 |
| lnTSR | 0.855** | 2.08 | 1.40 | −0.973** | −2.19 | 1.65 | 0.267 | 0.84 | 2.80 |
| lnRPI | −0.195* | −1.72 | 5.03 | −0.158* | −1.73 | 7.07 | −0.529*** | −3.77 | 2.95 |
| lnPaGCY | −0.194 | −1.63 | 1.46 | −0.274* | −2.27 | 1.5 | −0.070 | −1.01 | 1.71 |
| $C$ | 4.854 | 0.66 | | 25.422*** | 3.16 | | 15.963*** | 3.41 | |
| $R^2$ | 0.474 0 | | | 0.848 0 | | | 0.872 1 | | |
| $R^2$adj | 0.425 6 | | | 0.799 4 | | | 0.839 1 | | |
| $p_{bp}$ | 0.000 0 | | | 0.316 7 | | | 0.108 9 | | |

注：*、**、***分别表示在10%、5%、1%水平下显著。

### 3. 局域变参数 GWR 估计

经典线性常参数 OLS 模型前提假设是各个解释变量对各区域的影响是均质的，忽略了空间相关性和空间异质性问题。前文空间自相关分析表明江西省县域农村人口分布存在一定程度的空间异质性，同时分区回归发现不同区域各解释变量对区域农村人口分布的影响不尽相同，因此有必要采用局域变参数 GWR 模型来定量分析影响因素的空间差异特征。

本文在进行变参数 GWR 分析时，采用高斯权值函数，依据 AICc 标准确定最佳带宽为 1.173，此时 AICc 为 57.939。在 GWR 模型中，每一个空间单元在每一解释变量上均有特定的系数。表 3 对各系数值进行了统计，得出最小值、上四分位值、中位值、下四分位值、最大值和平均值。结果显示不同分位点上各解释变量的系数值均存在较大差异，进一步证明了江西省县域农村人口分布存在空间异质性。然而，从空间单元系数显著性角度来看，38.00%的系数未通过 10%的显著性检验，其中年均温度（AT）上有 63.5%的空间单元系数不显著，表明模型的拟合效果欠佳。

表 3 变参数 GWR 回归系数的描述性统计分析

| 变量 | 最小值 | 上四分位值 | 中位值 | 下四分位值 | 最大值 | 平均值 | 显著占比/%（$a$=0.1） |
|---|---|---|---|---|---|---|---|
| lnAT | −0.228 4 | 0.029 1 | 0.064 3 | 0.127 6 | 0.272 2 | 0.072 5 | 55.21 |
| lnAR | −0.454 1 | −0.155 6 | −0.099 7 | −0.020 5 | 0.269 0 | −0.085 9 | 37.50 |
| lnPaOV | 0.174 5 | 0.240 2 | 0.292 4 | 0.352 2 | 0.644 6 | 0.310 4 | 100 |
| lnPaREC | −0.201 4 | −0.018 9 | 0.121 0 | 0.243 7 | 0.321 4 | 0.105 9 | 45.83 |
| lnPcGDP | −0.487 0 | −0.239 2 | −0.191 9 | −0.127 9 | 0.148 3 | −0.176 6 | 66.67 |
| lnTSR | −0.154 6 | −0.062 7 | 0.045 3 | 0.172 4 | 0.293 1 | 0.058 3 | 56.25 |
| lnRPI | −0.552 6 | −0.231 2 | −0.195 4 | −0.077 6 | 0.801 0 | −0.120 4 | 75.00 |
| lnPaGCY | −0.584 7 | −0.137 8 | −0.106 2 | −0.059 4 | −0.007 0 | −0.121 1 | 57.29 |
| Intercept | 4.562 7 | 5.008 0 | 5.098 3 | 5.141 9 | 5.327 8 | 5.001 8 | 100 |
| $R^2$=0.888 | | $R^2$adj=0.802 | | log$L$=−46.501 | | CV=0.215 | 变量显著占比=62.00% |

上述 GWR 模型虽然破除了 OLS 模型变量影响均质的缺陷，但是将所有变量进行 Local 变参数估计可能产生"矫枉过度"的效果。因为可能一部分变量是带参数性质的，而另一部分变量是空间异质性的。因此，有必要进一步检验各个变量是局域（Local）性质还是全局（Global）性质的。本文采用 Tomoki Nakaya 提

出的方法，默认每个参数是全局参数，在基于 AICc 越小越好的基础上允许每个参数依次在空间变化上进行模拟比较，直到不能进行模型改进。经过反复检验，得出检验结果（表 4）。AICc 差值等于 14.917，表明将部分变量从 Local 变参数改为 Global 常参数，AICc 将有改进的余地。

表 4　GWR 模型中局域（Local）变参数的统计检验

| 变量 | $F$ | $F$ 统计量的自由度 | | AICc 差异 |
|---|---|---|---|---|
| Intercept | 5.329 7 | 1.103 | 63.530 | −3.275 1 |
| lnAR | 2.378 3 | 1.538 | 63.530 | 1.855 6 |
| lnAT | 4.976 9 | 2.039 | 63.530 | −4.718 6 |
| lnPcGDP | 2.139 7 | 2.414 | 63.530 | 3.687 2 |
| lnPaGCY | 4.909 5 | 1.075 | 63.530 | −2.571 0 |
| lnTSR | 5.063 5 | 2.933 | 63.530 | −6.679 8 |
| lnPaOV | 1.755 9 | 2.593 | 63.530 | 5.342 4 |
| lnPaREC | 2.765 6 | 2.788 | 63.530 | 1.853 0 |
| lnRPI | 18.515 2 | 2.234 | 63.530 | −37.746 2 |
| Local→Global | 部分变量由局部向全局转变前的 GWR 模型 | AICc=57.939 | | 14.917 |
| | 部分变量由局部向全局转变后的 GWR 模型 | AICc=43.022 | | |

### 4. 混合地理加权回归（MGWR）模型

通过模型调试和检验，发现把 lnAT、lnAR、lnPaOV 和 lnPaREC 当作 Global 常参数、把 lnPcGDP、lnTSR、lnRPI 和 lnPaGCY 当作 Local 变参数的情形下，AICc 不再出现任何改进的余地（改进为 0.000）（表 5）。

表 5　MGWR 模型中局域（Local）参数的统计检验

| 变量 | $F$ | $F$ 统计量的自由度 | | AICc 差异 |
|---|---|---|---|---|
| Intercept | 1.745 7 | 2.065 | 73.105 | 2.618 8 |
| lnPcGDP | 3.655 9 | 3.187 | 73.105 | −3.192 3 |
| lnPaGCY | 3.195 3 | 0.838 | 73.105 | −0.465 3 |
| lnTSR | 4.038 3 | 3.415 | 73.105 | −4.834 4 |
| lnRPI | 33.220 0 | 2.617 | 73.105 | −66.106 0 |
| Local→Global | 部分变量由局部向全局转变前的 GWR 模型 | AICc=43.022 | | 0.000 |
| | 部分变量由局部向全局转变后的 GWR 模型 | AICc=43.022 | | |

综上分析，本文确定了以 lnPcGDP、lnTSR、lnRPI、lnPaGCY 为 Local 变参数和以 lnPcGDP、lnTSR、lnRPI、lnPaGCY 为 Global 常参数的混合地理加权回归（MGWR）。运用 GWR 4.0 进行分析，结果如表 6 所示。对比 MGWR 和 GWR 两个模型，除 AICc 得到优化外，MGWR 模型的 $\log L$ 要大于 GWR 模型、CV 要小于 GWR 模型，进一步表明 MGWR 模型优于 GWR 模型。

表6　混合地理加权回归（MGWR）估计结果

| | 变量 | 最小值 | 上四分位值 | 中位值 | 下四分位值 | 最大值 | 均值 | 显著占比/%（$a$=0.1） |
|---|---|---|---|---|---|---|---|---|
| Local 部分 | Intercept | 4.865 9 | 5.032 3 | 5.106 3 | 5.136 7 | 5.197 5 | 5.023 8 | 100 |
| | lnPcGDP | −0.377 3 | −0.271 1 | −0.221 2 | −0.145 9 | 0.120 9 | −0.195 8 | 76.04 |
| | lnPaGCY | −0.429 5 | −0.187 6 | −0.107 3 | −0.079 5 | −0.017 8 | −0.149 2 | 78.13 |
| | lnTSR | −0.123 3 | −0.037 9 | 0.037 9 | 0.133 0 | 0.280 9 | 0.056 4 | 43.75 |
| | lnRPI | −0.369 3 | −0.311 9 | −0.283 6 | 0.011 3 | 0.920 3 | −0.112 0 | 79.17 |
| Global 部分 | 变量 | 系数值（$E$） | 标准差（SE） | $t$ 值（E/SE） | 变量显著占比=69.27% | | | |
| | lnAR | −0.141 6 | 0.042 2 | −3.352 9[***] | $R^2$=0.855 | | | |
| | lnAT | 0.036 9 | 0.041 2 | 0.895 1 | $R^2$adj=0.791 | | | |
| | lnPaOV | 0.340 5 | 0.049 1 | 6.936 6[***] | $\log L$=−21.499 | | | |
| | lnPaREC | 0.129 3 | 0.055 8 | 2.316 7[**] | CV=0.213 | | | |

注：*、**、***分别表示在 10%、5%、1%水平下显著。

模型的拟合优度及调整后的拟合优度分别达到 0.855 和 0.791 的较高水平，拟合效果较好。在 Global 部分，除年均温度（AT）不显著外，其余三个自变量均显著。从系数绝对值大小来看，系数（弹性）大小排序为 lnPaOV、lnAR、lnPaREC 和 lnAT，经济因素为主导因素，这与杜本峰研究结论相符，气候因素影响逐渐减弱，经济因素影响日趋增强。但结果与线性模型截然相反，说明 OLS 模型高估了气候对农村人口分布的影响，而低估了经济社会因素对农村人口分布的影响；从系数正负来看，年均降雨（AR）系数显著为负，与预期相反。这是因为江西省雨水充沛，过多降雨不利于农业发展，同时可能威胁农村居民的生命财产安全，其余变量系数符号均与预期相同。在 Local 部分，与 GWR 模型相比，仅有 30.73% 的系数未通过 10% 的显著性检验，除中小学师生比（TSR，43.75%）外，其余变量空间单元显著占比均达到 75%以上，拟合效果得到提升。为了更为清晰地反映 Local 部分四个变量对区域农村人口分布的影响程度，本文运用 ArcGIS 10.1 作出四个变量系数大小的空间四分位分布图（图4）。

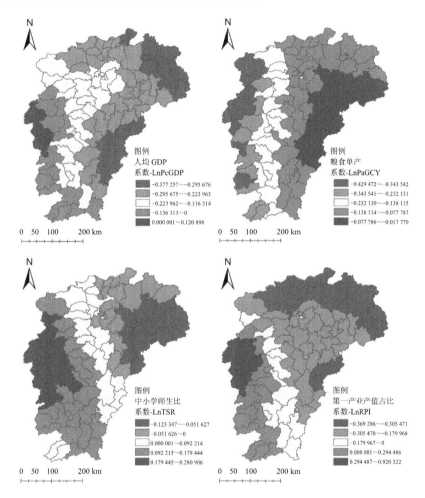

**图4　Local 变参数回归系数空间分布**

（1）人均国民生产总值均值为–0.195 8，取值范围[–0.377 3，0.120 9]。一般来说，人均国民生产总值与农村人口密度呈负相关关系。如图 3 所示，除西部 7个地区（萍乡市全市和吉安市的永新县、井冈山市）呈正相关关系外，其余大部分地区人均 GDP 与农村人口密度均呈负相关关系，而且这种负相关关系从西南部地区向东北部地区逐渐增强，即东北部地区人均 GDP 对农村人口的负向影响较大、西南部地区的负向影响小。根据 2016 年国家级贫困县名单，江西省国家级贫困县主要分布在西南部地区，表明在经济发展水平较高的东北部地区，人均国民生产总值对农村人口分布的负向影响相对较大；而在贫困县分布较多的西南部地区，负向影响相对较小，甚至出现轻微的正向影响，这与人口分布的一般规律相悖。出现正向影响的地区包括萍乡市全市 5 个辖区（上栗县、安源区、湘东区、芦溪县和莲花县）和吉安市 2 个辖区（永新县和井冈山市），因为这些地区位属罗霄山脉附近（莲花县、永新县和井冈山地属罗霄山片区），经济发展较为落后，交通、地形条件恶劣，所以人均 GDP 增长反而会促进其农村人口的增长。

（2）粮食单产均值为-0.149 2，取值范围[-0.429 8，-0.079 5]。从系数符号来看，各地区的粮食单产与农村人口密度均呈负相关关系，与预期相符，即粮食单产越高，农村人口密度越小。从系数大小来看，这种负相关关系自东向西呈带状分布并逐步增强，表明在农业较为发达的西部地区（鄱阳湖生态经济区周边），粮食单产对农村人口分布的负向影响较大；而在农业较不发达的东部地区，负向影响相对较小。

（3）中小学师生比均值 0.056 4，取值范围[-0.123 3，0.280 9]。从系数符号来看，西南部地区和东北部地区中小学师生比同农村人口分布的相关关系相异，西南部地区呈正相关关系，东北部地区呈负相关关系，自西南向东北正相关关系逐渐减少至零后，负相关关系逐渐增强。西南部地区国家级贫困县分布较多，其中小学师生比相对东北部地区而言较大，表明在中小学师生比较高的西南部地区，中小学师生比对农村人口分布呈现正向影响；而在中小学师生比较小的东北部地区呈现负向影响。

（4）第一产业产值占比均值为-0.112 0，取值范围[-0.369 3，0.013 3]。第一产业产值占比对农村人口分布的影响在空间分布上呈现正负差异。西南部地区呈现正向影响，且越靠近西部正向影响越强；东北部地区呈现负向影响，且越靠近东北部负向影响越强。表明在农业较为发达的东北部地区（鄱阳湖生态经济区及其周边），第一产业产值占比对农村人口分布呈现负向影响，且越靠近东北部负向影响越强；而在农业较不发达的西南部地区，呈现正向影响，且越靠近西南部正向影响越强。

总体来看，部分变量对于不同空间单元人口分布的影响并非一致，存在空间差异性，甚至出现截然相反的正负向影响关系，这与基于地理位置的区域经济、自然条件和资源禀赋等条件存在一定的相关性。因此，在空间分布研究上要注重研究尺度的敏感性，在微观区域规划制定上充分考虑宏观规律在微观区域上的适用性，必要时通过微观研究解释微观区域的特殊现象。

## 五、研究结论及政策建议

本文以江西省 100 个县（市、区）为基本单元，采用空间自相关分析方法解析区域农村人口分布状况，运用 OLS 模型（全局回归、分区回归）和 MGWR 模型（混合地理加权回归）深入探讨农村人口分布同相关气候因素、社会经济因素的相关关系，并得出各影响因素对区域农村人口分布的影响程度及影响差异性。

本文得出以下研究结论：①区域农村人口呈现一定程度的空间正相关，部分自变量对农村人口空间分布的影响因素具有空间均质性，另一部分自变量具有空间非平稳性。运用混合地理加权回归（MGWR）能够厘清各影响因素的全局特性或局部差异性，更为清晰地反映出农村人口分布的规律。②经济因素是农村人口分布的主要影响因素，基于空间均质前提假设的 OLS 模型忽视了农村人口分布部分影响因素的空间非平稳性，易高估气候因素对农村人口分布的影响，而低估相关社会经济因素对其的影响。③MGWR 模型全局部分确立年均温度（AT）、年均降雨（AR）为全局常参数，说明相关气候因素对区域农村人口空间分布具有均质性，因为江西省属亚热带季风气候，全年雨水充沛，各县域气候差异不明显。其中年均降雨（AR）对农村人口分布具有负向影响，因为过多降雨易威胁区域农村人口的生命财产安全。④MGWR 模型局域部分确立人均国民生产总值（pcGDP）、粮食单产（paGCY）、中小学师生比（TSR）和第一产业产值（RPI）四个社会经济因素为局域变参数，这些因素在江西省西南部和东北部呈现出一定程度的空间分异特征。总体而言，呈现出条件越好（东北部），负向影响越大；条件越差（西南部），负向影响越小，甚至出现正向影响（pcGDP、TSR、RPI）。因为西南部山区（国家级贫困县分布较多）社会经济发展较为落后，社会经济因素对农村人口分布的负向影响较小或呈现正向影响；而对于经济发展水平较高的东北部平原，社会经济因素的负向影响程度较大，社会经济发展有利于城镇化进程的不断推进。⑤充分考量宏观规律在微观区域上的适用性，注重影响因素对不同空间单元的差异化影响，加强人口分布的微观研究，从微观区域和微观尺度探索微观区域的人口分布规律，促进人口合理布局。

基于以上分析，本文提出以下政策建议：①差异化地制定区域城镇化建设规划。充分考虑西南部地区农村人口分布对社会经济发展的低敏感性，出台相关政策激励农村人口尤其是贫困地区农村人口的持续城镇化，助推城市化进程和脱贫攻坚的持续深入。在东北部地区，充分利用相关社会经济因素对农村人口分布的高影响性，通过社会经济建设推进城镇化建设。②因地制宜地做好农村人口分布的顶层设计。充分把握区域农村人口空间分布差异，厘清气候、经济等因素对农村人口分布影响方向及程度的空间分异特征，实现区域人口、经济和环境的协调发展，为乡村振兴奠定坚实基础。③加强生态移民，保护资源环境。实证研究表明，降雨对区域农村人口分布的负向影响显著。在区域人口合理布局中，应高度重视相关气候因素的影响，通过资源环境保护着力降低区域地理成本，将生态脆弱区的贫困人口向地理成本小、地理障碍低的地区进行生态转移，同时加强移民后期的工作管理，对于决胜脱贫攻坚战具有重要参考意义。

## 参考文献

[1] 贾占华，谷国锋. 东北地区人口分布的时空演变特征及影响因素[J]. 经济地理，2016，36（12）：60-68.

[2] 王婧，刘奔腾，李裕瑞. 京津冀人口时空变化特征及其影响因素[J]. 地理研究，2018，37（9）：1802-1817.

[3] 张海霞，牛叔文，齐敬辉，等. 基于乡镇尺度的河南省人口分布的地统计学分析[J]. 地理研究，2016，35（2）：325-336.

[4] 邓楚雄，李民，宾津佑. 湖南省人口分布格局时空变化特征及主要影响因素分析[J]. 经济地理，2017，37（12）：41-48.

[5] 杜国明，张树文，张有全. 城市人口分布的空间自相关分析——以沈阳市为例[J]. 地理研究，2007（2）：383-390.

[6] 邓智团，樊豪斌. 中国城市人口规模分布规律研究[J]. 中国人口科学，2016（4）：48-60+127.

[7] 赵周华. 中国农村人口变化与乡村振兴：事实特征、理论阐释与政策建议[J]. 农业经济与管理，2018（4）：18-27.

[8] 王亚辉，王洋洋，周丽. 山西省人口分布特征及其影响因素分析[J]. 科技创新与生产力，2016（9）：57-60.

[9] 谷缙，程钰，任建兰，等. 城乡贫困人口时空格局演变及影响因素——以济南市为例[J]. 湖南师范大学自然科学学报，2018，41（2）：8-16.

[10] 张耀军，任正委. 基于地理加权回归的山区人口分布影响因素实证研究——以贵州省毕节

地区为例[J]. 人口研究，2012，36（4）：53-63.

[11] 沈思连，王春伟，汤静. 基于 GWR 模型的河南省人口分布的影响因素研究[J]. 数学的实践与认识，2014，44（3）：165-174.

[12] 王国霞，秦志琴. 山西省人口与经济空间关系变化研究[J]. 经济地理，2013，33（4）：29-35.

[13] 王学义，曾永明. 中国川西地区人口分布与地形因子的空间分析[J]. 中国人口科学，2013（3）：85-93，128.

[14] 叶东安. 我国人口分布的现状和特点——人口分布问题研究综述[J]. 人口研究，1988（5）：57-59.

[15] Tobler W R . A Computer Movie Simulating Urban Growth in the Detroit Region[J]. Economic Geography，1970，46（sup1）：7.

[16] Moran，P. A P . Notes on Continuous Stochastic Phenomena[J]. Biometrika，1950，37（1/2）：17.

[17] Geary R C . The Contiguity Ratio and Statistical Mapping[J]. The Incorporated Statistician，1954，5（3）：115-127，129-146.

[18] Fotheringham A S，MartinCharlton，ChrisBrunsdon. The geography of parameter space：an investigation of spatial non-stationarity[J]. International Journal of Geographical Information Systems，1996，10（5）：23.

[19] Brunsdon C，Fotheringham A S，Charlton M . Some Notes on Parametric Significance Tests for Geographically Weighted Regression[J]. Journal of Regional Science，2010，39（3）：497-524.

[20] 朱瑜馨，张锦宗，聂芹. 山东省人口密度分布模式的 GIS 空间分析[J]. 国土资源遥感，2011（4）：147-150.

[21] 窦以文，丹利，严中伟，等. 基于均一化观测序列的京津冀地区气候变化格局分析[J]. 气候与环境研究，2018，23（5）：524-532.

[22] 李妮燕，赵国蓉. 青南高原气候变化特征分析[J]. 现代农业科技，2018（18）：210-211.

[23] 孟向京，贾绍凤. 中国省级人口分布影响因素的定量分析[J]. 地理研究，1993（3）：56-63.

[24] 唐楠，魏东，吕园，等. 秦巴山区人口分布的影响因素分析及分区引导——以陕西省安康市为例[J]. 西北人口，2015，36（1）：111-116.

[25] Nakaya T，Charlton M，Lewis P，et al. Windows application for geographically weighted regression modelling[J]. 2016.

[26] 杜本峰，张耀军. 高原山区人口分布特征及其主要影响因素——基于毕节地区的 Panel Data 计量模型分析[J]. 人口研究，2011，35（5）：90-101.

## 第四部分

# 乡村文化振兴

# 乡风文明培育在乡村振兴中的作用探究

张梦玲

（江西农业大学人文与公共管理学院，南昌 330045）

**摘　要：**乡风文明培育是社会主义精神文明建设的重要内容，也是乡村振兴的一个关键性指标。近年来，各地民俗风情与乡风文明培育成效明显，但也随之出现了一些难点，例如，公共文化基础设施滞后、扶贫带来的新生矛盾难化解、乡村特色文化推广传承不足、好人激励机制不健全等。乡风文明培育势在必行，要加强乡村基础设施建设、完善精准扶贫政策、健全好人激励机制、加强法制教育等，让移风易俗蔚然成风。

**关键词：**乡风文明　培育　乡村振兴

针对"三农"问题，习近平同志在党的十九大报告中提出了实施乡村振兴战略，并明确提出了"产业兴旺、生态宜居、乡风文明、治理有效、生活富裕"的总要求。其中，乡风文明培育是我国社会主义精神文明建设的重要内容，是乡村振兴的保障，是精准扶贫过程中扶贫先扶智必须攻克的难点。乡风文明是弘扬中国特色社会主义核心价值观的重要载体，是乡村治理的本质内容，只有建立了良好的乡风，才能保证经济建设的持续和生活的安定，乡村才会变得更加美丽，乡村振兴才会有了灵魂。因此，乡风文明培育势在必行，必须坚持物质文明和精神文明一起抓，提升农民精神风貌，培育文明乡风、良好家风、淳朴民风，不断提高乡村社会文明程度。

## 一、乡风文明的内涵

乡风文明是在乡村发展进程中，通过人们对日常物质生活和精神生活的不断丰富和发展，从而传继下来的、对社会进步和人类发展具有促进作用的乡俗理规及文化风气，其具有历史的传承性和鲜明的时代性。新时代的乡风文明蕴含丰富，与时俱进。在深刻把握新时代社会主要矛盾的基础上，对乡风文明应从以下三个维度来理解：一是对习近平新时代中国特色社会主义思想的深刻领悟与运用；二是对乡村传统礼俗的继承与发展；三是对乡村文化和城市文化的融合与创新。

### 1. 新时代新思想引领与应用乡风文明

乡风文明建设将习近平新时代中国特色社会主义思想作为其指导思想，乡风文明的培育是长期性与复杂性、系统性与发展性相兼容的过程。长期性与复杂性源自国内发展现实因素、国际因素以及历史等因素的交织，系统性与发展性要求我们要以时代眼光来构建和发展新时代的乡风文明。因此，将习近平新时代中国特色社会主义思想融会贯通，运用到乡风文明培育中是时代之要求，历史之必然。坚定不移地贯彻创新、协调、绿色、开放、共享的新时代发展理念，推进城乡融合发展体制机制等，为乡风文明建设注入新导向、新理念、新模式。

### 2. 乡村传统礼俗的继承与发展乡风文明

礼俗，即礼仪与习俗。传统礼俗的发展，涵盖了人生的方方面面，岁时礼俗、婚丧生育礼俗、居家礼俗、传统社交礼俗等，成为人们共同遵循和守护的社会法则。在乡土社会中，传统礼俗是维系社会稳定、促进社会和谐的重要支撑，是乡风文明的关键所在。追根溯源，乡村振兴、乡风文明的塑造依旧离不开传统礼俗的重要支撑，因此，新时代乡风文明的培育必定是以传统礼俗为根基，促进中华优秀传统文化创造性转化、创新性发展，积极运用其时代内核，合理传承其内在精神，充分发展其感召力量。

### 3. 乡村城市文化的融合与创新乡风文明

新时代我国社会的主要矛盾是人民日益增长的美好生活需要和不平衡不充分的发展之间的矛盾。发展的不平衡，更多地体现在城乡之间发展的不平衡；发展的不充分，更多地体现在乡村地区发展的不充分；城乡之间的不平衡不仅是物质上的不平衡，更体现在精神文明层面的不平衡。长期以来，广大农村地区发展的相对滞后性使得与现代化文明的衔接存在着较大缺口。因此，新时代乡风文明的内涵，应在"留得住乡愁"的基础上，以城乡文化的融合与创新为抓手，既"体现乡村传统民俗、风俗等乡村文化，也要让农民在原有村庄肌理上享受现代城市文明"。

## 二、乡风文明在建设中的难点

乡风文明培育既是新农村建设的"灵魂工程"，又是"难点工程"，在乡风文明培育过程中存在着一些难点与困惑，对此，我们要有清醒的认识。

### 1. 公共文化基础设施滞后成短板

虽然"十二五"期间，乡村基础设施建设和农民的生产生活条件得到了明显改善，但由于自身财政实力不足，没有更多的资金投入基础设施建设，尤其是公共文化设施建设的不足导致乡村精神文明建设和乡风文明培育开展乏力。由于娱乐方式单一化，村民只能进行小规模的打麻将、打牌活动，赌博现象在乡村也比较常见。特别是节假日期间，外出务工的人回到家乡由于缺乏丰富的娱乐方式，赌博就成为村民相互交流、联系感情的途径。然而由摸牌赌博致贫、引起家庭矛盾和社会治安的问题也随之而来。

### 2. 扶贫带来的新生矛盾难化解

近年来，各地县委、县政府高度重视脱贫攻坚工作，认真贯彻落实中央、省、市脱贫攻坚的工作部署，认真学习贯彻落实习近平总书记关于脱贫攻坚系列讲话精神，加大工作力度，实施精准识别、精准帮扶、精准脱贫，虽然取得了阶段性的成效。但是在实施过程中，一方面，由于村民自身素质基础较差，对政府扶贫政策深入了解不够，导致非贫困户与贫困户之间的矛盾激化。非贫困户眼看贫困户享受了扶贫政策带来的惠利而心生嫉妒，不患寡而患不均，抱怨政府精准识别的方法有问题，羡慕意识导致亚贫困，给政府在推进脱贫攻坚的进程中造成了巨大障碍。另一方面，贫困户自身在脱贫过程中也存在矛盾。一些贫困户凭借着政府的扶贫专项补助开始偷懒，不务农也不务工，一心认为只要有政府的扶持，就算不劳作，贫困户的"帽子"总有一天也会被摘除。这两大扶贫工作带来的新生矛盾给乡风文明培育增加了更大的阻力。

### 3. 思想道德建设错位表达

自古我国乡村文化淳朴、邻里友好和睦相处，这为乡风文明培育提供了良好的基础。近年来，随着大力推进文明村镇建设，将社会主义核心价值观融入了文明村镇创建的方方面面。群众思想道德素质不断提高，乡村思想政治环境逐渐改观，群众性精神文明创建活动蓬勃发展。由于村民接受的先进思想教育较少，跟不上时代发展的潮流，再加上很多青壮年长期外出务工，留守的老、幼、妇女人员居多，常住人口的减少和流动性人口的增加，使得原本淳朴的乡风文明产生了错位表达的情况，严重影响了思想道德培育的进程。首先，乡村一直所提倡的"美丽乡村建设"被有的人错位理解为"豪华乡村建设"，一些乡村富人将住房建造得十分豪华，以奢侈为主调，破坏了传统古朴的乡村风情。其次，传统乡村"出手大方"的待客之道被有的人放大成"铺张浪费"，特别是在婚嫁丧葬方面的花费过于浮夸。此外，更有村民以"争当贫困户为荣"，严重曲解政府扶贫工作的出发点，一心只为成为贫困户而破坏邻里和睦，成为乡风文明培育的一大败笔。

### 4. 传统文化负面因素的制约

农村先进文化建设对乡风文明的实现具有举足轻重的作用，但传统文化中的负面因素在农民头脑中根深蒂固。主要表现在：第一，浓厚的小农意识影响深远。中国是一个农业大国，自古以来重农抑商，由此导致农村长期处于封闭状态。在受到传统文化影响至深的广大农村，相当一部分农民头脑中存在着听天由命的人生观、得过且过的生活观、多子多福的生育观等，由于传统的思维方式具有很大的惰性与顽固性，致使农民现代意识的发展遇到极大的阻碍。第二，"学而优则仕"观念的导向。中国是一个典型的乡村和城市分割的社会，从乡村人转变为城里人是农民心中永远不变的追求。除鼓励孩子考上大学留在城市光宗耀祖外，农民自己也会想方设法进入城市。实在不能离开、被迫滞留在农村的人既缺乏建设新农村的主人翁意识，也无发展新农村的动力。

### 5. 好人激励机制不健全

农村自古就有"忠、勇、信、义"的人文精神，近年来，各地广泛开展"好人"评选活动，重点挖掘广大农村基层先进典型，通过群众参与，涌现出了一大批身边的好人模范。然而对于许多好人模范而言，他们的无私奉献、善行义举很多时候并未给他们的生活环境和生活品质带来多大的提升，特别是对于农村本就经济条件一般甚至贫困的"好人"来说，如何扩大好人帮扶覆盖面，需要建立一个长效稳定的帮扶激励机制，从而真正实现"好人有好报"，但对于本就财政紧张的各农村地区来说也是一大难题。

## 三、乡风文明培育的途径

为了更好地维护和弘扬传统文明乡风，我们应加强对广大农民进行有关的传统美德教育，通过对乡村的乡风文明培育，能够提高农民的综合文化素质，有效地促进乡村经济发展和社会进步，实现乡村物质文明、政治文明和精神文明协调发展。针对以上提出的几点与"美丽乡村建设"不相符的、不足的，乡风文明培育应结合各地区的具体情况因地制宜地制定策略。

### 1. 政府投资向乡村文化基础设施建设倾斜

加大投入乡村基础设施的力度，是党和政府建设社会主义新乡村的重大举措，特别是加强乡村文化基础设施的建设是落实党和政府对广大农民群众关心和爱护的具体体现。这就需要上级领导部门在项目资金安排方面进一步向乡村基础设施方面倾斜，向乡村公共文化建设倾斜，以补齐民生短板。例如，乡村文化室的建立完善是作为贫困县脱贫的必检项目，政府应该加大乡村文化室建设资金的投入，一方面可以推动脱贫攻坚的进程，另一方面可以丰富村民的娱乐生活、减少不良的娱乐互动，有利于维持良好的社会治安，促进村民精神文明的建设。致力于高标准打造一个文体活动小广场或百姓大舞台，建设门球场、篮球场等娱乐场所，组织农民文艺演出队，安装相关设备，搭建丰富群众文化生活的好平台。

### 2. 落实精准扶贫政策，使政策助力乡风文明培育

各个乡村地区都接到了实现贫困地区全面脱贫的重任，时间紧、任务艰难，然而精准扶贫是政策落实的重中之重。首先，对象精准是前提。各位领导干部和党员应该加大走访力度，还必须大量收集群众对贫困户的看法和认定，做到公平科学地选出扶贫对象，只有这样才具有一定的说服力，不但可以缓解贫困户与非贫困户因识别不精准问题而产生的矛盾，而且还能创造和谐的乡村邻里关系。其次，到户精准是关键。各地政府应该根据贫困户的致贫原因开展具体的精准帮扶措施，选好可以发展的产业带动那些"扶不起"的贫困户，不能让他们满足现状甚至是甘于争当贫困户。以此来培育乡村积极向上、勤奋努力的乡村氛围。

### 3. 加强社会主义核心价值观培育

开展社会主义核心价值观教育，提升乡村公共文化服务水平，要善于用群众听得懂的话开展教育活动，善于与群众的切身利益挂钩，确保教育的日常性、经常性。要善于树立身边典型，发挥身边人教育身边人的作用。要结合群众重视家庭荣誉感、在乎邻里眼光和评价的实际，开展文明户及各类先进个人典型评选，发挥好"五老"（老干部、老战士、老专家、老教师、老模范）和新乡贤的作用。

### 4. 积极推广传承乡村特色文化

对于推广和传承乡村特色文化，应该紧紧抓住各乡村地区的开发范围，对接好中央、省市的文化扶贫政策。首先，民间的各种风俗习惯，都是一种社会历史的产物，不论是干部还是群众都应该真正理解传统文化的基本精神，用科学的态度去谨慎地、具体地分析乡村特色文化，进而批判地继承，取其精华，去其糟粕。其次，民间文化的传承和发展，人才是关键，必须强化文化人才队伍。政府必须采取有效的措施吸引专业人才到基层文化机构，一方面起到强化对文化人才培养的作用，另一方面可以充分发挥人才的作用来更新、开发乡村文化。最后，要利用地区的民族传统与现代文明相结合，进行以传统道德为核心的乡村文化建设，

教育农民，激发民族感情，营造良好的人际关系与和谐的社会氛围。

### 5. 健全完善好人激励机制

进一步加大对身边好人与道德模范的帮扶力度，给予他们在住房、就业、医疗等各方面的政策帮扶。充分发动文明单位和志愿服务队开展"一对一"帮扶，保障和提升身边好人与道德模范的生活品质。建议政府部门不断扩大好人帮扶覆盖面，完善道德模范和身边好人帮扶机制，成立好人帮扶专项基金，专项资助、救助生产生活特别困难的道德楷模。通过建立健全激励崇德向善的长效机制，有力倡导好人有好报的价值取向。

### 6. 加强乡村法制教育

通过梳理近年来各乡村发生的刑事案件，因一时冲动"争强斗狠"而犯罪的特点非常突出。在美丽乡村建设中，要抓好两个层面的法治宣传教育：一是增强农村干部法治观念，学会用法治思维和法治方式来开展工作；二是培养广大群众学法、遵法、守法、用法意识。善于通过合法途径维权，理性表达诉求。在具体操作中，要注重发挥好乡村在校学生的"小手"拉动家长"大手"的感染力和身边案例警示教育的震慑力。

总之，乡风文明培育是社会主义精神文明建设的重要内容，与新农村建设其他方面密切相关。必须加大统筹城乡发展力度，进一步推进经济落后农村的乡风文明建设，必须进行强村富民，夯实乡风文明建设的物质基础，提升人民群众的幸福指数，为夺取中国梦的伟大胜利而不断奋斗。

### 参考文献

[1] 高维. 乡土文化教育：乡风文明发展根基[J]. 教育研究，2018，39（7）：87-89.

[2] 赵碧原. 如何营造乡风文明[J]. 中国党政干部论坛，2018（2）：85-86.

[3] 贾义保. 河南省新农村乡风文明建设现状调查分析[J]. 湖北农业科学，2011，50（18）：3875-3877.

[4] 郭俊敏. 乡风文明建设背景下的乡镇政府职能重构[J]. 河南师范大学学报（哲学社会科学版），2011，38（2）：59-62.

[5] 赵岚. 保护优秀传统农村文化　促进"乡风文明"建设[J]. 农村经济，2010（2）：122-124.

[6] 聂辰席. 乡风文明：农村经济社会发展的重要推力[J]. 求是，2009（13）：31-32.

[7] 袁玲儿. 新农村乡风文明建设的风险与应对[J]. 理论导刊，2008（8）：71-73，85.

## 第五部分

# 乡村生态振兴

# 乡村生态振兴政策分析及主要技术路线概述

于致远

（南昌筑景城市设计有限公司/江西省生态学会理事，南昌 330038）

**摘　要**：乡村振兴战略是在习近平新时代中国特色社会主义思想指导下，实现社会主义现代化和中华民族伟大复兴的伟大战略，并史无前例地写入党章，是全面建成小康社会的重大战略部署，为农业农村改革发展指明了方向。乡村振兴战略其内涵在于是对之前所有涉农政策的全面归纳与总结，并于内部可能存在的掣肘矛盾中更高层面进行梳理和总体规划，破除疑问，纵横捭阖，谋定后动。随着大部制改革合并，未来 30 年继续全面深化改革的大幕已启、蓝图已就。在"产业兴旺、生态宜居、乡风文明、治理有效、生活富裕"总要求下，产业、人才、文化、生态和组织五大振兴由《乡村振兴战略规划（2018—2022 年）》顶层设计。政策不断推出，需要各方力量深入理解顶层规划，并切实根据现状不急不躁地加紧步伐，稳健推进，扎实落地。

**关键词**：乡村振兴　乡村生态振兴　生态宜居　农业面源污染治理　农村人居环境整治

2017 年 10 月 18 日党的十九大报告提出，实施乡村振兴战略。要坚持农业农村优先发展，按照"产业兴旺、生态宜居、乡风文明、治理有效、生活富裕"的总要求，建立健全城乡融合发展体制机制和政策体系，加快推进农业农村现代化。体现了乡村全面振兴思想的萌芽。

2017 年 12 月 29 日，中央农村工作会议首次提出走中国特色社会主义乡村振兴道路，让农业成为有奔头的产业，让农民成为有吸引力的职业，让农村成为安居乐业的美丽家园。

2018 年 1 月 2 日，《中共中央　国务院关于实施乡村振兴战略的意见》由中共中央、国务院发布，自 2018 年 1 月 2 日起实施。

2018 年 3 月 5 日，时任国务院总理李克强在《政府工作报告》中讲道，大力实施乡村振兴战略。

2018 年 3 月 8 日习近平总书记参加十三届全国人大一次会议山东代表团审议时，提出乡村产业、人才、文化、生态、组织"五个振兴"，系统阐述了乡村全面振兴的目标任务和实现路径。习近平总书记指出，实施乡村振兴战略，是党的十九大作出的重大决策部署，是决胜全面建成小康社会、全面建设社会主义现代化国家的重大历史任务，是新时代做好"三农"工作的总抓手。要推动乡村生态振兴，坚持绿色发展，加强农村突出环境问题综合治理，扎实实施农村人居环境整治三年行动计划，推进农村"厕所革命"，完善农村生活设施，打造农民安居乐业的美丽家园，让良好生态成为乡村振兴支撑点。这是"乡村生态振兴"一词首次被提出，并作为乡村振兴的支撑点，其重要性不言而喻。

2018 年 9 月，中共中央、国务院印发了《乡村振兴战略规划（2018—2022年）》。前言指出，编制乡村振兴战略规划是为了贯彻落实党的十九大、中央经济工作会议、中央农村工作会议精神和政府工作报告要求，描绘好战略蓝图，强化规划引领，科学有序推动乡村产业、人才、文化、生态和组织振兴。这是党中央、国务院正式提出"乡村生态振兴"，通篇规划紧紧围绕的就是包括乡村生态振兴在内的五大振兴内容。

## 一、乡村生态振兴相关政策内容

1.《中共中央 国务院关于实施乡村振兴战略的意见》（以下简称《意见》）。

在第二条"实施乡村振兴战略的总体要求"明确乡村振兴的目标任务。相关的叙述如下：到 2020 年，农村基础设施建设深入推进，农村人居环境明显改善，美丽宜居乡村建设扎实推进；农村生态环境明显好转，农业生态服务能力进一步提高。到 2035 年，农业农村现代化基本实现。农村生态环境根本好转，美丽宜居乡村基本实现。到 2050 年，乡村全面振兴，农业强、农村美、农民富全面实现。

在第二条"实施乡村振兴战略的总体要求"确定乡村振兴的基本原则。其相关的叙述如下：坚持人与自然和谐共生。牢固树立和践行"绿水青山就是金山银山"的理念，落实节约优先、保护优先、自然恢复为主的方针，统筹山水林田湖草系统治理，严守生态保护红线，以绿色发展引领乡村振兴。

第四条指出，推进乡村绿色发展，打造人与自然和谐共生发展新格局。乡村振兴，生态宜居是关键。良好生态环境是农村最大优势和宝贵财富。必须尊重自然、顺应自然、保护自然，推动乡村自然资本加快增值，实现百姓富、生态美的统一。分四块内容：

- 统筹山水林田湖草系统治理；
- 加强农村突出环境问题综合治理；
- 建立市场化、多元化生态补偿机制；
- 增加农业生态产品和服务供给。

2.《乡村振兴战略规划（2018—2022 年）》。

在第一篇"规划背景"中，明确乡村振兴的重大意义。实施乡村振兴战略是建设美丽中国的关键举措。乡村振兴，生态宜居是关键。这段话与《意见》第四条叙述一致。

在第二篇"总体要求"中，确立乡村振兴的基本原则，与《意见》第二条叙述一致。

在第三篇"构建乡村振兴新格局"中，提出优化乡村发展布局，严格保护生态空间。

在第六篇"建设生态宜居的美丽乡村"中分三章共十节详细规划了乡村生态振兴内容。从推进农业绿色发展、持续改善农村人居环境、加强乡村生态保护与修复三大板块进行归纳，概述如下：

（1）第十九章"推进农业绿色发展"。以生态环境友好和资源永续利用为导向，推动形成农业绿色生产方式，实现投入品减量化、生产清洁化、废弃物资源化、产业模式生态化，提高农业可持续发展能力。

第一节　强化资源保护与节约利用。

第二节　推进农业清洁生产。

第三节　集中治理农业环境突出问题。加强农业面源污染综合防治。

（2）第二十章"持续改善农村人居环境"。以建设美丽宜居村庄为导向，以农村垃圾、污水治理和村容村貌提升为主攻方向，开展农村人居环境整治行动，全面提升农村人居环境质量。

第一节　加快补齐突出短板。推进农村生活垃圾治理；实施"厕所革命"；梯次推进农村生活污水治理。

第二节　着力提升村容村貌。

第三节　建立健全整治长效机制。

（3）第二十一章"加强乡村生态保护与修复"。大力实施乡村生态保护与修复重大工程，完善重要生态系统保护制度，促进乡村生产生活环境稳步改善，自然生态系统功能和稳定性全面提升，生态产品供给能力进一步增强。

第一节 实施重要生态系统保护和修复重大工程。

第二节 健全重要生态系统保护制度。

第三节 健全生态保护补偿机制。

第四节 发挥自然资源多重效益。大力发展生态旅游、生态种养等产业，打造乡村生态产业链。

3．公开资料显示，山东省首先出台乡村生态振兴的指导意见和实施方案，2018年5月28日发布《推动乡村生态振兴工作方案》。湖北省武汉市于2018年8月，发布《关于大力推进乡村生态振兴的意见》。

## 二、乡村生态振兴与农村生态现代化

生态振兴是乡村振兴的支撑点，是乡村产业可持续发展的关键，也为乡村居住者、工作者提供了宜居的生态环境。

农业农村现代化是实施乡村振兴战略的总目标，坚持农业农村优先发展是总方针，产业兴旺、生态宜居、乡风文明、治理有效、生活富裕是总要求，建立健全城乡融合发展体制机制和政策体系是制度保障。而在农业农村现代化中，农村生态现代化是基础和前提。

农业现代化的方向是走中国特色农业现代化道路，大力发展高产、优质、高效、生态、安全农业（韩长赋，2011），最终实现产出高效、产品安全、资源节约、环境友好的农业现代化目标。保护生态环境，实现可持续发展，已经成为中国特色农业现代化道路的内在要求。

## 三、乡村生态振兴的实施主体

乡村生态振兴的实施主体，主要为地方政府、企业、农户。地方政府主要指县政府、乡镇政府、村级组织。企业主要指致力于三产融合或某一产业的生产加工型、服务型经济组织。农户主要是以家庭为基本单元，从农业经营角度以自家劳动力为主，不存在长期雇工。陈锡文认为农户是中国农业生产的基本经营单位，尽管农业经营主体从单一走向多元，新型农户不断涌现，但是中国农业还未发展到必须更换经营主体的时候。本节主要对生活在农村从事农业生产的农户进行分析。

由于农户文化素质较低、环境保护意识淡薄、获取相关技术的渠道有限，其追求利益最大化的生产经营行为，导致技术选择过程中常常忽视环境保护与生态安全问题。

在传统的农业经济研究中，农业生产最为核心的两类要素就是土地和劳动力，技术选择的主要目的，要么是节约劳动力，要么是节约土地，较少将其他自然资源或环境损害纳入生产要素的范围，特别是在农户的决策中更是如此。例如，在农业生产中农户选择使用化肥而不是有机肥，很重要的原因是出于节约劳动力，几乎不会考虑由于有机肥投入而导致的相关环境要素改善。

农户直接面对的，是农技推广站的农药经销商、化肥农药零售商等。而政府面对的是污染治理设备供应商。农药零售商又分县级、乡镇级、村级。农技推广力量需要进一步全方位加强，农业专业合作社可能是减少农药使用的办法之一，村级农资店可以在一定程度上发挥技术指导的功能。

农户的知识水平、信息获取与甄别存在较大的短板，乡村生态振兴在五大振兴内容中可能最不能被农户重视和体认，但却是最能影响到生产生活方方面面的实在事物。回想过去短短几十年时间，随着农业领域化学技术的出现，中国传统的农耕文化几近瓦解。如何让农户参与意愿加强，如何对农户进行教育引导，并最终使生态文明成为其生产生活观念的内核，这是乡村生态振兴领域一大课题。

## 四、乡村生态振兴的指标及技术选择

农村生态现代化就是要坚持生态保护优先，全面实现农业农村绿色发展，推进农村生态文明全面进步，促进人与自然和谐共生，建设一个山清水秀、环境优美、生态宜居的美丽新乡村，最终让农村环境治理达到世界先进水平。

《乡村振兴战略规划（2018—2022 年）》将乡村发展分为四大类：集聚提升类村庄、城郊融合类村庄、特色保护类村庄、搬迁撤并类村庄。不同类型的发展模式，生态振兴内容略有不同，但从技术指标上概括而论，可以从两个层面上来分析。一是满足生态宜居的指标要求，二是达到农村生态现代化及农业可持续发展规划的指标要求（表1～表3）。

表 1　生态宜居的目标值

| | 指标 | 2016 年 | 2020 年 | 2022 年 |
|---|---|---|---|---|
| 生态宜居 | 畜禽粪污综合利用率/% | 60 | 75 | 78 |
| | 村庄绿化覆盖率/% | 20 | 30 | 32 |
| | 对生活垃圾进行处理的村比例/% | 65 | 90 | ＞90 |
| | 农村卫生厕所普及率/% | 80.3 | 85 | ＞85 |

表 2　农村生态现代化的目标值

| 一级指标 | 二级指标 | 单位 | 2016 年 | 全面实现现代化目标值 |
|---|---|---|---|---|
| 农村生态现代化 | 1. 农业灌溉用水有效利用系数 | 1 | 0.53 | ≥0.8 |
| | 2. 农村卫生厕所普及率 | % | 80.3 | 100 |
| | 3. 每公顷化肥使用量 | kg/hm$^2$ | 359.1 | ≤120 |
| | 4. 每公顷农药使用量 | kg/hm$^2$ | 10.44 | ≤4 |
| | 5. 生活污水处理率 | % | 20 | 100 |
| | 6. 生活垃圾无害化处理率 | % | 65 | 100 |

资料来源: 由中国社会科学院农村发展研究所所长、研究员魏后凯制作。

表 3　《全国农业可持续发展规划（2015—2030 年）》
主要可量化指标

| 任务 | 类别 | 指标 | 2020 年 | 2030 年 |
|---|---|---|---|---|
| 优化布局、稳定产能 | 农业生产能力 | 农业科技进步贡献率 | 60%以上 | |
| | | 主要农作物耕种收综合机械化水平 | 68%以上 | |
| 保护耕地 | 耕地面积* | 耕地面积保有量 | 18 亿亩 | 18 亿亩 |
| | | 基本农田 | 15.6 亿亩 | 15.6 亿亩 |
| | 耕地质量 | 集中连片、旱涝保收高标准农田 | 8 亿亩 | |
| | | 全国耕地基础地理提升 | 0.5 个等级 | 1 个等级 |
| 高效用水 | 水资源红线 | 农业灌溉用水量 | 3 720 亿 m$^3$ | 3 730 亿 m$^3$ |
| | | 农田灌溉有效利用系数 | 0.55 | 0.6 |
| | 节水灌溉 | 农田有效灌溉率 | 55% | 57% |
| | | 节水灌溉率 | 64% | 75% |
| | | 高效节水灌溉面积 | 2.88 亿亩 | |
| 治理污染 | 农田污染 | 测土配方施肥覆盖率 | 90% | |
| | | 化肥利用率 | 40% | |
| | | 农作物病虫害统防统治覆盖率 | 40% | |
| | 养殖污染** | 养殖废弃物综合利用率 | 75% | 90% |

| 任务 | 类别 | 指标 | 2020 年 | 2030 年 |
|------|------|------|---------|---------|
| 修复生态 | 林业生态 | 森林覆盖率 | 23% | |
| | | 农田林网控制率 | 90% | 95% |
| | 草原生态 | 草原综合植被覆盖率 | 56% | 60% |
| | 水生生态系统 | 水产健康养殖面积占比 | 65% | 90% |

注: *表示没有提具体年份, 18 亿亩耕地和 15.6 亿亩基本农田可以理解为长期红线。**表示 2017 年年底前, 关闭或搬迁禁养区畜禽养殖场（小区）和养殖专业户, 京津冀、长三角、珠三角提前一年。

资料来源: 由农业农村部农村经济研究中心可持续发展研究室副主任、副研究员金书秦制作。

在发展经济学中, 技术选择是一个较为常用的概念, 并不限于某项具体的"技术", 既可以是一国或地区的发展模式, 还可以是产业层次的资本和劳动力结构, 也可以是微观个体的行为选择。

从此方面来看, 农业、农村、农民的"三农"问题, 体现于乡村振兴（而不是农村振兴, 就是因为"乡村"概念更可以鲜明地包含"三农"）时期, 这是以农业为主产业、以农村为主区域、以农民为主体, 各自多维度、全方位作用于现代化目标的攻坚克难, 并将成为取得辉煌成就的历史性阶段。

上述指标的落地可分为两种类型, 一是自上而下型, 二是自下而上型。自上而下型, 指的是借助国家政策的推动, 地方政府主导或由企业自主申报项目（大多情况下并没有给地方农业或其他产业带来非常明显的经济效益, 而是纯粹从治理角度）, 来确保开展农业农村生态修复或建设的落地。技术选择上重点在于农业面源污染治理、农村人居环境整治工作的有效推进。自下而上型, 是指在市场经济作用下, 由企业或村集体经营项目, 例如, 农业生产加工、旅游休闲打造等产生经济效益时, 对农村用地的占用, 同时也是生态工程的落地建设。

自上而下型的落地, 在近几年的项目申报中, 可以总结有以下几种工程或建设内容: 在循环农业方面, 有农业面源污染治理、农村防治污染治理、人居环境整治（涵盖了美丽乡村建设）等。在乡村基础设施建设工程方面的重点项目有安全饮水工程、垃圾分类治理工程、污水处理工程、畜禽粪污处理工程、厕所改造工程、公共空间绿化建设工程等。

农业面源污染总体上是由于化肥、农药、地膜、饲料、兽药等化学投入品使用不当, 以及作物秸秆、畜禽废弃物、农村生活污水、生活垃圾等农业或农村废弃物处理不当或不及时, 造成的对农业生态环境的污染。

在不减少产量的条件下, 采用环境友好型技术措施, 如节水灌溉技术、测土配方施肥、使用高效低毒或生物农药、保护性耕作等，可以减轻由此带来的环境成本。

以农业面源污染治理为例，近年来，国家密集出台了相当多的相关方面的政策，并细化了各类指标，技术解决方案和措施方面便不在本文赘述。

自下而上型的落地，大的项目近年来有田园综合体、特色小镇的企业申报，小的项目有乡村旅游景点、各类特色园区的企业或村集体自主建设。这些项目本身在各自审批过程中，就有相关的生态规划设计与建设方面的要求，但指向性和强制性并不能和自上而下型的项目相比。这方面内容，将来需要在政府政策层面加以重视，并在具体实施过程有效监控。不能把城市建设初期不重视生态保护的不良做法，再次习惯性地作用到农村建设中。

环境友好型农业技术的采用往往需要一定的政策干预，才能促使农民的选择行为发生改变，政策制定者和研究者也应不断探索有效的政策干预手段与相应的制度安排。要补充政府规制的缺失与激励机制的不足，建立采用环境友好型技术措施所要求的研究与推广系统，有效地创造知识并向农民传授此知识和决策技能。

除项目申报及落地和政策引导、制度安排，农户自身不能置身于乡村生态振兴事外，觉得都是要靠政策，都是要有知识的人来主导，特别是主人翁意识的培养，应能自发而生，乡贤带动、干部引领是这个时期最有可能的内生动力和路径。农民自身的职业化教育或新时期农民的培训，以及回到农村从事农业的知识青年，都是乡村振兴的最受益主体，不能等靠要，不能坐等生态空。如果说乡村振兴不光是一份社会事业，也是一份经济创业，那么受益主体就不能缺了真正靠农业生产、在农村生活的农民。

## 五、乡村生态振兴亟待解决的问题及人才对策

2016 年，全国有近 43%的人口常住在农村，但是农村农户的投资，加上农林牧业的投资，占全社会固定资产投资的比重只有 5.7%。这就意味着农村资金的需求量很大，缺口也很大。

大量的现代化元素、城市化元素被引入农村，客观上弱化了乡村原生态文化的建设与传承，需要坚持乡村"灵魂"，不能走样也不容歪曲。在产业发展、人口布局、公共服务、基础设施、土地利用、环境保护等方面多规合一、多管齐下过程中还是未能有效落地。其中尤为突出的是乡村振兴战略的两大核心问题，即对

水资源质量和耕地土壤质量的保护。农村生态治理设施建设有待完善，生态技术的创新与整合还需努力，农村生态治理任重道远。

城市化、工业化历史前进车轮之下，中华文明自古以来的天人合一，些许还可以在乡村寻觅得见。乡村振兴战略对乡村生态的重视，更是需要科研力量和基层、相关企业深入贯彻。

目前，乡村振兴建设存在一定程度的盲目和跟风，粗暴与草率建设还存在，生态建设领域的专业人员力量在乡村振兴相关的生态学术和技术力量、优质产品方面还有巨大缺口。因此乡村生态振兴建设领域的学科建设、规范管理，需要更多的专业人士共同开展学术研究及交流，引导、组织、发展、壮大投身于乡村生态振兴建设领域的队伍。从理论研究、规划设计，到设备研发、施工建设，专业化的团队建设和体系化的交流，乡村生态振兴的事业迫切需要更多专业力量的加入。

## 参考文献

[1]　农夫. 陈锡文谈农业经营主体问题[J]. 林业经济，2011（3）：45-45.

[2]　陈超，周宁. 农民文化素质的差异对农业生产和技术选择渠道的影响——基于全国十省农民调查问卷的分析[J]. 中国农村经济，2007（9）：33-38.

[3]　常向阳，姚华锋. 农业技术选择影响因素的实证分析[J]. 中国农村经济，2005（10）：36-41.

[4]　金书秦. 流域水污染防治政策设计：外部性理论创新和应用[M]. 北京：冶金工业出版社，2011：125.

# 乡村振兴背景下推进农村绿色发展

钟　川　黄国勤[*]

（江西农业大学生态科学研究中心，南昌 330045）

**摘　要：**乡村振兴战略开启了新时代的农村发展，而实施农村绿色发展是乡村振兴战略的必然要求。本文系统地分析了现阶段我国农村发展面临的问题与挑战，并从革新农民思想观念、完善相关法规制度体系、提高农民素质、促进农民增收、加强乡村基础设施建设等方面阐述了推进农村绿色发展对策，以期能为农村绿色发展及乡村振兴提供参考。

**关键词：**乡村振兴　绿色发展　问题与挑战　对策

实施乡村振兴战略，是党的十九大作出的重大决策部署，是决胜全面建成小康社会、全面建设社会主义现代化国家的重大历史任务，是新时代"三农"工作的总抓手。实施乡村振兴战略，坚持农业农村优先发展，按照"产业兴旺、生态宜居、乡风文明、治理有效、生活富裕"的总体要求，加快推进农业农村现代化。乡村振兴战略要坚持走绿色发展的路子，全面落实"绿水青山就是金山银山"的理念。中央农村工作会议提出，走中国特色社会主义乡村振兴道路，必须坚持人与自然和谐共生，走乡村绿色发展之路。目前，由于不同区域资源分布、技术水平、政策和制度环境等方面的不同，农村绿色发展水平存在着较大差异，因而要解决新时代农村生态环境、生产环境、人居环境等方面的难题，应以绿色发展理念为指导，加强农村生态环境保护，提高农业生产的可持续性以及提升农村居住环境的质量。正是在此背景下，本文对新时代农村绿色发展中需要面临的问题进行系统分析，并据此对实现农村绿色发展的对策进行探讨，以期能为农村绿色发

─────────────
[*] 通信作者：黄国勤，教授、博导，E-mail：hgqjxes@sina.com。

展及乡村振兴提供参考。

# 一、我国农村发展面临的问题

农村绿色发展是一个复杂的系统工程，不但包含自然生态系统的绿色发展，而且也包含经济社会系统的绿色发展，同时还包含文化系统的绿色发展。基于生态学视角，要实现农村绿色发展，需要考虑如下几个重要系统的绿色发展，即农村生态环境系统、农业生产系统、农村居住环境系统，它们共同构成农村绿色发展的重点。

## 1. 农村生态环境系统问题分析

我国农业资源缺乏，人均耕地和淡水资源分别大约只有世界平均水平的 1/3 和 1/4。为保证日益增长的人口能吃饱饭，我国长期采用拼资源、拼投入的粗放型增长方式，追求农产品产量的增加，导致农业资源过度开发，生态环境严重受损。长此下去，农业的资源环境必然不堪重负，甚至陷入恶性循环，农业综合生产能力难以持续提高，粮食安全和生态安全难以保障，农业可持续发展的目标也就难以实现。

新时代，我国耕地生态系统面临的形势依然严峻，耕地资源日益减少的趋势短期内难以扭转，耕地保护政策难以落实。耕地资源的刚性递减在短期内不会扭转，特别是对优质耕地资源的占用还会持续增加，未来想要确保 18 亿亩耕地红线，保障粮食安全困难重重。

水资源时空分布不均；资源性缺水、工程性缺水、水质性缺水并存；水多、水少、水脏、水混四种现象同时存在。特别是在快速工业化、城镇化进程中，将会出现越来越多的优质水资源被配置到城镇、非农产业，乡村振兴对水资源的需求在一定程度上可能会受到限制。我国水资源短缺的同时，水污染形势严峻，水域生态系统状况令人担忧。近年来，尽管国家加大了环境保护力度，出台了"水十条"，水污染治理取得了显著成效，但水域生态系统的立体化污染形势依然严峻。

## 2. 农业生产系统问题分析

从农村劳动力现状来看，随着农村劳动力的大量转移，务农劳动力的素质结构性下降，农业兼业化、农民女性化和老龄化的问题尤为突出。第三次全国农业普查结果显示，2016 年，农业生产经营人员即在农业经营户或农业经营单位中从事农业生产经营活动累计 30 天以上的人员数（包括兼业人员）31 422 万人，比

2006 年减少了 8.7%。虽然农业生产经营人员受教育程度有所提高，但是初中程度的农业生产经营人员最多，占农业生产经营人员的比重为 48.4%，大专及以上程度的比重仅为 1.2%，高中或中专程度的比重也只有 7.1%，而小学程度和未上过学的比重高达 43.4%。按主要从事农业行业分，从事种植业的人员最多，占农业生产经营人员的比重为 92.9%。劳动力素质不高、结构不合理限制了农业劳动生产率的提高，而占农民工总量约一半的新生代农民工基本没有务农的经验，不会种地也不愿种地。加之务农收益较低且耕地细碎化，一些地方出现了撂荒现象。

对化肥而言，其使用量零增长目标提前实现，但化肥施用强度依然较大。统计数据表明，2016 年我国化肥施用量为 5 984.0 万 t，相对于 2015 年的 6 022.6 万 t，下降了 0.64%。2016 年全国化肥施用强度平均为 359.08 kg/hm$^2$，是国际公认的化肥施用安全上限（225 kg/hm$^2$）的 1.60 倍。由于我国化肥综合利用率较低，大量氮、磷对耕地土壤和地下水体造成了污染。

从农药来看，使用量到 2014 年达到峰值，为 180.69 万 t，2015 年农药使用量为 178.30 万 t，为 2014 年的 98.68%，2016 年农药使用量为 174.0 万 t，为 2016 年的 97.59%。由此可见，我国农药使用量到 2015 年就提前实现了零增长的目标。实事求是地来讲，农药本身并不是不能使用，农产品中农药残留更多的是使用过程中缺乏科学性，剂量、次数、时间等都可能没有按照农药的使用说明执行。此外，近年来农药包装物废弃量惊人，由此带来的二次污染对农业生产系统的影响越来越明显。

**3. 农村居住环境系统问题分析**

2016 年我国农村生活垃圾量为 2.40 亿 t。与过去相比，农村生活垃圾成分越来越复杂，垃圾产生量也越来越大。2016 年，我国共有行政村 52.62 万个，对生活垃圾进行处理的行政村所占比例为 65%。相对于城镇居民，农村居民人均生活用水量相对较小，但由于农村居民数量庞大，生活用水量、生活污水量较大。2016 年农村居民生活用水量为 139.18 亿 m$^3$，粗略估算的生活污水量在 41.75 亿～97.42 亿 m$^3$。由于缺乏必要的污水处理设施，2016 年对生活污水进行处理的行政村所占比例仅为 20%，随意倾倒生活污水的现象依然存在。一些地方还出现了垃圾围村、污水随处流的现象。

当前，我国农村卫生厕所普及率为 80.3%。基层调研发现，当前农村卫生厕所的水平还较低。农村作为全面建成小康社会的主阵地，没有农村的小康，就没有全国的小康。中国要美，农村必须美。厕所问题是事关农村人居环境的重大问题。2016年我国农改厕过程中，没有将生活污水与其进行一体化处理，为农村人居环境整治带来了一些问题。

## 二、实现农村绿色发展的对策

针对上面提到的农村生态环境系统问题、农业生产系统问题、农村居住环境系统问题分析提出以下三条对策。

### 1. 革新农民思想观念

农村发展要实现生态宜居，首先要从意识层面着手，以生态保护意识推动生态行为实践。要努力做到从领导层到农民个人，人人都时刻保持对环境保护和生态发展的敏感性，主动、及时地剔除发展过程中不健康、不可持续的发展路径。在多个层面，采用宣传画、环保科普等形式，以通俗语言、贴近生活的方式，宣传新发展理念和知识，开展环保经验介绍和村民交流活动，增强居民的绿色发展理念，增强居民建设美丽乡村的自豪感和荣誉感。建立环境友好指数，开展美丽乡村建设评价考核。政府、企业和全民均应提高环境保护意识，发展形成互动多赢关系。实行农村环境治理目标责任制，并将节能环保责任落实到乡村建设的全过程和每个环节中。倡导生态文明乡风。引导村民主动参与到乡村振兴生态文明建设中，参与垃圾分类和治理活动，不随手扔垃圾，保护环境卫生，汇聚"微行为"，形成"众力量"，增强村民建设美丽乡村的荣誉感和责任感，使美丽乡村建设拥有恒久的生命力，不断走向农村绿色发展之路。

### 2. 完善相关法规制度体系，提高农民素质，促进农民增收

推动农业走绿色发展道路，应从提高农民素质和完善相关法律制度体系着力，要用法律法规和相关政策来约束和限制不利于生态可持续性的生产行为，减少化肥和农药的使用。同时，相关部门应根据实际发展过程中存在的问题出台配套的法律法规，不断完善政策制度体系，给农村生产生活的各项内容以正向的引导，纠改不正之风。要建立促使农民自发走绿色发展道路的内在激励机制，以形成支持动力。建议相关部门出台相关支持政策，增加对农村生态保护和绿色农业发展的投入，对于发展绿色农业、遵循绿色生态导向、积极进行生产技术革新的农民给予一定的物质补贴和荣誉奖励。此外，通过媒体、讲座、海报等多种宣传方式不断提升村民生态文化素质，进而保证在决策部署、生产生活过程中遵循自然规律，促进农村的绿色发展。

农民要想增加收入关键要靠市场，如何推动绿色农业和市场对接就成为关键所在。首先，政府应着力打造农村产业叫得响的产品品牌和特色旅游胜地，充分利用新媒体时代的优势，多渠道大力宣传旅游特色和生态产品，以品牌效应提升知名度，打开市场；其次，占据品牌优势后要采用"引进来"和"走出去"相结合的方式为绿色农业建立一个从田间到市场的顺畅销售渠道，"引进来"就是开发农村的旅游资源，发展特色旅游产业吸引城市居民来享受农村的绿水青山；"走出去"就是发展新业态，挖掘网络资源，采用与电商或实体经销商合作的方式把绿色农产品从幕后推到台前。

### 3. 加强乡村基础设施建设

加强乡村基础设施建设，是美丽宜居乡村建设的先导，也是推动乡村绿色发展和产业兴旺的前提。中央"一号文件"提出节水供水重大水利工程、农村饮水安全巩固提升工程、新一轮农村电网改造升级、农村可再生能源开发利用等重点项目。《全国农业现代化规划（2016—2020年）》提出推动有条件地区燃气向农村覆盖、利用农村有机废弃物发展沼气、改善垃圾污水收集处理和防洪排涝设施。农村基础设施，既是短板，也是未来的发展潜力之所在。根据《水污染防治行动计划》，到2020年我国将新增完成环境综合整治的建制村13万个，累计达到全国建制村总数的1/3以上；重点整治农村饮用水水源地保护、生活垃圾和污水处理等。目前，我国仍有78%的建制村尚未建设污水处理设施，农村污水处理率仅10%左右；大量未经处理的农村污水直接排入河道水系，成为河湖污染的主要污染源。2015年，住建部提出"到2020年，使30%的村镇人口得到比较完善的公共排水服务，并使中国各重点保护区内的村镇污水污染问题得到全面有效的控制""从2010年起，大约用30年时间，在中国90%的村镇建立完善的排水和污水处理的设施与服务体系"。由此可见，乡村污水处理设施建设需求巨大。

### 参考文献

[1]  中共中央  国务院关于实施乡村振兴战略的意见[N]. 人民日报，2018-02-05（001）.

[2]  李周. 乡村振兴战略的主要含义、实施策略和预期变化[J]. 求索，2018（2）：44-50.

[3]  尹成杰. 实施乡村振兴战略要坚持走绿色发展的路[J]. 农村工作通信，2018（2）：22-23.

[4]  于法稳. 新时代农村绿色发展的对策思考[J]. 环境保护，2018，46（10）：19-24.

[5]  谢里，王瑾瑾. 中国农村绿色发展绩效的空间差异[J]. 中国人口·资源与环境，2016（6）：

20-26.

[6] 于法稳. 绿色发展理念视域下的农村生态文明建设对策研究[J]. 中国特色社会主义研究，2018（1）：76-82.

[7] 高启杰. 在乡村振兴背景下审视农业与农村发展[J]. 新疆师范大学学报（哲学社会科学版），2019（3）：1-12.

[8] 费红梅，刘文明，王立，等. 农户土地流出意愿及其影响因素分析[J].东北农业科学，2017，42（6）：69-72.

[9] 化肥零增长下养分高效利用国际学术研讨会[J].中国农业科技导报，2015，17（6）：101.

[10] 朱春雨，杨峻，张楠. 全球主要国家近年农药使用量变化趋势分析[J]. 农药市场信息，2017（17）：52-53.

[11] 任春晓. 乡村环境传播与农村生态文明建设[J]. 浙江社会科学，2015（08）：89-95，159.

[12] 刘彦随. 中国新时代城乡融合与乡村振兴[J]. 地理学报，2018（4）：637-650.

[13] 詹新华，钟欣. 写好美丽乡村绿色发展大文章[J].新闻战线，2018（15）：84-85.

[14] 洪银兴，刘伟，高培勇，等."习近平新时代中国特色社会主义经济思想"笔谈[J]. 中国社会科学，2018（9）：4-73，204-205.

[15] 张碧星. 促进乡村旅游高质量发展[J]. 人民论坛，2018（32）：82-83.

[16] 全国农业现代化规划[J]. 中国农业信息，2016（23）：15-25，71.

[17] 蒋宏坤. 让农村大地更加美丽宜居[J]. 唯实，2016（11）：4-6.

# 乡村振兴背景下江西省农田土壤重金属

# 污染治理研究*

李转玲[1,2]　AAMER，M[1]　刘　英[1]　黄国勤[1**]

（1. 江西农业大学生态科学研究中心，南昌 330045；

2. 江西青年职业学院经济管理系，南昌 330045）

摘　要：农田土壤是保障农产品安全生产的第一道防线，是构成生态系统的基本环境要素，也是经济社会发展不可或缺的宝贵资源，更是筑牢健康人居环境的首要基础，其质量状况直接关系到经济发展、生态安全和百姓民生福祉。本文分析了江西省农田土壤重金属污染突出问题对乡村振兴的影响，探讨了该省农田土壤重金属污染防治中存在的主要问题，并针对农田土壤重金属污染相关的环境治理提出了防治对策与建议，以期为江西省乃至整个中部地区防治农田土壤重金属污染提供决策参考，为建设美丽中国打造"江西样板"献计献策，进一步推进江西乡村振兴战略的实施。

关键词：乡村振兴　江西省　农田土壤　重金属污染

---

* 基金项目：国家自然科学基金项目（51469008、41661070）、江西省青年科学基金重点项目（20171ACB21024）、江西省科技计划项目（20151BBF60059）和江西农业大学研究生创新专项资金项目（NDYC2017-B002）。

** 作者简介：李转玲（1983—），女，博士生，江西青年职业学院讲师，主要从事农田土壤重金属污染植物修复研究。E-mail：616396687@qq.com。

通信作者：黄国勤（1962—），男，博士，江西农业大学教授，博导，主要从事农业生态修复理论与技术研究。E-mail：hgqjxes@sina.com。

土壤是保障农产品安全生产的第一道防线，是构成农业生态系统的主要环境要素，也是经济社会发展中不可或缺的宝贵资源，更是筑牢健康人居环境的首要基础，其质量状况直接关系到经济发展、生态安全和百姓民生福祉。党的十九大和全国"两会"，都把乡村振兴战略作为重中之重，提出要着力解决突出的环境问题，强化土壤污染管控和修复，加强农业面源污染防治，开展农村人居环境整治行动，这成为摆在政府、科研、企业等多种机构面前的重大课题。江西省是国家重要的粮食生产基地，承担着我国的农业安全和粮食安全的重大使命。因此开展江西省农田土壤重金属污染防治，对于减轻江西省农产品重金属危害，实现江西由农业大省向绿色生态的农业强省跨越，治理修复我们的土地，为子孙后代保留一方赖以生存和发展的净土，也为建设美丽中国提供"江西样板"，还为实施农业强、农民富、农村美、环境优的乡村振兴战略目标，都具有十分特殊的意义。

## 一、江西省农田土壤重金属污染突出问题对乡村振兴影响

江西省，简称赣，全省面积为 16.69 万 $km^2$，2016 年全省耕地面积为 $5\,561.6 \times 10^3\ hm^2$，总人口约为 4 592.26 万人，其中乡村人口约为 2 153.77 万人。江西省矿产资源丰富，是有色金属矿产采选及冶炼的大省。人们为了追求经济的快速发展，对矿产资源的长期"过度"开发，加上农业上"过量"施用各种化学制品（农药、化肥等），致使含重金属的污水、矿渣、粉尘等大量超标排放，进入土壤中，造成江西省土壤重金属污染越来越严重，已经成为江西省环境污染中突出的生态环境问题。江西省是《重金属污染综合防治"十二五"规划》重点治理省区之一，其被重金属污染农田已达总耕地面积的 14.2%，部分地方的农田重金属含量超过了背景值的几倍甚至几十倍。粮食主产区监测资料显示，江西省全省优势水稻区 1 000 个样本中，农田土壤的主要污染物为 Cd、Cu、As、Hg，土壤 Cd 超标率为 4.7%，超标最大倍数为 64；Cu 超标率为 4.2%，最大超标倍数为 10.1；As 超标率为 2.3%，最大超标倍数为 3.8。江西省贵溪冶炼厂周边土壤受铜、镉等重金属污染严重，部分地区寸草不生，农田荒废。在探明的 89 种矿产储量中，居全国前 5 位的有 33 种，江西省大余县有"世界钨都"之称，近几十年的开采，除了带来巨大的经济效益之外，也带来了巨大的环境问题。筛查显示，全省共有 9 个设区市、18 个县（市、区）的 41 个自然村，约 2.2 万人受到不同程度的重金属污染。刘澍等通过对萍乡市 5 个县（区）的 52 个采样点的土壤重金属离子含量进

行测定，发现共有 24 个测点的重金属离子含量超标，其中仅上栗县就有 10 个测点的重金属离子含量超标，这种大面积的重金属含量超标很可能与上栗县传统产业——烟花爆竹家庭作坊式分散型生产有关。所以，作为全国水稻主产区，农田土壤重金属污染是江西乡村振兴的主要突出环境问题，对农田土壤重金属污染防治是实施江西乡村振兴的关键。农田土壤重金属污染防控与修复工作形势严峻，开展对江西省农田土壤重金属污染研究，对保障粮食安全生产、促进中部地区"三基地、一枢纽"建设具有重要的指导价值，对江西乡村振兴战略实施具有特殊的现实意义。

## 二、江西省农田土壤重金属污染来源及相关性分析

### 1. 农田土壤重金属污染与工业产业发展相关性

"工业三废"是指工业生产所排出的"废气、废水及废渣（固体废弃物）"。化工、冶金、炼焦、火力发电、造纸、玻璃、毛革、电子工业等企业释放大量的重金属元素 As；采矿、冶金和电镀行业产生大量的含 Cd 废水、废气和废渣。江西省有各类大、中、小型矿山 6 790 座，矿山开采产生的废水、粉尘以及堆积的尾矿，通过沉降、雨淋、水洗等方式造成附近的农田、河流等被污染。金属矿山每生产 1 t 有色金属就会产生上百吨的固体废弃物，而尾矿则占到采出矿石的 60%～90%。以贵溪、德兴、崇义、新余等矿山采选、尾矿和冶炼厂周边地区尤为突出。2011 年江西省废污水排放量达 37.7 亿 t，废水治理设备总处理能力为 746.51 万 t/d，满负荷运行处理废水为 27.2 亿 t/a，即超过 10 亿 t/a 的废水未经处理而被直接排放，造成农田重金属污染的进一步恶化。

### 2. 畜牧业对农田土壤重金属污染影响

近年来，由于劳动力成本增加和稻米 Cd 含量超标事件的发生，水稻田改菜地、双季稻改单季稻等现象，进一步加剧了土壤重金属污染的危害。大部分农村地区将畜禽粪便直接施用于农田，或被制作成商品有机肥施于农田，极易转移到农产品中，通过食物链对人体健康造成危害。江西省畜禽粪尿排放量和耕地承载量均呈现逐年上升的趋势，2011 年江西省耕地和畜禽粪尿承载量为 26.70～83.36 t/hm²，平均为 54.43 t/hm²，已远远超过农田畜禽粪尿安全施用范围（20 t/hm²），尤其以赣州、萍乡、吉安等地区最为严重。规模化养殖带来的农田重金属污染风险逐年加大，余江县 39 个大型养猪场饲料中的铜、锌含量超标率分别达 81.6%

和 89.5%，猪粪中的铜、锌含量分别为 7.8%和 5.2%，土壤样品的总锌和总镉含量超过三级标准，属于严重超标。2011 年江西省畜禽养殖总排污量约为 11 576 万 t，达到城镇居民生活排污的 11%和全省废污水排放总量的 2.6%，其中以赣州、宜春、吉安、南昌、抚州等市区的排放量较大。

### 3. 农作区输入性污染对土壤重金属累积的影响

农田水肥养分是影响农作物生长和土壤有机质的关键因素，农田水肥是农田重金属输入的主要途径之一。在实际生产中，污水灌溉、化肥的不合理输入导致农田重金属元素的累积。部分地区出现了超量施用化肥，改用进口磷肥，一些地区误认为超量施用化肥有助于农作物吸收营养元素，缓解重金属危害，但众多实验指出，长期大量施用化肥会破坏土壤农业生态服务功能，显著增加农作物对重金属的富集。硝酸铵、磷酸铵、复合肥中 As 可达 50～60 mg/kg，农用地膜生产过程中加入了含有 Cd 和 Pb 热稳定剂，使用时也会增加农田土壤重金属污染的风险。农田土壤酸化增强了土壤重金属活性及其迁移和扩散能力，减弱了土壤—植物系统重金属迁移屏障，加剧了重金属污染的危害。据报道，酸性含氮化肥易引起土壤 pH 降低，土壤 pH 降低 1 个单位，重金属 Cd 的活性会增加 10 倍以上。江西鄱阳湖地区强酸性土壤面积从 20 世纪 80 年代的 58%上升到 78%，因此，应控制施用大量的酸性含氮肥料如尿素、硫铵、碳铵等。在重金属污染土壤区，通过水肥调控技术可以改变作物根区土壤的物理、化学和生物特性，为作物生长和水肥利用效率的提高创造更为有利的根区微环境条件，有利于控制重金属污染地表迁移和深层扩散。

## 三、江西省农田土壤保护及重金属污染治理存在的主要问题

### 1. 农田污染治理与乡村经济发展缺乏统筹规划

农田保护应是全员参与工程，离不开政府的重视和农民的积极参与。由于乡村经济发展缺乏统筹规划，江西省部分区域存在边治理、边污染，越治理、越污染的现象。部分基层政府重工业、轻农业，重经济、轻环境，重当前利益、轻长远发展现象严重。既担心治理农田重金属治污不利于当地经济发展，导致企业成本增加，影响招商引资、财政收入和政绩；又担心筛查和治污会把沉积的历史遗留问题"惹醒"，造成社会不稳定。部分群众因担心修复土地影响个人眼前利益；有些群众虽同意农田土壤修复，但要求加大土地修复补偿费用，并且在得到政府

和企业承诺赔偿并增加修复土地补偿费用，以及优先使用当地群众劳动力后，才同意参与并支持农田土壤的修复工程。由此可见，乡村经济发展需要统筹规划，需要当地政府对农田土壤重金属防治工作的高度重视，以及农民群众对赖以生存的土地进行保护的认识，这是防治农田土壤修复治理工程的首要前提，如果农田重金属污染问题得不到地方政府的统筹规划和农民群众的积极参与，乡村环境安全问题就将难以从根本上得到解决。

**2. 农田重金属污染治理缺乏相关体系支持**

首先，农田土壤重金属污染修复和管理费用高，污染治理资金不足。目前农田土壤污染修复资金的投资机制比较单一，往往由政府主导，企业和开发商承担少部分资金，缺乏长久的修复资金或基金保障和分担机制。"十二五"期间，用于全国污染土壤修复的中央财政资金 300 亿元，国家设立专项资金在重金属污染重点区域江西贵溪实施将物理、化学、生物和农艺联合修复技术在 Cu 污染农田中的应用，然而对于大面积的农田土壤修复来说，用于治理江西省农田土壤重金属污染修复资金难以满足修复需求。其次，农田土壤重金属污染监管体系不力，信息不明。由于重金属污染检测技术要求较高，制约了对重金属污染的实时监测监管。部分地区对重金属污染源头监管不力，特别是经济相对落后的偏远地区更为严重。造成江西省农田重金属污染的具体程度、严重性以及危害性评估调查仍然不够，部分农田重金属污染资料信息公开不够，相关数据资料用于指导修复治理还不够准确和翔实。最后，农田土壤重金属污染评价体系有待完善。由于重金属污染区域差异大，现行标准不能完全适用于不同地区、不同土壤和不同作物，导致缺乏科学的评价体系，特别是针对不同作物的产地土壤重金属安全阈值和评价标准的缺失，难以满足和保障农产品生产安全的要求。因此亟待研究产地重金属安全阈值，建立健全农田重金属安全评价方法体系。

**3. 农田土壤重金属修复存在技术难点与设备支持**

土壤污染修复基础研究与技术研究衔接不够，尚未形成针对农田重金属污染土壤修复的完备技术体系和与之相配套的装备。当前常用的农田土壤污染修复技术主要集中在物理技术、化学技术、生物技术和农艺修复措施四个方面。其中物理修复技术见效快、适用性广，但是工程量大、费用高，且我国尚未制定满足不同工程要求的客土法规程；化学修复技术（如淋洗、固化）成本低、修复材料来源广泛，但技术要求多，且缺乏针对修复副产物和修复材料的回收及处理技术规范，容易造成二次污染；生物修复技术（如超富集植物）成本低，但大部分重金属超富集植物受区域气候条件影响较大；农艺修复措施（如水分管理、轮作等）虽然操作简单，但修复周期长，且相关技术多停留在实验研究阶段，尚未大面积应用。现有的农田土壤重金属修复技术大都存在修复工程技术单一、成本高等不足，缺乏系统性的农田土壤重金属污染防治技术体系，难以满足农田规模化重金属污染土壤修复需求，而且与之相配套装备（多为进口）的严重缺失阻碍了修复技术应用的步伐。目前关于重金属污染农田的研究监测数据多、修复实践少，实验室研究多、田间示范少。较为系统的重金属污染农田修复示范区只有贵溪冶炼厂，相对于其他重金属农田污染省份，如湖南、广西等，江西省的科研力量和资金投入还需加强，加快技术推广应用，走出实验室，根据重金属种类性质、土壤性质及污染程度、各种修复技术的适用范围等因素综合考虑，因地制宜，只有研究开发出对生态环境影响最小、经济安全环保的土壤重金属污染修复技术，才能切实解决重金属污染农田的安全利用问题。

### 4. 农田土壤重金属污染亟须多维度多系统协作治理

农田土壤重金属污染涉及环保、土地、农林、水体、畜牧、企业、卫生、食品安全等方面，重金属污染防治工作需要相关部门通力协作，重视源头控制，严格环境执法，强化过程控制，明确责任义务，才能有效地推进农田重金属污染防治相关工作的开展。规模化治理土壤重金属污染技术力量组织应考虑如下三个方面：①多学科综合。包括技术方向（如物理、化学、生物、农艺等）和学科方向（如材料学、化学、物理学、土壤学、环境工程、生态学、农学、生物学、植物营养学、农田水利等）。②多维度组合。不同重金属污染（类型、程度）在同一区域影响不同，同一类型重金属污染土壤治理的修复材料、施用时间、田间工程等在不同区域适应性不同；技术工程化、规模推进的技术模式等需要多维度的应用技术验证和组合。③多系统集合。包括土壤重金属污染修复材料系统技术、农田生态系统技术、风险评价系统技术、效益评估系统技术等。

### 5. 农田土壤重金属修复措施风险评估机制缺失

近年来，各种外来材料在重金属污染农田的应用增加趋势明显，但仍缺乏针对大面积修复措施长期应用的风险评估机制。相关研究指出，秸秆还田虽有助于缓解土壤酸化、增加土壤有机质和阳离子交换量，进而提高土壤对重金属的吸附量并降低农作物对重金属的富集，但在改善土壤肥力的同时，也将秸秆中富集的镉重新归还到稻田土壤中，不利于土壤镉的转移修复。石灰为碱性物质，酸性土壤施用石灰，不仅可以提高土壤的 pH，改善土壤的物理性质，还能显著改变土壤中重金属的有效含量，从而提高作物的品质和产量，大量或长期施用石灰容易破坏土壤的团粒结构，形成石灰性板结田，进而肥力下降而导致作物减产。施用过量的石灰会造成土壤 pH 跳跃增加，引起土壤 Ca、Mg 营养元素失衡，阻碍作物对 P、K 的吸收，破坏土壤结构，施用石灰后土壤复酸化现象会显著增加。施加人工合成的多羧基氨基酸 EDTA 能够增加 Cd、Zn、Cu 和 Pb 等在植物的根部积累，在浅层土壤中 EDTA 对酸可提态金属的萃取效果尤为显著；利用柠檬酸能够增强植物根部的镉、锌、镍和铜等重金属的聚集能力，而且不会增加土壤中重金属的浸出风险，危害性显著降低。但土壤中施加添加剂，会破坏土壤结构和影响植物的生长发育，降低富集植物根系对重金属的吸收和富集能力，进而影响富集植物的修复效率，使得外加剂的调控作用不显著。因此，农田土壤重金属修复措施未形成统一的风险评估机制。农田重金属污染应针对秸秆、石灰、钝化剂、调理剂、改良剂等修复措施的长期施用建立安全、持续性的定量风险评估机制，并因地制宜地加以调控，避免加剧农田土壤重金属污染的危害。

## 四、江西省农田土壤重金属污染防治对策与建议

由于农田土壤重金属污染具有不易察觉性、明显的地域性、时间上的累积性和治理修复的艰巨性等特征，农田重金属含量逐年累积的趋势还没有得到有效遏制，尚需政府和社会的高度重视与积极参与，并同时采取有效应对措施。为此，本文针对江西省农田土壤重金属污染提出如下对策与建议。

### 1. 强化农田保护和治理的政策引导与策略宣传

目前农田重金属污染问题严重，关键原因还是在于土壤环境保护意识没有深入人心。因此要加大重金属污染危害方面的宣传教育力度，启发人们对农田重金属污染的认识，规范人们的行为，特别是重点污染区域，要加大对重金属污染危害的宣传教育，加大环保基本国策、环保法律法规、土壤污染典型案例和重金属治理防治项目的宣传力度，让群众切实意识到重金属污染的危害，减少对含有重金属废弃物的乱扔、乱用、乱排现象，使污染防治技术为群众所掌握并自觉应用和推广。治理土壤重金属污染工程涉及面积广，最重要的是涉及广大农民的切身利益。要引导农民将自家污染的耕地进行治理，需要满足农户利益诉求，合理、合情、合法确定污染耕地治理过程及治理后权属利益，通过张贴宣传公告、乡镇干部和群众参与式培训和动员会议，并由乡镇干部做好村民工作。加强土壤环境

保护宣教工作，如将《土壤污染防治行动计划》（以下简称"土十条"）内容做成展板和小视频等，向当地群众讲解和展示，提高广大群众对农田土壤的保护意识，强化污染土壤生态修复的舆论引导和环保科普知识宣传及公众参与的方式方法，鼓励群众参与土壤环境保护和污染防治工作。

### 2. 鼓励农田污染治理的多元化融资方式与资金投入

土壤污染治理任务艰巨，实现大规模土壤治理工程需要专业技术、设备、产品，所需资金巨大，相比于湖南省安排的重金属专项772个，83亿元重金属治理资金，江西省还存在着很大的资金缺口。除政府部门资金扶持外，可通过污染企业出资、补贴土壤治理机构等方式吸引社会资金注入。在污染土壤修复的投融资机制上进行积极探索，大力借鉴其他行业资本的进入经验以及发达国家的融资机制，如"土十条"强调的"通过政府和社会资本合作模式，发挥财政资金撬动功能，带动更多社会资本参与土壤污染防治工作。积极发展绿色金融，发挥政策性和开发性金融机构引导作用，为重大土壤污染防治项目提供支持。鼓励符合条件的土壤污染治理与修复企业发行股票。探索通过发行债券推进土壤污染治理与修复，在土壤污染综合防治先行区开展试点。有序开展重点行业企业环境污染强制责任保险试点。"形成以"谁污染、谁治理；谁投资、谁受益"为前提，灵活运用"污染者付费，受益者分担，所有者补偿"的原则，形成"政府主导，市场主体，利益均衡"投资机制，构建多渠道的融资平台和多元化的融资机制。设立专项资金扶持，建议江西省财政厅和科技厅设立农田土壤重金属污染防治专项创新研究经费，推动相关科研工作的开展，推进江西省农田土壤重金属污染治理技术突破和相关成果转化推广。

### 3. 明确责任、加强监管与多维度协作治理相结合

为进一步治理农田土壤重金属污染修复，江西省各级政府需进一步加强对重金属污染危害的认识。首先，要大力解决历史遗留的重金属污染问题，加强对作物主产区的农田重金属污染防治工作，制定重金属污染防治的考核办法，明确政府和相关部门的责任。严格按照相关的政策法规办事，认真落实相关规定和政策，使"管、防、监、评、宣、治"等多方面工作落实到位。其次，要加大对污染企业和污染源头的监管力度。防治污染，既要淘汰落后产能，也要确保留下来的企业转型升级，达标排放。减少重金属污染来源和污染区域重金属的二次转移；对涉及重金属污染的企业实行严格的排污准入制度和排污监管措施。从预防、控制、治理等多方面加强管理，重视民众对涉及重金属污染的监管作用，建立起多层次

的监管执法网络，对于重金属污染监管难度大的区域执行严密的监管网络，建立起多层次、上下联动、高效迅速的监管网络，使基层群众的意见和举报能及时有效地得到回馈和处理。最后，要开展多维度融合治理修复方案。开展多学科、多技术的融合，将重金属污染防治与环境、生态、农业等项目相结合。加大对重金属污染治理与防治相关理论研究、技术研发、综合措施研究的支持。从重金属污染途径、危害机制、治理措施等多方面开展深入研究，控制污染、减少危害。推动科研强强联合，建议通过项目合作或平台建设的模式，推动江西省内外科研单位强强合作，加强院地协作、院校合作，有效发挥江西省内外科研单位、高校、地方科研机构的实力和资源优势。例如，国家红壤改良工程技术研究中心是融合江西省农科院、中国科学院生态站等国家和地方科研优势而建立的科技孵化推广平台，建议以此为试点开展江西省农田土壤重金属污染防治技术研究与示范，带动加强江西省内相关科研单位开展关于江西省农田土壤重金属污染防治科研合作，进一步推动和加强江西省农田土壤重金属污染修复工作，推动江西乡村振兴战略实施。

**4. 推动科学化防治与农艺措施相结合的技术推广**

首先，推广熟化防治技术。建议江西省级农业科研单位在继续加大对土壤重金属污染防治创新攻关研究的同时，地方农技推广部门加强做好已有技术的熟化推广工作，如调控土壤环境、改善土壤结构，增施有机肥和使用土壤改良剂、酸化调理剂等改土技术；调整农作物种植体系、选育抗性作物品种、优化种植模式等农艺技术；利用超积累植物、土壤动物、微生物吸收或固化土壤重金属的生物技术；构建植物—土壤—环境循环立体生态模式，综合采用改土技术、农艺技术、生物技术等构建适宜的江西农田生态模式。其次，加强科学灌溉。建立科学灌溉制度，保障灌水质量。根据污灌水质、土壤类型、作物品种和气候条件，建立科学的污水灌溉制度和管理办法。调整作物种植结构。污染物含量很少的污水，用于蔬菜和粮食作物灌溉；在重金属含量较高的污灌区种植非食用植物，如草皮、花卉、绿化用苗木等；高污染地区不做农业用地。研究土壤—植物系统中重金属的安全承受量，制定出不同种植体系的污灌定额；根据污水重金属的种类和含量划分污水等级，提出主要农作物在安全限度内的污灌方式、最佳灌溉时间及灌溉定额。采用喷灌、微灌、滴灌等节水技术减少重金属输入。最后，加强畜禽粪污管理。加强畜禽粪污管理，科学划分畜禽养殖区，使养殖种植等行业合理布局。既考虑畜禽粪污的综合利用，也考虑污染物治理和土地消纳能力。建议农业主管部门科学制定畜禽业发展计划，农业技术推广部门大力推广畜禽粪污等农业废弃物资源综合利用技术，以及"猪—沼—果（鱼、菜）"等循环农业模式；质监局等相关部门加强对饲料添加剂的有效监管，从源头上严格控制饲料中重金属的含量。只有推动科学化防治与农艺措施相结合的技术推广有效实施，才能更好地防治江西农田土壤重金属污染，实施乡村美、环境优的江西乡村振兴战略。

### 5. 打造"江西样板"的农田土壤重金属污染治理示范区

打造"江西样板"的农田土壤重金属污染治理示范区，通过示范区平台，集中攻克形成一批需求迫切的关键成熟技术，研发安全、实用、高效、低廉的农田土壤重金属修复新技术、新产品和新装备等实用化修复技术体系，形成多样化的修复技术模式；通过示范工程积累经验，有针对性地进行相关修复技术和装备的研发以及人才队伍的培养，构建江西省主要土壤类型治理示范区及重点区域土壤环境管理示范区。由于矿山开采、冶炼，部分土地被污染，污染较重区域土地上种植的作物，人和动物均不能食用，探索江西生态修复的新思路，防止土壤重金属进入食物链；种植适用于观赏、建材、工业原料的苗木，用于吸收、转化、降解污染物；移除土壤重金属，修复重金属污染土壤。中国科学院南京土壤研究所研究员周静主持的九牛岗土壤重金属污染修复示范项目技术路线是"调理（调节土壤介质环境）、消减（降低总量或有效态）、恢复（逐次恢复生态功能）、增效（增加生态效益、经济效益和社会效益）"值得大力推广。鹰潭市已将贵溪冶炼厂周边的2.2万亩农田、林地全部纳入土壤综合治理规划，基本完成重金属污染土壤修复面积2 000多亩，在企业周边串起一条"翡翠项链"，使原来寸草不生的污染土地上长出了植物，农田生态逐渐得到恢复。新余市已引进10多家境内外林木种苗产业化龙头企业，大型苗木企业已发展到28家，集中连片开发的苗木基地13个，全市花卉苗木已达5.63万亩。为进一步推动全省受重金属污染的耕地和废弃荒地、废弃矿区实现苗木全覆盖，减少农田土壤重金属污染，积极探索江西农田土壤重金属修复的新思路和新战略，打造"江西样板"的农田土壤重金属污染治理示范区。

## 五、结语

江西省是国家重要的粮食生产基地，其农田土壤环境质量是粮食安全生产的重要保证。江西省农田土壤重金属的污染治理涉及国家民生大计，只有大力推进农田土壤重金属污染治理，才能保证农业可持续发展。农田土壤重金属污染的治理只有预防与整治相结合，才能发挥最大的作用。深化广大群众对农田土壤的保护意识，认清农田土壤重金属危害的严重性和危害性，积极参与减少农田被污染，才能更好地达到农田土壤重金属治理的效果。对于已经被污染的农田土壤，我们要对其进行积极修复，对于未被污染的农田土壤我们要积极对其进行保护，只有防治结合，才能达到治标又治本的效果，才能治理修复我们依存的土地，为子孙后代保留一方赖以生存和发展的净土，才能实现农业强、农民富、农村美、环境优的江西省乡村振兴战略目标。

## 参考文献

[1] 江西省统计局，国家统计局江西调查总队. 江西统计年鉴 2017[M]. 北京：中国统计出版社，2017.

[2] 黄国勤. 江西生态安全研究[M]. 北京：中国环境科学出版社，2006.

[3] 黄国勤. 江西省土壤重金属污染研究[C]. 中国环境科学学会学术年会论文集，2 卷. 北京：中国环境科学出版社，2011：1731-1736.

[4] 余进祥，刘娅菲，尧娟. 江西省水稻优势产区重金属污染及累积规律[J]. 江西农业学报，2008，20（12）：57-60.

[5] 吕贵芬，杨涛，陈院华，等. 江西省土壤重金属污染治理研究进展[J]. 能源研究与管理，2016（2）：16-18，57.

[6] 刘澍，曾凡萍，廖冲. 萍乡市土壤中重金属离子含量、空间分布及其变化趋势研究[J]. 环境科学与管理，2015，40（2）：51-55.

[7] 夏文建，徐昌旭，刘增兵，等. 江西省农田重金属污染现状及防治对策研究[J]. 江西农业学报，2015，27（1）：86-89.

[8] 宋伟，陈百明，刘琳. 中国耕地土壤重金属污染概况[J]. 水土保持研究，2013，4（2）：293-298.

[9] Wei W L，Yan Y，Cao J，et al. Effects of combined application of organic amendents and fertilizers on crop yield and soil organic matter: An integrated analysis of long term experiments[J]. Agriculture Ecosystems & Environment，2016，225：86-92.

[10] 国家统计局，环境保护部. 中国环境统计年鉴（2011）[M]. 北京：中国统计出版社，2011.

[11] 刘荣乐，李书田，王秀斌，等. 我国商品有机肥料和有机废弃物中重金属的含量状况与分析[J]. 农业环境科学学报，2005，24（2）：392-397.

[12] 姜萍，金盛杨，郝秀珍，等. 重金属在猪饲料—粪便—土壤—蔬菜中的分布特征研究[J]. 农

业环境科学学报，2010，29（5）：942-947.

[13] 国家统计局农村社会经济调查司. 中国农村统计年鉴（2012）[M]. 北京：中国统计出版社，2012.

[14] NZIGUHEBA G，SMOLDERS E. Inputs of trace elements in agricultural soils via phosphate fertilizers in European countries[J]. Science of the Total Environment，2008，390（1）：53-57.

[15] CARBONELL G，DE IMPERIAL R M，TORRIJOS M，et al. Effects of municipal solid waste compost and mineral fertilizer amendments on soil properties and heavy metals distribution in maize plants（*Zea mays* L.）[J]. Chemosphere，2011，85（10）：1614-1623.

[16] 樊霆，叶文玲，陈海燕，等. 农田土壤重金属污染状况及修复技术研究[J]. 生态环境学报，2013，22（10）：1727-1736.

[17] 李培岭，等. 土壤重金属污染下芥菜与苋菜间作修复特性对水肥一体隔沟灌溉响应[J]. 中国农村水利水电，2016（8）：175-179.

[18] 王荣萍，张雪霞，郑煜基，等. 水分管理对重金属在水稻根区及在水稻中积累的影响[J]. 生态环境学报，2013，22（12）：1956-1961.

[19] 中国科学院南京土壤研究所. 重金属污染土壤修复技术的现状和展望——以江西贵溪冶炼厂周边区域土壤修复示范项目为例[J]. 世界环境，2016（4）：48-53.

[20] 吴家梅，纪雄辉，彭华，等. 稻草还田方式下对双季稻田耕层土壤有机碳积累的影响[J]. 生态环境学报，2010，19（10）：2360-2365.

[21] 路文涛，贾志宽，张鹏，等. 秸秆还田对宁南旱作农田土壤活性有机碳及酶活性的影响[J]. 农业环境科学学报，2011，30（3）：522-528.

[22] 区惠平，何明菊，黄景，等. 稻田免耕和稻草还田对土壤腐殖质和微生物活性的影响[J]. 生态学报，2010，30（24）：6812-6820.

[23] 汤文光，肖小平，唐海明，等. 长期不同耕作与秸秆还田对土壤养分库容及重金属 Cd 的影响[J]. 应用生态学报，2015，26（1）：168-171.

[24] 蔡东，肖文芳，李国怀. 施用石灰改良酸性土壤的研究进展[J]. 中国农学通报，2010，26（9）：206-213.

[25] Jill A Madden，Porsha Q，Thomas，et al. Keating Phoshoramide musard induces autophagy markers and inhibition prevents follicle loss due to phosphoramisde mustardexpoxposure[J]. Reproductive Toxicology，2017，67：65-78.

[26] Mudasir Irfan Dar，Iain D. Green，Mohd Irfan Naikoo，et al. Assessment of biotransfer and bioaccumulation of cadmium，lead and zinc from fly ash amended soil in mustard–aphid–beetle food chain[J]. Science of The Total Environment，Volumes 584-585，15 April 2017：1221-1229.

# 基于乡村振兴战略下的江西省
# 乡村森林公园建设研究

熊驰雁

（江西农业大学园林与艺术学院，南昌 330045）

**摘　要：**随着旅游业的蓬勃发展，乡村依托天然的森林环境以及独特的村庄文化色彩，逐渐成为人们休闲旅游的选择之一。江西省乡村森林公园建设试点意见的提出是江西省森林旅游体系的重大创新，不仅能够促进江西省旅游经济发展，也是实现乡村振兴战略的重要推动力。本文以金溪县蒲塘村乡村森林公园为例，发掘当地具有景观潜质的山林植被及村庄风水林，整合村庄历史建筑及景观资源要素，提升村庄基础设施建设，为乡村居民及游客创造游憩休闲的公共活动场所，同时也为党和国家政策的传播、乡村文化及风貌的展现提供了良好的场所。

**关键词：**乡村振兴　乡村森林公园　蒲塘村

## 一、引言

随着国家城镇化进程的加快，农村青壮年进城务工逐年递增，乡村空心化问题严峻，城市文明建设与乡村文明建设之间形成巨大的发展落差。2017 年 10 月 18 日习近平同志在党的十九大报告中提出乡村振兴战略，中共中央办公厅、国务院办公厅于 2018 年 2 月印发的《农村人居环境整治三年行动方案》指出"推进村庄绿化，充分利用闲置土地组织开展植树造林、湿地恢复等活动，建设绿色生态村庄"是实现乡村振兴战略的重点任务。为贯彻落实党的十九大精神和《中共中

央　国务院关于实施乡村振兴战略的意见》（中发〔2018〕1 号），江西省委、江西省政府于 2018 年 2 月 13 日出台了《关于实施乡村振兴战略的意见》，并指出坚持绿色发展，贯彻"绿水青山就是金山银山"的理念，统筹山、水、林、田、湖、草系统治理和美丽宜居乡村建设。由此可见，通过风景园林规划带动乡村旅游经济发展已成为江西省政府重点关注的方向。

江西省地处我国内地东南部，长江中下游南岸，生态环境良好，2016 年全省森林覆盖率达 63.1%，目前，江西省已批建森林公园 181 处，其中国家级森林公园 49 处、省级森林公园 120 处、市（县）级森林公园 12 处，总数跃居全国第一。基于良好的林业生态基础和森林公园发展优势，江西省林业厅于 2018 年 9 月 27 日下发的《关于开展乡村森林公园建设试点的实施意见》中指出，2018 年在江西省境内选取 15 个基础条件较好的县（市）进行试点，确定 30 处建设重点，并于 2020 年在全省完成 130 处乡村森林公园建设。远期目标按照每个乡镇至少建成 1 处乡村森林公园的目标推进建设。

## 二、乡村森林公园的内涵及设立标准

### 1. 森林公园及乡村森林公园的内涵

1982 年 9 月 25 日张家界国家森林公园的成立，标志着我国森林公园和森林游憩事业的开端。1999 年颁布的《中国森林公园风景资源质量等级评定》中对森林公园的概念进行定义："森林公园是具有一定规模和质量的森林风景资源和环境条件，以可持续发展理论为指导，可以开展森林旅游，并按法定程序申报批准的森林地域"。文件中还指出森林公园应当以森林景观为背景或依托，且区域内应有尽有一定旅游开发价值的自然景观或人文景观，能够为人们提供游憩、健身、科学研究和文化教育等活动空间。按照林业部 1994 年颁布的《森林公园管理办法》中的划分标准，如森林风景的资源品质、交通区位、基础服务设施状况及其知名度等，将森林公园分为国家级、省级、市（县）级三类。现如今，已逐渐形成以国家级森林公园为主要力量，国家级、省级和市（县）级森林公园共同发展的格局。

乡村森林公园不同于一般的森林公园，它是指在村庄、集镇建成区周边，以森林植物景观为核心，依托乡村自然环境，整合乡村森林风景资源、田园景观、农耕文化、古村古镇、风土民俗等资源要素，通过科学的规划设计，充分挖掘其观光、游览、休闲价值，为当地居民和游客提供公共活动的生态游憩空间。

乡村森林公园的提出，切合乡村振兴战略的政策背景，且与现有的森林公园体系并不冲突。首先，乡村森林公园的内涵和外延比森林公园更大。乡村森林公园不仅具备现有的区域性大型森林公园系统，可以满足森林公园的景观要求；同时也要结合乡村风景林的建设，满足乡村的生产、生活、生态要求。其次，乡村森林公园的特殊性在于其试点建设的提出是促进乡村振兴和美丽乡村建设的重要举措。乡村森林公园并不局限于满足游客的玩赏需求，其最主要、最直接的功能是满足村民的游憩活动需求。最后，乡村森林公园与现有森林公园体系的建构管理模式不同，可以有效避免管理矛盾的产生。国家级森林公园由国家林业和草原局审批，省级和市（县）级森林公园由省或市（县）级林业主管部门审批；而乡村森林公园是由政府组织牵头，乡村自行维护管理。

**2. 设立标准**

《关于开展乡村森林公园建设试点的实施意见》中提出在江西省境内选取 15 个基础条件较好的县（市、区）开展乡村森林公园试点建设，投入 1 200 万元打造 30 处乡村森林公园。乡村森林公园的设立标准主要围绕选址的森林植被绿化、乡村基础建设及乡镇建设意愿三个方面，具体要求如下述。

一是选点的森林面积需达 200 亩以上，林木绿化率达 70%，具有较好的森林景观和森林生态环境。平原地区和具有较高保护与利用价值的，面积和绿化指标要求可以适当放宽。公园选址一般在村民聚居区、周边森林及风景林分布相对集中、生态环境优良、景观特色明显、乡村旅游等业态较好的区域。

二是具有一定的常住人口和基础设施条件。拟提升建设区域乡村环境整治成效明显，森林旅游业态发展潜力强劲，且具有较好的道路、供水、供电、通信等基础设施，区域内具有一定的常住人口规模，乡村群众受益明显。

三是乡（镇）及村民对乡村森林公园建设具有强烈的愿望，当地县政府也高度重视，在项目整合和资金配套等方面都有明确的支持意见，有较好的辐射带动作用。在 5 km 范围内，具有一定数量的常住人口规模，能满足周边群众日常健身锻炼、休闲游憩的需要。

## 三、乡村森林公园对实施乡村振兴战略的意义

随着人们物质生活水平的提高，乡村居民整体生活质量得到了较大的提高，对精神、文化、健康层面的需求日益凸显。乡村森林公园能够为乡村居民提供日

常休闲游憩场所，是达到乡村振兴的 20 字总要求 "产业兴旺、生态宜居、乡风文明、治理有效、生活富裕" 的重要举措。

第一，建设与发展乡村森林公园，能够将生态优势转化为经济优势，有利于形成乡村的支柱产业，促进产业兴旺。乡村森林公园将现有的区域性大型森林公园系统与乡村风景林建设相结合，创新 "公园业态" 发展理念和模式，推进森林人家（农家乐）、乡村民宿、休闲体验、林下经济等产业融合发展。推动林下产品深加工创品牌，探索 "林业" 产业综合体的集约化发展新模式，推进产业提质增效，强化产业扶贫驱动作用，推进农村社会经济快速发展。

第二，建设与发展乡村森林公园，对保护乡村地区的古树名木和风水林保护具有重要意义，有利于建设生态宜居的美丽村庄。广布于江西省乡村的风水林是生物多样性的富集之地，蕴藏着众多森林物种，包括许多国家重点保护的珍稀古树、丰富多样的鸟类和小动物，是生物多样性的关键岛屿，也是自然风景得以恢复的基础。通过乡村森林公园的建设，科学保护古树名木和风水林，能够发挥生态保护与文化传承的多重效益。

第三，建设与发展乡村森林公园，是展现乡土景观的重要窗口，不仅能展现当地的文化内涵，还能为乡村宣传贯彻党和国家大政方针提供场所，推动乡风文明建设，促进和保持乡村的可持续发展。乡村森林公园是为满足乡村居民生活的需要而建设的，服务对象主要是定居于乡村的当地居民，因此，必须与当地的自然和土地、居民的生活方式相适应。它能创造一种既延续传统乡村生活，又体现现代乡村生活模式的新景观，同时又是乡村宣传教育的主阵地。

第四，建设与发展乡村森林公园，倡导乡村自行维护管理，充分调动农民主体的积极性，主动参与到乡村森林公园的建设中来，推动实现乡村治理有效。各乡村森林公园的管理人员均由本乡村的居民担任，由村委会推举或村民投票选举。大部分的维护管理费用均由各乡村自行筹资解决，同时地方政府给予一定的资金支持。

第五，建设与发展乡村森林公园，能够拓宽农民的收入渠道，加强农村基础设施建设，为乡村居民提供更加优良的生活环境，推动乡村生活富裕。乡村森林公园着重从群众最关心、最亟须、受益最直接的乡村森林步道、景观绿化、休闲空间等设施配套和环境整治入手，侧重利用景观林地、荒废地、闲置地进行建造，突出其社会服务功能，实施房前屋后乡土树种和景观树补植补造，推进森林美化、彩化、珍贵化建设。

## 四、金溪县蒲塘村总体情况概述

江西省乡村森林公园建设试点实施的 15 个县（市）各自具备不同的地域文化特色，如赣南客家文化、原中央苏区红色文化、婺源徽派古建筑文化、萍乡上栗傩神节民俗文化以及金溪传统村落历史文化等。在 15 个试点对象县（市）中，抚州金溪县政府十分重视对传统村落的保护工作，抚州金溪县古村落多达近 50 个，其中国家传统村落 21 个，占全省国家传统村落数量的 12%，省级传统村落 39 个。金溪县琉璃乡蒲塘村于 2016 年 11 月 9 日被列入第四批中国传统村落，具有浓厚的历史人文资源积淀。本文以蒲塘村为例，对乡村森林公园建设方案的可实施性进行分析。

### 1. 蒲塘村概况

蒲塘村位于江西省抚州市金溪县琉璃乡、涧溪镇西北部，2008 年 1 月由原蒲塘村和原官山村合并而成，东与九塘接壤，南与鲁峰相邻，西连包集，北至姚郭。蒲塘村距离金溪县城约 18 km，驾车行驶约 40 min。蒲塘村有 213 户人家，940余口人，村里人大多姓徐。蒲塘村地属丘陵地带，亚热带湿润气候，但由于山体平缓，土层深厚，该区域孕育了大量的平原丘岗森林植被，具有天然景观的自然资源优势。地势由西北向东南倾斜，海拔最高点位于西北角，上下高差达 42 m，山地坡度大都在 15°以下。东北多山地，村庄位于西南角，地势较为平坦。

《蒲塘徐氏族谱》中记载，后唐末帝清泰乙未年间（公元 935 年），东汉高士徐孺子的若干世后裔徐慕贞，辞去安徽寿州长史之职后，路过蒲塘在此夜宿，却在朦胧中听到鸡鸣犬吠，热闹非凡。他认为此地虽是荒山，其乃脉气所聚、穴位所处。在此福地定居定会人丁兴旺，福德无穷，遂隐居蒲塘。自此，历宋而元，子孙繁衍，代有闻人，炳炳麟麟，焜耀乡邦，至元仁宗年代时，已是近千烟的大村落了。

### 2. 蒲塘村现状

（1）乡村产业现状

蒲塘村产业类型较为单一，第一产业以种植水稻、油茶等经济效益较高的作物为主，第二产业、第三产业极度匮乏。2017 年一季度金溪县琉璃乡国内生产总值达 3.94 亿元，同比增长 16%；财政收入 1 140.49 万元。农村居民人均收入达 13 067元，增长 16%。2018 年全乡经济社会发展的主要预期目标是生产总值增长 18%左右，农村居民人均可支配收入增长 20% 左右。

（2）自然景观资源现状

村庄受 580 年前的"禁伐令"的影响，对生态资源的保护意识较好，森林受人为的干扰较少，原生植被丰富，但未经规划，呈现出自由生长的杂乱态势，如马尾松林、毛竹林等。蒲塘村村落内古树名木数量较多，且保护的较好。包括两棵超过 550 年树龄的古樟（图 1），1 200 年树龄的罗汉松，仙人旧馆前还有两株古柏，村落内的风水林以杜英、齿叶冬青等优势种镶嵌得体，是众多野生鸟禽的自然栖居地。

图 1 蒲塘村村庄入口的古樟

（3）人文景观资源现状

蒲塘村作为第四批被列入中国传统村落的村庄，人文历史积淀浑厚，曾有"文武世家"之誉。学文者，出过进士 21 人；学武者，有在明朝"因抗倭立功而官至参将"者。蒲塘村发展至鼎盛时期，号称"千烟之厦"，至今村内还随处可见 60 多幢明清古建筑。族谱中对园林古建筑及小品记载有门 22 樘，亭 10 座，轩堂 17 幢，祠堂 19 幢，古井 9 处。其中，旌义坊也称"名荐天朝"坊（图 2），建于明洪熙元年，是金溪县现存牌坊中年代最早的石牌坊。此坊以表彰蒲塘村秀才徐积善为国捐粮 4 500 石，侧面展现了我国传统道德观念中对"义"的思想追求，具有很高的历史及艺术价值。

据《蒲塘徐氏族谱》卷一中对蒲塘山水的记载，"蒲塘十景"有孺子芳亭、大夫清沼、黄石仙踪、友桥灵龟、花园乔木、铜峰古庙、蒲池夜月、阳岭朝云、东山樵唱、西畈农歌。其中，蒲池夜月和铜峰古庙（图 3）仍为村民日常聚集活动的重要场所。蒲池为村庄众塘之首，池水清冽；铜峰古庙始建于宋朝，经历近千年风雨，至今已规模可观。

图 2　旌义坊（名荐天朝）

图 3　铜峰古庙

（4）乡村公共服务设施现状

蒲塘村村内道路尚在修整过程中，多数还未铺设水泥路。森林区域内的游步道已有雏形，但步行系统连接不畅通，未形成完整的道路系统。村庄内闲置地较多，土地利用率低，空间缺乏吸引力（图 4）。现状公共服务设施基本完备，主要为乡村自给。村内建有两处公共厕所，以及一处卫生医疗中心。村内娱乐设施较少，辐射范围较小，设施较为落后，无法满足远期发展需求。

图 4　村庄现状闲置空地

## 五、森林风景资源调查与评价

蒲塘村具有良好的旅游价值、生态保育价值和历史文化价值。根据《中国旅游资源普查规范》《旅游资源分类、调查与评价》（GT/T 18972—2003）以及金溪县蒲塘村旅游资源普查结果，公园森林风景资源包含 7 大主类、11 个亚类、15 个基本类型，共 61 个森林风景资源（表 1）。资源丰富度属中上水平，景观可及度较好，极易形成耦合度较好的景观体系进行开发。在各类景观资源中以建筑与设施和生物景观聚集度较高，分别为 30 个和 9 个，占全部风景资源的 49.18%和14.75%，凸显了蒲塘村乡村森林公园良好的森林景观和深厚的人文底蕴。

表 1　蒲塘村乡村森林公园旅游资源分类

| 主类 | 亚类 | 基本类型 | 单体名称 |
|---|---|---|---|
| A 地文景观 | AA 综合自然旅游地 | AAA 山丘型旅游地 | 铜斗峰、乌唐山、五毛山 |
| | | AAB 谷地类旅游地 | 阳原岭、东边岭 |
| B 水域风光 | BA 河段 | BAA 观光游憩河段 | 菖蒲塘、月塘、南门塘、求学塘、南观塘、占贤塘、西边塘 |
| C 生物景观 | CA 树木 | CAA 林地 | 针阔混交林、阔叶林 |
| | | CAB 丛树 | 风水林、竹林 |
| | | CAC 独树 | 石楠、香樟、罗汉松、黄山松 |
| | CD 野生动物栖息地 | CDC 鸟类栖息地 | 白鹭栖息地 |
| D 天象与气候景观 | DA 光现象 | DAA 日月星辰观察地 | 铜斗峰制高点 |
| | DB 天气与气候现象 | DBB 避暑气候地 | 铜斗峰山腰 |
| F 建筑与设施 | FA 综合人文旅游地 | FAC 宗教与祭祀活动场所 | 铜峰古庙、胡氏宗祠 |
| | | FAE 文化活动场所 | 戏台 |
| | FD 居住地与社区 | FDA 传统与乡土建筑 | 玉成书舍、增益山房、世宦祠、玉一祠堂、孺一公祠、孺二公祠、孺四公祠、仙人旧馆、司空树、阳原社、兴隆社、虔神祠、铜峰古庙、南薰门、西成门、进士第、良门、世宦坊、登科门、名荐天朝、玉房总门、东兴亭、异云亭 |
| | FG 水工建筑 | FGB 水井 | 神仙井、砂井、凤井、墙背井、体井 |
| G 旅游商品 | GA 地方旅游商品 | GAB 农林畜产品与制品 | 油茶、李 |
| H 人文活动 | HC 民间习俗 | HCA 地方风俗与民间礼仪 | 正月初三庙会、农历新年舞龙、四月初八沐浴节、九月十五迎神、九月十五庙会 |
| 共计：7 个 | 共计：11 个 | 共计：15 个 | 共计：61 个 |

按基本类型拥有率的高低排序，7个主类的顺序依次为：生物景观类（4个基本类型，比重为26.67%，下同）、建筑与设施（4，26.67%）、地文景观和天象与气候景观基本类型个数相同，均为（2，13.33%）、水域景观和旅游商品及人文活动基本类型均为（1，6.67%）（表2）。

表2 蒲塘村乡村森林公园旅游资源基本类型拥有率统计

| 旅游资源类型 | 旅游资源主类 | 基本类型拥有量 | 基本类型占总数的比重/% |
|---|---|---|---|
| 自然旅游资源 | 地文景观类（A） | 2 | 13.33 |
| | 水域景观类（B） | 1 | 6.67 |
| | 生物景观类（C） | 4 | 26.67 |
| | 天象与气候景观类（D） | 2 | 13.33 |
| | 小计 | 9 | 60.00 |
| 人文旅游资源 | 建筑与设施（F） | 4 | 26.67 |
| | 旅游商品（G） | 1 | 6.67 |
| | 人文活动类（H） | 1 | 6.67 |
| | 小计 | 6 | 40.01 |
| 合计 | | 15 | 100.01 |

从风景资源单体拥有率来看，7个主类的数量从高到低依次为：建筑与设施（31，50.82%）、生物类景观（9，14.75%）、水域景观（7，11.48%）、地文景观和人文活动单体数量相同，均为（5，8.20%）、旅游商品和天象与气候景观类旅游单体数量均为（2，3.28%）（表3）。

表3 蒲塘村乡村森林公园旅游单体分类统计

| 旅游资源类型 | 旅游资源主类 | 旅游单体数量 | 旅游单体占总数的比重/% |
|---|---|---|---|
| 自然旅游资源 | 地文景观类（A） | 5 | 8.20 |
| | 水域景观类（B） | 7 | 11.48 |
| | 生物景观类（C） | 9 | 14.75 |
| | 天象与气候景观类（D） | 2 | 3.28 |
| | 小计 | 23 | 37.71 |
| 人文旅游资源 | 建筑与设施（F） | 31 | 50.82 |
| | 旅游商品（G） | 2 | 3.28 |
| | 人文活动类（H） | 5 | 8.20 |
| | 小计 | 38 | 62.30 |
| 合计 | | 61 | 100.01 |

蒲塘村乡村森林公园内森林风景资源中，共有自然景观资源 23 个，占总单体数的 37.70%；人文景观资源共 38 个，占总单体数的 62.30%，人文景观资源与自然景观资源的比例为 1.65：1，自然景观与人文景观资源总数差异不大，人文景观资源占优势。从基本类型拥有率上看，自然景观共 9 个类型，比重为 60%；人文景观共 5 个类型，比重为 40%。人文景观与自然景观主类拥有率比为 2：3，自然景观资源占优势。蒲塘村乡村森林公园既可开展森林科普旅游，又可开展乡村文化感知旅游，旅游开发灵活性较大。由于人文景观资源总数占优势，且公园内多数森林植被景观有一定程度的文化氛围，如村庄内的古树、风水林都见证了蒲塘村历史的变迁，因此，蒲塘村乡村森林公园基调仍以文化景观为主。

## 六、蒲塘村乡村森林公园规划建设

### 1. 总体布局

规划时应遵循坚持生态导向、保护优先，规划引领、因地制宜的原则，促进乡村森林公园的生态价值与地域文化特色的融合。结合蒲塘村乡村森林公园资源分布状况以及人文历史悠久的特点，确定蒲塘村乡村森林公园的规划主题为：千年古村如诗画，云中古木醉神仙。打造一个集森林生态保护、科普宣教、研习修学、文化观光、森林康养等功能于一体，吸引力和辐射力强的综合性森林古村文化旅游胜地。

### 2. 景观功能分区

根据蒲塘村乡村森林公园的功能性特点，将其划分为管理服务区、核心景观区、一般游憩区和生态保育区。其中，核心景观区包括森林科普区和林间览胜区，一般游憩区包括文化体验区和观光休闲区（图 5）。

管理服务区位于乡村森林公园的核心景观区——林间览胜区的西北部，是连接公园与外部交通的枢纽，该区规划面积为 2.71 hm²，占整个乡村森林公园面积的 1.2%。功能上以接待服务、管理园区为主，重点建设内容有生态厕所及生态停车场。

核心景观区位于乡村森林公园的中心区域，规划占地面积为 79.82 hm²，占公园总面积的 36%。功能上以生态观光、森林科普为主。公园建设时以设置科普宣教牌及完善基础服务设施为主，景观上保持区域内山林天然风貌，不多建设新景点。

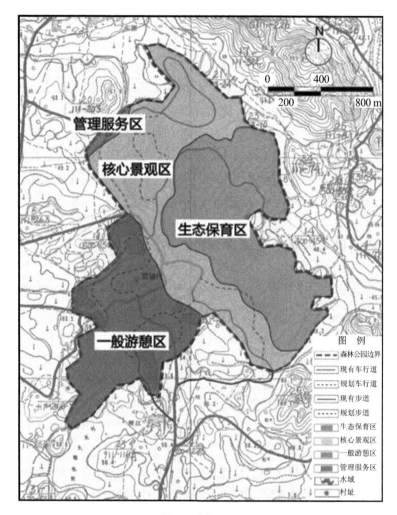

图 5　功能分区

一般游憩区位于公园西南侧，规划占地面积为 59.21 hm²，占公园总面积的
29.7%。功能上以野生动植物科普、民俗文化宣传、特色建筑观赏为主。重点建设
内容有：设在文化体验区的中心文化广场，为村民及游客提供活动场所；设在"梦
泽飞鹭"处的八角荷香亭，为游人提供观赏休憩的空间。

生态保育区位于乡村森林公园的东侧，规划占地面积为 79.96 hm²，占整个森
林公园面积的 39.1%。功能以森林生态保育、动植物栖息为主。该区不规划娱乐
休憩观光项目，仅进行森林保育及生态维护。

### 3."六个一"基础工程建设

乡村森林公园建设应统筹山、水、林、田、湖、草等要素，着重从村民和游客最关心、受益最直接的乡村森林步道、景观绿化、休闲空间等基础设施和环境整治入手，推进森林绿化、美化、彩化、珍贵化建设，前期基本建设应当重点实施好"六个一"工程：一处乡村森林公园标志性主入口、一处森林休闲小广场、一处特色森林景观区、一条森林休闲步道、一处 A 级标准生态公厕、一处森林生态文化科普与政策宣传长廊。

蒲塘村乡村森林公园入口大门规划建设在连接外部道路的入口处。建筑风格贴合村落当地的建筑风格，古朴、简洁、大气。作为森林公园的入口标志，不仅有引导车行的作用，还能给游客带来森林公园的第一印象（图6）。

**图6 入口大门**

游步道设计依据现状地形和自然风景及人文资源分布而设，为游人提供有层次丰富的景观游线。通过游步道引导游人有序地流动，最大限度地减少游人对资源的破坏，保护了公园的生态环境。步道的选材以鹅卵石为主、色彩选用与环境融合度较高的颜色以及线形宜曲不宜直，遵循顺应自然、融于自然的原则，步道宽度在 1~2.5 m。

蒲塘村内现状公厕仅有 1 处，无法满足公园日常使用需求。规划采用改造与新建相结合，根据合理半径进行了重新布局。共增设 4 处公厕，新建公厕建筑造型不宜复杂，体量不宜太大，建筑风格需与村庄整体风格相协调，屋顶宜采用青瓦坡屋顶，避免使用琉璃瓦等现代材料。

在离主入口不远处规划建设蒲塘广场，使蒲塘广场成为蒲塘村乡村森林公园的标志性广场。广场设计要与周边建筑相融合，铺装材料也要贴合村落路面，与周围环境一致。文化景墙上列有当地的建筑介绍、名人故事等一系列文化知识。树木底下配有休闲座椅，配合村民及游客休憩使用。宣传栏不定期安排各种宣传教育或者政策通知，是一个综合性的活动广场（图7）。

①树阵广场 ②文化景墙 ③入口景石 ④宣传栏 ⑤休闲座椅

**图7　蒲塘广场平面设计**

　　沿游览路线布置具有解说性的景观设施，宣传步道沿线自然景观、地质现象及动植物资源的相关科普信息，使乡村森林公园成为农村中小学生自然教育户外课堂。科普展示牌多用木质材料，与整个森林公园的整体环境密切贴合。在科普小径的沿路设置动植物科普以及森林保护等相关信息。景点"梦泽飞鹭"由于有大量白鹭栖息，特设立讲解牌，介绍白鹭的生活习性、保护法规等信息。对蒲塘村乡村森林公园内的古树名木进行挂牌保护。

　　打造一条"蒲塘森林景观带"，把蒲塘村乡村森林公园的森林生态景观与乡村文化景观串联起来，形成一条独特的景观线。使森林的神仙传说与村落的仙人景观有效地连接起来，形成蒲塘乡村森林公园的一大特色。景观带串联起了"黄石仙踪""幽静亭""古木拥翠""铜峰古庙""荷香亭""清风竹影""梦泽飞鹭""花园乔木""古戏台广场"以及"蒲塘广场"等景点，沿线既有森林风景，又有建筑景观，可谓蒲塘乡村森林公园的"精华景观带"。

**4．分期建设规划**

（1）近期建设规划

　　近期规划建设的目标是在原有建设基础上，在2018年年底前完成"六个一"的基础工程建设。加强园区林相美化，从整体上进行环境营造，凸显园区的森林科普宣教功能，让游人亲密接触自然，从而爱护自然（表4）。

表4　金溪县蒲塘村乡村森林公园近期建设项目

| 序号 | 项目名称 | 建设特色与要求 | 单位 | 数量 | 所属功能区 |
|---|---|---|---|---|---|
| 1 | 游客服务中心 | 建筑古朴、风格简洁 | 处 | 1 | 管理服务区 |
| 2 | 生态厕所 | 生态、简洁 | 个 | 4 | 全园 |
| 3 | 生态停车场 | 生态、简洁 | 处 | 1 | 管理服务区 |
| 4 | 入口大门 | 建筑古朴、风格简洁 | 处 | 1 | 文化体验区 |
| 5 | 科普宣传牌 | 简洁、大方 | 处 | 5 | 森林科普区 |
| 6 | 蒲塘广场 | 体现景区特色和文化 | 处 | 1 | 文化体验区 |
| 7 | 牌示系统 | 与周边设施相结合 | 项 | 1 | 全园 |

（2）远期建设规划

全面落实金溪蒲塘村乡村森林公园内森林生态系统及野生动植物资源的保护措施，建立生态环境监测和保护体系，完成森林公园其他项目的建设。提高森林公园管护队伍的专业素养，实现森林公园管理科学化、制度化、规范化。对各处景点进行复原修缮，全面完成基础设施建设，积极开展各类森林生态旅游。远期建设目标于2019—2021年的三年内完成，重点建设工程见表5。

表5　金溪县蒲塘村乡村森林公园远期建设项目

| 序号 | 项目名称 | 建设特色与要求 | 单位 | 数量 | 所属功能区 |
|---|---|---|---|---|---|
| 1 | 黄石仙踪 | 自然、生态 | 处 | 1 | 林间揽胜区 |
| 2 | 老庙遗址 | 修复项目 | 处 | 1 | 林间揽胜区 |
| 3 | 神仙池 | 修复项目 | 处 | 1 | 林间揽胜区 |
| 4 | 幽静亭 | 美观、大方 | m² | 10 | 林间揽胜区 |
| 5 | "福禄寿"三树 | 自然、生态 | 处 | 1 | 林间揽胜区 |
| 6 | 古木拥翠 | 自然、生态 | 处 | 1 | 林间揽胜区 |
| 7 | 铜峰古庙 | 建筑古朴、风格简洁 | 处 | 1 | 林间揽胜区 |
| 8 | 神仙饮水 | 修复项目 | 处 | 1 | 林间揽胜区 |
| 9 | 仙人旧馆 | 修复项目 | 处 | 1 | 林间揽胜区 |
| 10 | 香荫路曲 | 碎石材质 | m | 200 | 森林科普区 |
| 11 | 观景台 | 古朴、简洁 | 处 | 1 | 森林科普区 |
| 12 | 蒲塘民俗街 | 展示景区文化风俗特点 | m | 200 | 森林科普区 |
| 13 | 阳岭朝云 | 自然、古朴 | 处 | 1 | 森林科普区 |
| 14 | 名鉴天朝 | 修复项目 | 处 | 1 | 文化体验区 |
| 15 | 荷香亭 | 美观、大方 | m² | 10 | 观光休闲区 |

| 序号 | 项目名称 | 建设特色与要求 | 单位 | 数量 | 所属功能区 |
|------|---------|--------------|------|------|-----------|
| 16 | 清风竹影 | 自然、生态 | 处 | 1 | 观光休闲区 |
| 17 | 梦泽飞鹭 | 自然、生态 | 处 | 1 | 观光休闲区 |
| 18 | 花园乔木 | 自然、生态 | 处 | 1 | 文化体验区 |
| 19 | 蒲池夜月 | 自然、美观 | 处 | 1 | 文化体验区 |
| 20 | 古戏台广场 | 自然、古朴 | 处 | 1 | 观光休闲区 |
| 21 | 龙凤双栖 | 古朴、自然 | 处 | 1 | 文化体验区 |
| 22 | 冠云落影 | 自然、美观 | 处 | 1 | 观光休闲区 |

## 七、结语

在国家大力发展乡村建设，缩小城乡发展差距的背景下，风景园林学科肩负着开发乡村景观，推动实施乡村振兴战略的重担。此次乡村森林公园试点意见的发布既是对江西省乡村森林公园建设标准的首次规范，也是构建城乡整体生态和谐发展的重要举措，是促进江西省乡村振兴和美丽乡村建设的重要抓手。

本文以探究乡村森林公园景观建构能够推动实现乡村振兴战略20字总要求，即"产业兴旺、生态宜居、乡风文明、治理有效、生活富裕"为切入点，以金溪县蒲塘村为例，对乡村森林公园的景观建构模式进行运用，通过实地调查、森林风景资源调查与评价等方法，对蒲塘村乡村森林公园的自然及人文景观资源进行整合与分区营造。蒲塘村乡村森林公园的建设将从森林公园单一的旅游服务，向提升乡村居民生活质量和建设习近平总书记提出的"生态产业化"要求转变，使之成为本地和外来旅游者共同拥有的户外游憩空间，发挥其在改善人居环境质量和提高人民生活质量等方面的积极作用，为实现江西省乡村振兴战略提供重要的力量支撑。

## 参考文献

[1] 中央办公厅 国务院办公厅印发《农村人居环境整治三年行动方案》[J]. 社会主义论坛，2018（2）：12-14.

[2] 江西省委. 江西省人民政府关于实施乡村振兴战略的意见[N]. 江西日报，2018-03-27（B02）.

[3] 张红. 江西森林公园旅游产业发展研究[D]. 北京林业大学，2011.

[4] 赵敏燕，陈鑫峰. 中国森林公园的发展与管理[J]. 林业科学，2016，52（1）：118-127.

[5] 王炎松，段亚鹏，周嘉意. 江西金溪蒲塘村旌义坊[J]. 古建园林技术，2015（1）：83-86.

# 赣西丘陵地区生态系统服务价值
# 与生态补偿策略*

赵志刚[1]**　余　德[2]　吕爱清[1]　杜国平[1]

[ 1. 宜春学院，江西宜春336000; 2. 中国地质大学（武汉）公共管理学院，湖北武汉430074 ]

**摘　要**：为了协调区域经济发展与生态保护的关系，以赣西丘陵地区为研究对象，采用修正的生态系统服务价值系数分析了 2002—2016 年该区域生态系统服务价值的时空变异情况，同时综合考虑研究区域生态与经济情况，利用生态补偿优先级与生态补偿额度探讨赣西丘陵地区的生态补偿策略。

**关键词**：生态系统服务价值　生态补偿额度　生态补偿优先级　赣西丘陵地区

在人与自然协调发展、经济和环境协调发展的背景下，生态补偿成为解决区域生态保护与经济发展中诸多矛盾的一项重要手段，生态系统服务功能价值（Ecosystem Service Value，ESV）评估是实现生态补偿的前提，也是制定补偿额度的依据。从某种程度上来说，区域生态补偿的实施就是生态系统服务研究的具体实践，因为生态补偿的本质就是生态服务功能受益者对生态服务功能提供者付费的行为。国内外学者都对生态系统服务价值开展了诸多的理论研究和实证分析，从概念评估模型和方法、时空变化，再到具体实例，涉及农田、草地、森林、湿地、流域等多个生态系统，对生态系统服务价值进行评估，这有利于制定合理的生态补偿价格，为研究区域生态补偿提供量化标准。

* 基金项目：江西省社会科学"十二五"规划项目（15YJ13）；江西省高校人文社会科学研究项目（JD18005）。

** 作者简介：赵志刚（1977—），男，陕西西安人，博士，副教授，主要从事生态学研究。E-mail: zhaozg_77@163.com。

目前，多数学者研究认为生态补偿的核心是明确生态补偿标准的依据，也有是在以生态系统服务价值分析的基础上确定补偿标准的研究案例，但大多都集中于经济补偿的强度，即"应该补偿多少"的问题，对于区域间补偿总量与顺序关系等问题研究较为少见。王女杰等从不同区域间生态补偿的迫切程度入手，在综合考虑区域的生态系统服务价值和经济发展水平的基础之上，提出了生态补偿优先级的概念（Ecological Compensation Priority sequence，ECPS），为区域间生态补偿的优先次序提供了依据。随后，该方法被部分学者应用于一些区域生态补偿研究探索中。尽管该方法探讨了纵向生态补偿优先级的问题，但对横向生态补偿中"谁来补"和"谁优先补"的问题考虑不多，因此，在区域尺度横向生态补偿中，有必要对如何确定生态支付单位和生态受偿单位进一步研究与探索。

　　赣西区域以山地和丘陵为主，由于其介于长株潭经济圈、鄱阳湖生态经济区之间（图1），是两大经济都市圈的重要生态屏障区，在资源的利用、开发与粮食生产等方面发挥了巨大的作用，对周边区域生态环境稳定和经济发展作出了卓越的贡献。近年来，由于区域城镇化进程的加快，区内丘陵植被受到影响，可能造成水土流失、土壤侵蚀等生态功能退化，如何保障经济发展与环境保护的问题日

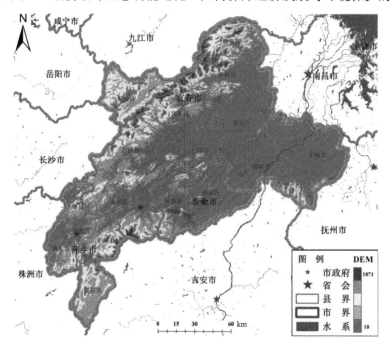

**图1　赣西丘陵地区位置**

益突出。同时，区域内县（市）存在发展不平衡的情况，不同县（市）经济价值与生态价值的变化往往出现不匹配问题，通常情况下，生态保护好、生态价值高的县（市）对区域生态系统的稳定是作出了更大的贡献。因此，该研究以赣西丘陵地区为对象，分析 2002—2016 年生态系统服务价值变化和空间分异特征，并综合考虑研究区域的经济发展水平，在生态补偿优先级和理论生态补偿额度概念基础上，结合研究区域各县（区）土地、人口数据，量化分析不同区域生态补偿迫切度及生态支付—受偿关系，为赣西丘陵地区生态系统健康和社会经济的协调发展提供科学依据。

## 一、研究区概况

赣西区域地处 113°34′—116°9′E，29°57′—29°6′N，包括宜春、萍乡和新余三个地级市及下属 17 个县（市、区）（图 1），地形多为丘陵、山地和平原，东部和中部地形相对平缓，西北—北部、西南部海拔相对较高，主要山脉有九岭山和罗霄山脉。该区多年平均气温约为 17℃，年均降水量在 1 500～1 600 mm，年均日照数约为 1 650 h，无霜期为 270 d，属中国亚热带季风气候区，四季分明，热量丰富，降水充沛，日照充足，有利于农作物和林木的生长，森林和草地覆盖率高达 60%以上，是江西、湖南等省份重要的天然生态屏障和农业生产区。

## 二、数据来源与研究方法

### 1. 数据来源

土地利用/覆被分类数据通过解译 2002 年与 2016 年的 TM/OLI 影像获得（影像来源于地理空间数据云，http://www.gscloud.cn/），影像轨道号分别为 121/040、121/041、122/040、122/41、123/41，各期影像含云量均低于 5%，在 ENVI 5.3 中进行拼接、几何配准、裁剪等处理，并结合数字高程模型（DEM）数据构建新的数据集，通过目视解译和实地调查获得训练样本并形成感兴趣区（Region of Interest，ROIs）。采用基于 CART 算法的决策树分类方法将研究区分为耕地、林地、草地、城乡建设用地、水域和未利用地等 6 个类别，通过训练样本、实地调查样点和部分县的土地利用现状图进行精度检验，各年份分类总体精度均在 85%以上，符合研究精度要求。社会经济数据主要来源各市、县统计年鉴及政府网站公报数据。行政区数据为国家基础地理信息中心的 1∶400 万比例尺数据。

　　研究区域总面积共计 25 677.44 km²，占江西省全域面积的 15.38%，土地利用类型以林地和耕地为主（图 2），从空间上来看，林地多集中于西北—北部、西南部海拔相对较高的地区，耕地主要集中于东南部相对平缓的区域。

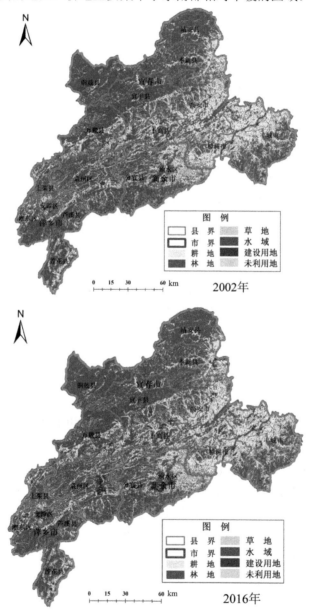

图 2　2002 年与 2016 年赣西土地利用/覆被分类

通过对各地类的面积统计（表1）可知，赣西三市耕地、林地、草地、水域、未利用地呈持续减少状态，建设用地呈持续增加状态。具体而言，2002—2016年间，耕地面积下降2.18%；林地面积下降1.2%；草地面积下降4.56%；水域面积下降1.71%；未利用地面积下降19.21%；而建设用地面积增加58.31%。

表1　2002—2016年赣西丘陵地区土地利用变化

| 土地类型 | 土地面积/hm² | | 变化率 |
| --- | --- | --- | --- |
| | 2002年 | 2016年 | |
| 耕地 | 8 567.310 6 | 8 380.695 6 | −2.178 2 |
| 林地 | 15 177.204 9 | 14 995.500 3 | −1.197 2 |
| 草地 | 651.609 0 | 621.867 6 | −4.564 3 |
| 水域 | 608.841 0 | 619.253 1 | 1.710 2 |
| 建设用地 | 666.727 2 | 1 055.480 4 | 58.307 7 |
| 未利用地 | 5.748 3 | 4.644 0 | −19.210 9 |
| 合计 | 25 677.441 0 | 25 677.441 0 | — |

### 2. 生态系统服务价值计算与空间分析

生态系统服务价值计算方法以谢高地等对中国陆地生态系统单位面积生态服务价值研究结果为基础数据，参考葛全胜、郭志华等研究成果计算出各自的调节系数值，得到赣西地区所在区域的调节系数后，获得赣西地区单位面积生态服务价值基础数据。

空间分析是通过计算出2002年和2016年各栅格像元土地利用类型的生态系统服务价值，再在ArcGIS 10.2中创建3 km×3 km的域网对其进行分区统计，然后按每个域网单元生态系统服务总价值小于300万元、300万～600万元、600万～900万元、900万～1 200万元、大于1 200万元进行分级符号化，并计算分析栅格尺度上的ESV年均变化，进一步分析生态系统服务价值的空间变化特征。

### 3. 生态补偿优先级计算

生态补偿优先级可以形象地描述出区域补偿的迫切程度，是区域间生态补偿的重要依据，其优先级的确定取决于经济发展水平和生态服务功能两个变量。其具体表达公式如下：

$$ECPS = \frac{N\_ESV}{GDP} \qquad (1)$$

式中，ECPS 为区域生态补偿优先级指数，N_ESV 代表县（区）内非市场生态系统服务价值，GDP 代表县（区）内国民经济生产总值。ECPS 值越高，说明该区域支付生态补偿后对其经济状况影响较大，应当率先得到生态补偿支持；反之，说明该区域支付生态补偿后对其经济状况影响较小，应当率先支付生态补偿资金。

### 4. 生态补偿额度估算方法

一般研究认为，区域生态补偿额度与该区域补偿需求强度和生态服务价值量存在主要关联，因此，本文采用生态补偿需求强度系数、生态服务价值量及生态价值折算系数来计算研究区域各县（区）生态补偿额度，其具体表达公式如下：

$$V_i = k \times N\_ESV_i \times 2 \times \arctan ECPS_i / \pi \qquad i = 1, 2, \cdots, 17 \qquad (2)$$

式中，$V_i$ 为第 $i$ 区域生态补偿总量，$N\_ESV_i$ 为第 $i$ 区域非市场生态系统服务价值，$k$ 为生态价值折算系数，参照资料选择数值为 15%，$ECPS_i$ 为第 $i$ 区域生态补偿优先级指数，$\pi$ 为圆周率，$i$ 为研究区域不同县（市）。

## 三、结果与分析

### 1. 研究区域生态系统服务价值时空变化特征

（1）生态系统服务总价值时间变化

通过计算研究区域 2002 年和 2016 年的生态系统服务价值（表 2），结果显示，2002—2016 年，赣西丘陵地区生态系统服务总价值呈下降趋势，由 293.09 亿元下降至 289.45 亿元，减少了 3.64 亿元，下降率为 1.24%。从不同地类对生态服务系统的价值贡献来看，林地是提供生态系统服务价值最重要的类型，两期数据占比都在 80.00% 以上；其次为耕地，占比均在 13.50% 以上；再是水域、草地，占比分别在 4.00% 和 1.50% 左右；建设用地和未利用地的生态系统服务价值占比极少。

表 2　2002—2016 年赣西丘陵地区各土地利用类型对应的生态系统服务价值变化

单位：亿元

| 年份 | 耕地 | 林地 | 草地 | 水域 | 建设用地 | 未利用地 | 合计 |
|---|---|---|---|---|---|---|---|
| 2002 | 40.462 5 | 235.510 6 | 4.608 4 | 12.400 1 | 0.102 4 | 0.003 6 | 293.087 5 |
| 2016 | 39.581 1 | 232.691 0 | 4.398 0 | 12.612 1 | 0.162 1 | 0.002 9 | 289.447 3 |
| 变化率/% | −2.178 2 | −1.197 2 | −4.564 3 | 1.710 2 | 58.307 7 | −19.210 9 | −1.242 0 |

近年来，随着土地利用/覆被发生变化，生态系统服务价值也在发生变动。具体来看，2002—2016 年，草地生态系统服务价值下降比例最高，为 4.56%；建设用地由于增加最快，因此生态系统价值上升比例最高，为 58.31%，但增加总量较低；林地生态系统服务价值尽管下降比例不高，但总量降低最多，为 2.82 亿元。

对研究区域 2002 年和 2016 年的生态系统服务功能价值结构进行了统计，得到结果如表 3 所示。

表 3　2002—2016 年赣西丘陵地区生态系统单项服务价值变化

单位：亿元

| 年份 | 食物生产 | 原材料生产 | 气体调节 | 气候调节 | 水源涵养 | 废物处理 | 土壤保持 | 生物多样性保护 | 娱乐文化 | 合计 |
|---|---|---|---|---|---|---|---|---|---|---|
| 2002 | 10.080 3 | 15.318 3 | 44.130 8 | 37.308 4 | 54.726 8 | 22.872 5 | 51.186 6 | 41.060 6 | 16.403 3 | 293.087 5 |
| 2016 | 9.912 0 | 15.119 5 | 43.562 9 | 36.814 8 | 54.140 8 | 22.650 4 | 50.426 9 | 40.531 9 | 16.288 0 | 289.447 3 |
| 变化率/% | -1.669 4 | -1.297 8 | -1.286 9 | -1.323 1 | -1.070 7 | -0.970 6 | -1.484 2 | -1.287 5 | -0.702 6 | -1.242 0 |

从各年份的生态系统服务功能价值结构比例可以看出，研究区域生态系统服务功能价值排序依次为：水源涵养、土壤保持、气体调节、生物多样性保护、气候调节、废物处理、娱乐文化、原材料生产、食物生产，且两期结果保持不变。对比两期生态系统服务功能价值变化值，表内各项均呈下降趋势，按减少总量大小排序依次为土壤保持（0.759 7 亿元）、水源涵养（0.586 0 亿元）、气体调节（0.567 9 亿元）、生物多样性保护（0.528 7 亿元）、气候调节（0.493 6 亿元）、废物处理（0.222 1 亿元）、原材料生产（0.198 8 亿元）、食物生产（0.168 3 亿元）和娱乐文化功能（0.115 3 亿元）。

（2）研究区域生态系统服务价值的空间变化

为了探究赣西地区生态系统服务价值的空间分布特征，根据研究方法中的空间分析方法，得到赣西地区生态系统服务价值空间分布图（图 3）。

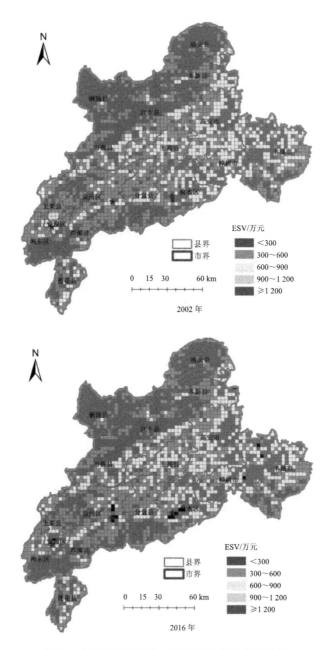

图 3　赣西丘陵地区生态系统服务价值空间变化

　　由图 3 可以看出，赣西丘陵地区生态价值高（≥1 200 万元）的区域主要分布在西北和北部，即万载县—铜鼓县—宜丰县—奉新县—靖安县一带区域，以及湘东区—芦溪县—袁州区—分宜县等南部地区，对比土地利用分类图（图 2）可以发现，上述地区主要为林地类型，植被覆盖率占比较高。而生态价值较低（300万～600 万元）的区域主要分布在渝水区、樟树市、丰城市、高安市及奉新县东部的部分区域，其生态价值较低的原因主要是因为该区域土地利用类型主要以耕地为主，而耕地的单位生态系统服务价值相对林地、草地、水域较小。域网单元内生态系统服务总价值小于 300 万元的区域较少，但在 2016 年面积有所扩大，具体表现为：2002 年仅新余市渝水区有 2 个域网单元；2016 年共有 15 个，分布在安源区（1 个）、袁州区（5 个）、渝水区（6 个）、樟树市（1 个）和丰城市（2 个）。由此可见，2002—2016 年域网单元生态系统服务总价值小于 300 万元的扩大区域主要在袁州区和渝水区。

　　通过栅格计算分析研究区域栅格尺度上的 ESV 年均变化，进一步分析生态系统服务价值的空间变化特征（图 4）。

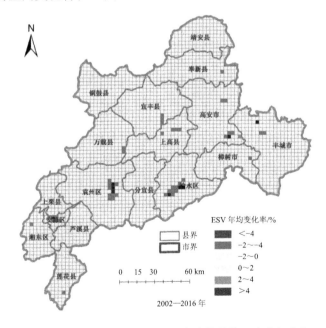

**图 4　赣西丘陵地区生态系统服务价值栅格尺度空间变化**

由图 4 数据统计可以发现，2002—2016 年，研究区域 ESV 年均变化率小于
-4%的像元单元为 7 个，变化率在-4%～-2%的像元单元为 43 个，主要分布在安
源区、袁州区和渝水区。ESV 年均增长率 2%～4%的像元数量在高安市与莲花县
各有 1 个，大于 4%的像元数量未见分布。

### 2. 赣西丘陵地区生态补偿额度与优先级

根据研究区域各生态系统服务功能受益与补偿范围，确定各类型生态系统的
理论生态补偿额度（表 4）。

表 4　赣西丘陵地区生态系统理论生态补偿额度（2016 年数据）

单位：亿元

| 生态功能 | 耕地 | 林地 | 草地 | 水域 | 建设用地 | 未利用地 |
|---|---|---|---|---|---|---|
| 气体调节 | 0.042 3 | 0.596 2 | 0.006 3 | 0.002 1 | 0.000 0 | 0.000 0 |
| 气候调节 | 0.060 7 | 0.468 1 | 0.009 4 | 0.008 5 | 0.000 0 | 0.000 0 |
| 水源涵养 | 0.082 2 | 0.634 0 | 0.010 3 | 0.077 5 | 0.000 0 | 0.000 0 |
| 废物处理 | 0.073 8 | 0.194 4 | 0.006 8 | 0.061 3 | 0.000 0 | 0.000 0 |
| 土壤保持 | 0.169 2 | 0.562 8 | 0.015 0 | 0.001 7 | 0.000 0 | 0.000 0 |
| 生物多样性保护 | 0.058 7 | 0.518 7 | 0.010 3 | 0.014 2 | 0.000 0 | 0.000 0 |
| 娱乐文化 | 0.009 5 | 0.208 0 | 0.003 6 | 0.018 3 | 0.002 4 | 0.000 0 |
| 合计 | 0.496 4 | 3.182 0 | 0.061 8 | 0.183 6 | 0.002 4 | 0.000 0 |

赣西丘陵地区理论生态补偿总额度为 3.926 2 亿元。生态补偿贡献率与生态系
统服务价值相对应，林地生态系统的补偿额占总补偿比例的 81.05%，处于绝对地
位，应是研究区域生态补偿的核心。其次为耕地生态系统，其补偿额比例为
12.64%。水域、草地、建设用地和未利用地补偿额占比例分别为 4.68%、1.57%、
0.06%和 0。

通过引入区域生态补偿需求强度系数和生态价值折算系数估算区域生态补偿
额度，根据研究方法估算研究区域各县市生态补偿实际额度（表 5）。

表 5　赣西丘陵地区各县区生态补偿额度与优先级测算（2016 年数据）

| 县名 | 总 GDP/亿元 | N_ESV/亿元 | 优先级 | 补偿金额/亿元 | 占总 GDP 比例/% |
|---|---|---|---|---|---|
| 安源区 | 269.976 3 | 1.894 9 | 0.007 0 | 0.001 3 | 0.000 5 |
| 湘东区 | 195.285 1 | 10.687 1 | 0.054 7 | 0.055 8 | 0.028 6 |
| 芦溪县 | 139.572 8 | 10.292 1 | 0.073 7 | 0.072 3 | 0.051 8 |

| 县名 | 总 GDP/亿元 | N_ESV/亿元 | 优先级 | 补偿金额/亿元 | 占总 GDP 比例/% |
|---|---|---|---|---|---|
| 上栗县 | 187.621 9 | 12.056 0 | 0.064 3 | 0.073 9 | 0.039 4 |
| 莲花县 | 60.196 2 | 11.647 2 | 0.193 5 | 0.212 6 | 0.353 1 |
| 袁州区 | 248.944 4 | 27.756 0 | 0.111 5 | 0.294 3 | 0.118 2 |
| 丰城市 | 423.664 5 | 24.841 2 | 0.058 6 | 0.138 9 | 0.032 8 |
| 高安市 | 208.054 4 | 20.577 9 | 0.098 9 | 0.194 4 | 0.093 4 |
| 樟树市 | 333.594 7 | 9.795 7 | 0.029 4 | 0.027 5 | 0.008 2 |
| 奉新县 | 123.111 9 | 17.343 0 | 0.140 9 | 0.231 8 | 0.188 3 |
| 万载县 | 120.031 8 | 18.795 7 | 0.156 6 | 0.278 8 | 0.232 3 |
| 上高县 | 143.171 1 | 7.372 3 | 0.051 5 | 0.036 2 | 0.025 3 |
| 宜丰县 | 102.750 8 | 22.753 0 | 0.221 1 | 0.473 5 | 0.460 8 |
| 靖安县 | 39.303 1 | 17.262 5 | 0.439 2 | 0.682 2 | 1.735 8 |
| 铜鼓县 | 39.074 6 | 20.691 2 | 0.529 5 | 0.962 2 | 2.462 5 |
| 渝水区 | 245.230 0 | 15.330 1 | 0.062 5 | 0.091 4 | 0.037 3 |
| 分宜县 | 224.800 0 | 15.296 0 | 0.068 0 | 0.099 2 | 0.044 1 |
| 合计 | 3 104.383 6 | 264.391 8 | — | 3.926 3 | 0.126 5 |

由表 5 结果可知，其中，铜鼓县生态补偿额度最高，数额为 0.962 2 亿元，占总补偿额度的 24.51%；最低的县（区）为安源区，补偿额度为 0.001 3 亿元，仅占总补偿额度的 0.03%；其他各县（市）生态补偿额度参见表 5。研究区域各县、市补偿额度与 GDP 值相比，所占比例较低，总补偿额度仅占研究区域总 GDP 的 0.13%，补偿额度最高的铜鼓县也仅占 2016 年该县 GDP 的 2.46%，补偿额度最低的安源区占比基本忽略不计。根据 ECPS 公式的计算，研究区域生态补偿优先级顺序依次为：铜鼓县、靖安县、宜丰县、莲花县、万载县、奉新县、袁州区、高安市、芦溪县、分宜县、上栗县、渝水区、丰城市、湘东区、上高县、樟树市、安源区。

### 3. 赣西丘陵地区生态—经济协调度

区域生态服务价值和经济生产总值都是要考虑服务区域内人的需求，因此生态—经济协调度分析应考虑区域人口因素，将赣西丘陵地区视为一个整体系统，以人均 GDP 和人均 N_ESV 作为指标因子，判断生态环境和经济发展协调情况见图 5。

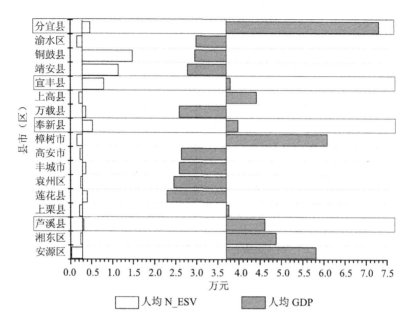

图5 赣西丘陵地区生态—经济协调度（2016 年数据）

由图 5 可以看出，在研究区域系统内部，芦溪县、莲花县、丰城市、奉新县、万载县、宜丰县、靖安县、铜鼓县、分宜县人均 N_ESV 高于系统平均值（0.3 万元），说明这些县（市）为赣西丘陵地区生态环境安全作出了更大贡献，在系统内部应为生态受偿县；安源区、湘东区、上栗县、袁州区、高安市、樟树市、渝水区人均 N_ESV 低于系统平均值，在系统内部应为生态补偿县。再结合人均 GDP 的经济指标来看，区域系统内分宜、宜丰、奉新、芦溪四县人均 N_ESV 与人均 GDP 均高于平均值（3.57 万元），表明这四县的生态—经济发展协调度相对较好，而袁州区、高安市、渝水区三地区的人均 N_ESV 与人均 GDP 均低于平均值，表明这三县的生态—经济发展协调度相对较低。

## 四、结语

本文基于土地利用变化，采用当量因子计算方法对赣西丘陵地区的生态系统服务价值时空特征进行分析，该方法已经在不同尺度进行了大量的实证研究，表明其能够大致反映出生态系统的实际生态系统服务价值，且本次土地利用分类数据经过了土地利用现状数据和实地调查的双重检验，分类精度上也能满足研究要求。丘陵地区作为特殊的地理单元，土地类型以林地为主，因而林地是提供生态系统服务价值最重要的类型，这点从区域内林地生态服务价值所占比例高达80.00%以上的研究结果也得到了印证。水源涵养、土壤保持、气体调节等生态系统服务功能是丘陵地区系统内的主要生态功能，因而需要考虑对研究区域重点生态功能区的保护和管理，增强涵养水源、保持水土，防止水土流失。通常来讲，生态系统服务功能的改善会对人类的生产、生活具有重大影响。近年来，赣西丘陵地区经历了持续城镇化的发展过程，从研究结果来看，建设用地面积在持续增加，是导致区域内生态系统服务总价值持续降低的主要原因。

本文中采用的优先级计算方法与GDP成反比，这样经济总量高的地区往往生态补偿优先级较低，这是与生态补偿初衷相一致的，即经济发展较快的地区通过生态补偿资金反哺经济发展落后地区。由于生态补偿资金最终要分配到区域人口，因此本文还考虑到地区人口因素。研究发现，尽管部分地区经济总量高，但在增加人口指标后，人均GDP量并不占优，如丰城市、高安市等县（市），人均值还低于地区平均值，这可能是由于尽管一些县（市）GDP增速快，总量大，但由于人口持续增加，经济增长落后于人口增加的速度，造成人均GDP不高的现象，因此对于这种总量高而人均量不高的县（市），生态补偿资金如何分配这个问题还需要进一步探讨。此外，随着区域GDP持续增加与货币贬值等因素，理论生态补偿额度还需要考虑调整生态价值折算系数。

一般来说，贫困落后地区人均GDP低，自然资源的开发和利用程度也低，因而人均N_ESV值相对较高。本文对赣西丘陵地区17个样本县（市）相关数据统计发现，尽管人均GDP与人均N_ESV值存在负相关性，却属于弱相关性（-0.272），这表明，尽管经济增长一定程度上会造成生态服务价值下降，但相关性并不强。研究也表明，分宜、宜丰、奉新、芦溪四县在研究区域系统内，可以实现GDP与N_ESV较为协调的发展。

本文将赣西丘陵地区看作一个完整的系统，对生态—经济协调度进行分析，通过人均GDP和人均N_ESV作为重要的判断条件对生态支付县（区）和生态受偿县（区）进行认定，将这两个判断考虑进来更多的是为了增加区域横向生态补偿的公平性与可操作性，既考虑生态系统服务的公共服务外部性，又考虑生态支付县（区）实行经济补偿的可承受能力，从这一逻辑来看，用该方法能够在一定程度上提升生态补偿政策制定的精准性，促进生态补偿政策顺利落地实施。由于生态补偿机制的建立与实践尚处于探索阶段，对于区域范围尺度的选择还有待研究与探讨，赣西丘陵地区处于长株潭经济区与鄱阳湖生态经济区两大经济圈之间，经济发展相对较弱，生态环境保护相对较好，放在更大的尺度范围，研究区域所有县（市）可能都属于生态输出地区，应当接受补偿。因此，县（市）补偿的迫切程度可根据研究尺度进行调整，一般通过行政单元估算具有一定的可操作性和实践性。

通过本文的分析，得出以下结论：

①研究区域 2002—2016 年 ESV 整体下降，下降比率为-1.24%；各单项生态系统服务功能均出现不同程度的降低，从县域单元看，ESV 下降程度最高的为安源区（12.94%），最低的为莲花县（0.01%）；较高 ESV 主要分布在高海拔林地类型，较低 ESV 主要分布在耕地与建设用地类型，价值下降率较高（-4%～-2%）区域主要分布在安源区、袁州区和渝水区。

②研究测算，赣西丘陵地区理论生态补偿总额度为 3.926 3 亿元，占总 GDP 的 0.13%，其中，林地生态系统的补偿额占总补偿比例的 81.05%，从县域单元看，铜鼓县应当优先补偿，补偿额度为 0.962 2 亿元。

③将研究区域看作一个完整的系统来进行分析，则芦溪县、莲花县、丰城市、奉新县、万载县、宜丰县、靖安县、铜鼓县、分宜县属于"生态输出"，应为生态受偿县；安源区、湘东区、上栗县、袁州区、高安市、樟树市、渝水区属于"生态消费"，应为生态补偿县；此外，分宜、宜丰、奉新、芦溪四县的生态—经济发展协调度相对较好。研究结果有利于制定合理的生态补偿额度与顺序等机制标准，调节生态保护利益相关者之间的利益关系，有助于当地政府研究制定比较完整的生态补偿政策决策。

## 参考文献

[1] 高振斌，王小莉，苏婧，等. 基于生态系统服务价值评估的东江流域生态补偿研究[J]. 生态与农村环境学报，2018，34（6）：563-570.

[2] 郭荣中，申海建，杨敏华. 澧水流域生态系统服务价值与生态补偿策略[J]. 环境科学研究，2016，29（5）：774-782.

[3] 欧阳志云，王效科，苗鸿. 中国陆地生态系统服务功能及其生态经济价值的初步研究[J]. 生态学报，1999，19（5）：607-613.

[4]　李文华. 生态系统服务功能价值评估的理论、方法与应用[M]. 北京：中国人民大学出版社，2008.

[5]　MANSON S M. Agent-based modeling and genetic programming for modeling land change in the southern Yucatan Peninsular Region of Mexico[J]. Agriculture，Ecosystems and Environment，2005，111：47-62.

[6]　MATTHEWS R. The people and landscape model（PALM）：towards full integration of human decision-making and biophysical simulation models[J]. Ecological Modelling，2006，194：329-343.

[7]　ALEXANDER A M，LIST J A，MARGOLIS A，et al. A method for valuing global ecosystem services[J]. Ecological Economics，1998，27（2）：161-170.

[8]　VAN HOUTVEN G，MANSFIELD C，PHANEUF D J，et al. Combining expert elicitation and stated preference methods to value ecosystem services from improved lake water quality[J]. Ecological Economics，2014，99：40-52.

[9]　欧阳志云，王如松，赵景柱. 生态系统服务功能及其生态经济价值评价[J]. 应用生态学报，1999，10（5）：635-640.

[10]　张志强，徐中民，程国栋. 生态系统服务与自然资本价值评估[J]. 生态学报，2001，21（11）：1918-1926.

[11]　谢高地，鲁春霞，冷允法，等. 青藏高原生态资产的价值评估[J]. 自然资源学报，2003，18（2）：189-196.

[12]　白晓飞，陈焕伟. 不同土地利用结构生态系统服务功能价值的变化研究——以内蒙古自治区伊金霍洛旗为例[J]. 中国生态农业学报，2004，12（1）：180-182.

[13]　谢高地，张彩霞，张雷明，等. 基于单位面积价值当量因子的生态系统服务价值化方法改进[J]. 自然资源学报，2015，30（8）：1243-1254.

[14]　岳书平，张树文，闫业超. 东北样带土地利用变化对生态服务价值的影响[J]. 地理学报，2007，62（8）：879-886.

[15]　徐新良，刘纪远，邵全琴，等. 30年来青海三江源生态系统格局和空间结构动态变化[J]. 地理研究，2008，27（4）：829-839.

[16]　陈美球，赵宝苹，罗志军，等. 基于RS与GIS的赣江上游流域生态系统服务价值变化[J]. 生态学报，2013，33（9）：2761-2767.

[17]　孔令桥，张路，郑华，等. 长江流域生态系统格局演变及驱动力[J]. 生态学报，2018，38（3）：741-749.

[18] HIMLAL B, RODNEY J K, SUNIL K S, et al. Economic evaluation of ecosystem goods and services under different landscape management scenarios[J]. Land Use Policy, 2014, 39: 54-64.

[19] 岳东霞, 杜军, 巩杰, 等. 民勤绿洲农田生态系统服务价值变化及其影响因子的回归分析[J]. 生态学报, 2011, 31 (9): 2567-2575.

[20] PAN Ying, WU Junxi, XU Zengrang. Analysis of the tradeoffs between provisioning and regulating services from the perspective of varied share of net primary production in an alpine grassland ecosystem[J]. Ecological Complexity, 2014, 17 (3): 79-86.

[21] CYNNAMON D, DAVE K, CRAIG R N. Multiple ecosystem services and disservices of the urban forest establishing their connections with landscape structure and sociodemographics[J]. Ecological Indicators, 2014, 43 (8): 44-55.

[22] 殷莎, 赵永华, 韩磊, 等. 秦岭森林生态系统服务价值的时空演变[J]. 应用生态学报, 2016, 27 (12): 3777-3786.

[23] MCDONOUGH S, GALLARDO W, BERG H, et al. Wetland ecosystem service values and shrimp aquaculture relationships in Can Gio, Vietnam[J]. Ecological Indicators, 2014, 46(11): 201-213.

[24] 许妍, 高俊峰, 黄佳聪. 太湖湿地生态系统服务功能价值评估[J]. 长江流域资源与环境, 2010, 19 (6): 646-652.

[25] 姜翠红, 李广泳, 程滔, 等. 青海湖流域生态服务价值时空格局变化及其影响因子研究[J]. 资源科学, 2016, 38 (8): 1572-1584.

[26] 郑德凤, 臧正, 孙才志. 改进的生态系统服务价值模型及其在生态经济评价中的应用[J]. 资源科学, 2014, 36 (3): 584-593.

[27] Zheng D F, 杨正勇, 杨怀宇, 等. 农业生态系统服务价值评估研究进展[J]. 中国生态农业学报, 2009, 17 (5): 1045-1050.

[28] 王女杰, 刘建, 吴大千, 等. 基于生态系统服务价值的区域生态补偿——以山东省为例[J]. 生态学报, 2010, 30 (23): 6646-6653.

[29] 孙贤斌, 黄润. 基于 GIS 的安徽省会经济圈区域生态补偿优先等级研究[J]. 水土保持研究, 2013, 20 (1): 152-155.

[30] 孟雅丽, 苏志珠, 马杰, 等. 基于生态系统服务价值的汾河流域生态补偿研究[J]. 干旱区资源与环境, 2017, 31 (8): 76-81.

[31] 郭年冬, 李恒哲, 李超, 等. 基于生态系统服务价值的环京津地区生态补偿研究[J]. 中国生态农业学报, 2015, 23 (11): 1473-1480.

[32] 葛全胜，赵名茶，郑景云，等. 中国陆地表层系统分区初探[J]. 地理学报，2002，57（5）：515-522.

[33] 郭志华，刘祥梅，肖文发，等. 基于 GIS 的中国气候分区及综合评价[J]. 资源科学，2007，29（6）：2-9.

[34] 赵志刚. 区域农业资源评价与设计[M]. 北京：科学技术文献出版社，2015.

[35] 赵志刚，余德，韩成云，等. 2008—2016 年鄱阳湖生态经济区生态系统服务价值的时空变化研究[J]. 长江流域资源与环境，2017，26（2）：198-208.

[36] 许丽丽，李宝林，袁烨城，等. 基于生态系统服务价值评估的我国集中连片重点贫困区生态补偿研究[J]. 地球信息科学学报，2016，18（3）：286-297.

[37] 高奇，师学义，黄国勤，等. 区域土地利用变化的生态系统服务价值响应[J]. 中国人口·资源与环境，2013，23（59）：308-312.

[38] 徐胜利. 江西省农村土地利用变化及生态系统服务价值研究[J]. 中国农业资源与区划，2018，39（7）：113-120.

[39] 熊鹰，张方明，龚长安，等. LUCC 影响下湖南省生态系统服务价值时空演变[J]. 长江流域资源与环境，2018，27（6）：1397-1408.

[40] 杨莉，甄霖，李芬，等. 黄土高原生态系统服务变化对人类福祉的影响初探[J]. 资源科学，2010，32（5）：849-855.